COMALCALCO

COMALCALCO

Elizabeth Mejía Pérez Campos
(Compiladora)

Lorena Mirambell Silva
(Coordinadora)

ANTOLOGIAS

SERIE ARQUEOLOGIA

INSTITUTO NACIONAL DE ANTROPOLOGIA E HISTORIA

Edición: Antonio Guzmán V. y Lourdes Martínez O.

Primera edición: 1992

Córdoba 45, Col. Roma, México, D.F.
ISBN 968-29-4504-6
Hecho en México

Indice

Prólogo

ELIZABETH MEJÍA PÉREZ CAMPOS

En esta obra se han recopilado la mayor parte de obras publicadas sobre Comalcalco. Inicia con las descripciones de viajeros que visitaron este sitio de la zona maya. Estos textos se presentan íntegros, aunque sus relatos no sólo se refieren al estado de Tabasco. Cabe mencionar que a pesar del gran número de viajeros que pasaron por esta zona, no todos visitaron Comalcalco.

A mediados del siglo pasado, en 1857, el francés Désiré Charnay[1] llegó a México para recorrer los estados de Veracruz, Puebla, Oaxaca, Chiapas, Yucatán y el Distrito Federal; siguió después a Estados Unidos de Norteamérica. Con estos antecedentes, con el fin de explorar México y a petición del Ministerio de Instrucción Pública, se organizó una expedición para estudiar los monumentos.

Este viaje se realizó en 1859; se partió de la Isla del Carmen, y se siguió por el cauce de los ríos Palizada, Usumacinta y San Pedro hasta llegar a las Playas de Catazajá para después visitar Palenque. Sin embargo, durante sus dos viajes siguientes Charnay pasó por Tabasco; uno de 1880 a 1881, que inició en el puerto de Frontera y culminó en Palenque; en el segundo, efectuado de 1882 a 1883, salió del puerto de Paraíso y llegó al Petén guatemalteco.

En esta obra se presentan las impresiones, descripciones de los lugares y vicisitudes de este viajero durante su primer viaje

[1] Nacido en Fleurie, Rhone, Francia, en 1828 y fallecido en 1909. Cabrera Barnat, 1987, p. 557.

a México, el que se inició en el puerto de Frontera, de ahí visitó las zonas arqueológicas de Bellote, Comalcalco y Jonuta. Sin embargo, es sólo de Comalcalco de donde quizá por su estancia más prolongada (15 días), ofrece una más amplia descripción; además realizó el primer croquis de la zona arqueológica. Este viaje lo terminó en Palenque, Chiapas, del que describió algunos edificios.

Este artículo de Charnay es el primer trabajo detallado sobre Comalcalco; en él se presenta su ubicación, descripción detallada, así como la existencia de elementos arquitectónicos y decorativos que no se conservan en nuestros días. Sin embargo, y como es característico en los escritos de la época, se identifican erróneamente elementos arquitectónicos, y se olvidan otros que por la cubierta vegetal existente en la época no fueron evidentes.

El siguiente trabajo de esta antología, es el de la expedición, llevada a cabo en 1892, de Chiapas a Tabasco, por el capitán Pedro H. Romero. A pesar de no ser un escrito muy difundido, en él se dan a conocer las primeras excavaciones en Comalcalco, los resultados de las mismas y la localización de algunos asentamientos.

Esa expedición, después de salir del puerto de Veracruz llegó a San Juan Bautista,[2] vía Cárdenas, para dirigirse a Frontera y Jonuta, en donde recorrió el sitio arqueológico para internarse después por el río Chiquito; se localizó así un lugar llamado el Paso de la Cruz, en el rancho de Puerto Caballo. En este punto se le informa que fue ahorcado Cuauhtémoc, lo que no pudo corroborarse, pero se localizaron algunos montículos, en donde se efectúan excavaciones; sin embargo, sólo se informó de la existencia de tiestos. También encontraron restos de cañones, "modernos", ya que no datan de la época de la conquista. Los principales edificios de Palenque se describen ampliamente, así como los restos localizados en la hacienda del Limonar, esto es al noreste de Palenque y Tecolpa, en donde excavaron un entierro dentro de una vasija.

Por último, la expedición se dirigió a Comalcalco. De este sitio se describen la estructura denominada El Palacio y dos "torres".[3] Además se excavó en el conjunto denominado la Gran Acrópolis; se hace referencia a que se construyó con capas de

[2] Actualmente Villahermosa.
[3] Identificadas actualmente como templos 4 y 5.

mampostería de ladrillo y de tierra intercaladas con capas de barro, por lo cual puede tratarse de muros de contención. Esta expedición se suspendió después de que la zona arqueológica fuera visitada.

Durante este siglo se realizó la obra titulada *Tribus y templos*, producto de los trabajos que durante 1925 un equipo de investigadores, encabezados por el arqueólogo danés Frans Blom Petersen,[4] realizó con el fin de estudiar los antiguos vestigios arqueológicos, lenguas, y costumbres de los mayas actuales. Le acompañó el etnólogo Oliver La Farge,[5] quien se dedicó a efectuar recopilaciones lingüísticas de vocabularios en algunas de las zonas que visitaron.

Durante esta expedición, que financió la Universidad de Tulane de Nueva Orleans, se recorrieron 1 800 km del área maya (se inició en Veracruz y terminó en las tierras altas de Guatemala). Este trabajo tenía como fundamento la creencia de Blom de que para conocer adecuadamente la naturaleza de la antigua cultura maya era necesario tener el conocimiento del medio ambiente en que se desarrolló, con ello se propondrían las bases para el estudio de la vida diaria de la gente antigua (Villa Rojas, 1988), por lo cual amplían la información referente a este aspecto.

En *Tribus y templos* se narra el seguimiento de la expedición desde sus preparativos, y aporta información sobre el origen de sus pobladores, los objetos más antiguos encontrados, las fuentes documentales básicas, las costumbres de sus habitantes y las impresiones diarias del trabajo. Por la importancia de la obra se han seleccionado los capítulos referentes a la ruta seguida desde Puerto México hasta la finca Iowa, en Chiapas. En este trayecto se visitan y describen los sitios arqueológicos —ubicados en Tabasco— de La Venta, Frontera, Comalcalco, Tortuguero, la Cueva del Zopo; así como las ruinas del Retiro, en Chiapas. En

[4] Nacido en Copenhague, Dinamarca. Llegó a México en 1919 y se dedicó a la exploración arqueológica de la zona maya; después de ser director del Middle American Research Institute de la Universidad de Tulane, en 1950 se estableció en San Cristóbal de las Casas, donde murió en 1963. Fundó los museos de Arte Virreinal, el de Etnología Lacandona y una Biblioteca. Cabrera Barnat, 1987, p. 695).

[5] Nacido en Nueva York. Estudió antropología e hizo expediciones arqueológicas y etnológicas. Fue presidente de la National Association on Indian Affairs (1937-1942) y de la American Association on Indians Affairs (1948-1963). Murió en 1963. Cabrera Barnat, 1987, p. 695.

estas descripciones se dio preferencia al sitio arqueológico de Comalcalco, comparándose con las descripciones efectuadas por Désiré Charnay, ampliándolas y efectuando uno de los primeros croquis. Se limpiaron algunos edificios y se localizó la llamada Tumba de los Nueve Señores de la Noche. De cada uno de los personajes de estuco que aparecen en las paredes de la cámara, se hizo una descripción detallada.

Dos años después Frans Blom publicó un artículo titulado "Piezas maestras del arte maya,. La Tumba de Comalcalco en el estado de Tabasco"; en él se pone de manifiesto el interés de este autor respecto a la explicación de los motivos que decoran algunos de los ladrillos localizados en el sitio y que sirvieron para la construcción de los edificios asegurando, incluso, que su fabricación se realizó al aire libre y no en hornos. Esto, sin embargo, aún no ha sido abordado por ningún proyecto específico de investigación. Se relata, primordialmente y con gran detalle, el descubrimiento de esta cámara y el contenido de la misma en un lenguaje poético, no sin presentar sus impresiones respecto a la localización, limpieza y reconstrucción de lo ocurrido al momento de ser depositado el personaje localizado en su interior. En esta publicación se narra detenidamente lo relativo a la exploración de esta tumba, su contenido y lo realizado para su protección y restauración.

Después de la visita de Frans Blom a Comalcalco, el sitio fue trabajado por el arqueólogo Gordon Ekholm, del Museo Americano de Historia Natural. Estos trabajos se efectuaron en dos temporadas; la primera, de marzo a junio de 1956, y la segunda, en abril y mayo de 1957. Las noticias que se presentan son de Tatiana Proskouriakoff y resultan de importancia, ya que los resultados de estas investigaciones nunca fueron publicados.[6] En la primer temporada de campo, Gordon Ekholm estuvo acompañado por Paul Tolstoy, Robert Rands y Carlos Navarrete, quienes destacaron la filiación del sitio, su temporalidad y la ubicación de las exploraciones sobre la Gran Acrópolis en la estructura denominada El Palacio. En tanto que la segunda estuvo asistido por Charles Brush, Bernard Golden y Víctor Segovia; de está sobresalen los resultados de las exploraciones efectuadas en los lados de la Gran Acrópolis, así como las impresiones del sitio respecto a su época de ocupación, sistema

[6] Existe un informe de estos trabajos en al Archivo Técnico de la Dirección de Arqueología del INAH.

constructivo y materiales cerámicos. Con los resultados de estas dos temporadas de trabajo, se postula que Comalcalco ocupó un papel relevante como centro comercial durante el Clásico en esta zona geográfica.

Asimismo, en el proyecto encabezado por Ekholm, se contó con la colaboración del arqueólogo Edwin Littmann para realizar investigaciones sobre la composición y posible uso de algunos elementos constructivos de estuco presentes en el sitio. Producto de este trabajo se publicó el artículo titulado "Morteros, enlucidos y estucos antiguos mesoamericanos. Comalcalco, primera parte", que representa el inicio de una serie dedicada a este tema en distintas áreas de Mesoamérica.

En esta publicación se dan las bases de la terminología, informes sobre los métodos tradicionales de uso y proceso de fabricación de elementos arquitectónicos como el mortero, enlucidos y baños de estuco en los edificios.

En Comalcalco se toman muestras del edificio número IV de la Gran Acrópolis, se describe la técnica, sus resultados y los análisis de laboratorio efectuados; con esto se confirmó que los materiales constructivos se fabricaron con base en concha y arena, y su proporción se modificó de acuerdo con su uso; notándose tres unidades completas de construcción, repetidas cuatro veces, no como un hecho accidental, sino como construcciones sucesivas bien adaptadas a las condiciones climáticas del sitio y capaces de soportar la gran carga de los edificios en las cuales fueron empleadas.

En 1967 se publicó el artículo titulado "Los ladrillos grabados de Comalcalco, Tabasco", de Carlos Navarrete, en él da gran importancia al sistema de construcción del sitio —con base en ladrillos cocidos—, refiriendo el hecho de que algunos están decorados. Además, se presentan los lugares donde se habían localizado ladrillos, señalando la importancia de su estudio.

De 1972 a 1982, Ponciano Salazar llevó a cabo en Comalcalco investigaciones y trabajos de restauración y mantenimiento, los que desafortunadamente no fueron publicados.[7] Recientemente Fernando Alvarez, Guadalupe Landa y José Luis Romero revisaron y dibujaron los ladrillos decorados encontrados en las bodegas del sitio, producto de ello es el artículo "Ladrillos gra-

[7] Los Diarios de Campo e Informes del Arqlgo. Salazar y sus colaboradores sobre estos diez años de trabajo se localizan en los archivos del Centro Regional Tabasco del INAH (N. del C.).

bados en Comalcalco, Tabasco", ensayo preliminar de la obra que incluirá el catálogo de temas y técnicas usadas en los motivos que decoran estos ladrillos. En esta publicación se presentan las principales técnicas empleadas, así como los temas más frecuentes en estos materiales, además se reproducen algunos de esos motivos.

En 1990, en una revista de distribución local, se publicó el artículo titulado "Tres tablillas de barro con inscripciones glíficas de Comalcalco, Tabasco", de José Luis Romero Rivera. Esta publicación es el resultado de la catalogación de ladrillos efectuada por este investigador en 1986.

En el escrito se presenta el análisis e interpretación de tres tablillas de barro localizadas durante las exploraciones de Ponciano Salazar. Las tres piezas fueron encontradas en el templo 1, en contextos muy particulares de ofrendas y presentan inscripciones glíficas en dos columnas que cubren totalmente la cara anterior de las piezas. Con base en sus investigaciones el autor propone un posible glifo emblema en el área,[8] elemento hasta ahora ausente en la costa tabasqueña. También resalta la interpretación —procedente de estas tablillas— que da a conocer la muerte de un personaje —lo suficientemente importante para quedar plasmado en una tablilla—, así como la fecha en que ocurrió tal suceso, que pertenece, según los estudios efectuados, al inicio de la época de construcción con ladrillo en el sitio; es decir, hacia el año 800 d.C.

El análisis, a pesar de indicar la fecha de la muerte de este personaje relacionando dos de las tablillas, no coincide con los diferentes contextos de localización. Sin embargo, es un gran aporte ya que aborda un tema que por mucho tiempo ha sido enfatizado, esto es, el análisis e interpretación de los motivos plasmados en los ladrillos.

Con el fin de situar a Comalcalco dentro del esquema arqueológico del estado, se ha incluido el estudio "Arqueología e historia de los mayas-chontales de Tabasco", de Ernesto Vargas Pacheco, quien agrupa los sitios arqueológicos del área chontal en cinco conforme a las características geográficas, particularidades culturales en cuanto a las cerámicas y sistemas de construcción, situadas temporalmente en el Clásico terminal y Postclásico.

[8] Presente en la tablilla núm. 2 y asociado a un entierro; siendo Tortuguero y Jonuta los sitios más cercanos con este tipo de glifos (N. del C.).

Analizando también la importancia de las provincias de Tabasco en las fuentes escritas.

Por último y con el fin de presentar una visión histórica del área denominada Chontalpa, se incluye en la antología el trabajo de Ana Luisa Izquierdo y Gerardo Bustos: "La visión geográfica de la Chontalpa en el siglo XVI", por ser una excelente reconstrucción de lo más sobresaliente de la zona a través de las descripciones de los exploradores durante la conquista.

De este modo se enfatiza la descripción de la costa, ya que da la posibilidad de conocer las características de la zona de arribo, así como los datos necesarios para la navegación y establecimiento de lugares estratégicos. En lo que toca a la hidrografía es claro que dejó muy impresionados a los conquistadores, ya que provenían de una zona de mayor sequedad. Así, para los primeros conquistadores este fue un ambiente hostil que explicaron de acuerdo con los conocimientos de la época, pero cometiendo errores que tardaron en corregirse. En tanto que los exploradores de la segunda mitad del siglo XVI se aventuran en las interpretaciones y explicaciones del medio que les rodeaba describiendo concienzudamente elementos de la flora y la fauna, ya que representaban un enorme potencial económico.

Viaje de 1880-1881

Viaje de 1880-1881*

DÉSIRÉ CHARNAY

XI

EL RÍO TABASCO. FRONTERA. SAN JUAN BAUTISTA. EL GONZÁLEZ. LA CANOA. LAS LAGUNAS. ISLAS DEL BELLOTE. EL RÍO SECO. PARAÍSO. UNA CIUDAD FELIZ. LOS CANGREJOS DESINTERESADOS

Nos hemos alejado de los terrenos secos y áridos de las alturas para ir en busca de las playas inundadas y de la gran vegetación de las tierras calientes.[1] Estamos en el Golfo de México, en la desembocadura del caudaloso río que los españoles llamaron Grijalva, del nombre del explorador que lo descubrió, y al que se ha devuelto su primitivo nombre indio de Tabasco.

Al pasar de nuestro gran buque al vaporcito en que ahora vamos, entramos en el río, dejando a la izquierda una aduana y la casa del práctico;[2] las orillas son llanas, pantanosos y feas. Más arriba, y también a la izquierda, pasamos por delante de los ranchos de Santa Marta y de Cedral; las márgenes apenas sobresalen dos pies del nivel del agua, y junto a ellas se ven grandes lagunas. Garzotas, garzas blancas y azules y martines-

* Este trabajo fue tomado de Cabrera Barnat, Ciprian (comp.), *Viajeros en Tabasco. Textos*, Gobierno del Estado de Tabasco, México, 1987, pp. 579-593.

[1] Charnay había entrado a México por Veracruz, y había visitado lugares y ruinas de la parte central del país. Ahora (fines de 1880 o principios de 1881) llegaba a Tabasco, procedente de Veracruz (Ciprián Cabrera Bernat, en lo sucesivo: C.C.B.).

[2] Piloto práctico que guía a las embarcaciones para entrar al puerto (C. C. B.).

pescadores rasan el río con su vuelo lento o rápido, y de vez en cuando un cocodrilo tendido en la orilla husmea el ambiente.

Llegamos a Frontera, pueblecillo aduanero del estado, mísera población de casas bajas, y de clima húmedo, cálido y malsano. Supónese que allí cerca estuvo Centla, la antigua capital india, pero, según después veremos, hallábase más al oeste.[3]

Continuamos la navegación de noche; hace un calor sofocante, y Alberto y yo nos encaramamos al techo de los camarotes, en donde gracias a nuestras mosquiteras, instaladas del mejor modo posible, podemos dormir a cubierto de los mosquitos. Pero no habíamos contado con los torrentes de chispas que salían de la máquina, calentada con leña, y tuvimos que echar pie a tierra en el momento preciso en que se prendía fuego a la ropa de Alberto extendida sobre cubierta, y que corrimos a apagar con tanta mayor diligencia cuanto que el barco iba cargado de petróleo.

Henos pues reducidos a asfixiarnos en los camarotes. Noche triste, deplorable, aunque compensada con una magnífica salida de sol que saludan con atronadora algarabía todas las aves de la selva. Luego divisamos algunas viviendas, conatos de cultivo, palmeras, rebaños y por último, San Juan Bautista, la capital, en toda su gloria.

Una larga hilera de casas se extiende a lo largo del río sin muelle de desembarque; después vemos dos iglesias, que parecen dos mercados con campanarios postizos.

Desembarcamos. Si la ciudad parecía pobre y las casas tristes, las apariencias eran engañosas: es rica; es el centro comercial del estado, al que acude la gente a aprovisionarse desde todas partes, hasta de Chiapas; es asimismo el centro del gran comercio de madera de carpintería, de cedro y caobos, que ahora se van a buscar hasta Guatemala. Los habitantes son muy amables y nos acogen con la mayor galantería. El gobernador nos da cartas de recomendación para el interior y hombres que nos guíen y sirvan.

Pero mi buena suerte sufre aquí el primer tropiezo: la estación de las lluvias está en toda su fuerza, los caminos inundados, destruidos, infranqueables para hombres y caballos. Siéndonos imposible ir por tierra a Comalcalco, resolvemos ir por los ríos, embarcados en canoas, a pesar del inmenso rodeo que daremos.

[3] Charnay suponía, erróneamente, que las ruinas de Comalcalco eran las de Centla (C. C. B.).

En su consecuencia, disponemos en breve todo lo necesario, y partimos para Tierra Colorada, rancho situado a 6 km de San Juan, en la orilla derecha del río González, donde deben esperarnos ya los *bogas,* o sea los remeros.

La canoa es un tronco de caoba hueco, de fondo plano, sin quilla, y que los hombres gobiernan con remos al bajar y con las palancas al subir. Se pueden andar 12 leguas diarias siguiendo la corriente; pero sólo tres cuando se remonta el río. Júzguese por esto si deben durar los viajes; pero vamos a saber además que son de lo más penosos.

Las canoas que nos aguardan son de regulares dimensiones: apenas cabemos dos de frente, y el toldo de estera y de lienzo alquitranado que instalan para guarecernos del sol y de la lluvia es tan bajo, que tenemos que sentarnos a la turca, con las piernas cruzadas, lo cual no deja de causarnos a las pocas horas terribles calambres; agréguense los mosquitos, y se tendrá una idea de lo divertido que estaríamos.

Pero, ¡adelante! No sopla un pelo de aire, nos ahogamos. Me arriesgo a salir de mi madriguera, pero el sol me abrasa o la lluvia me pone hecho una sopa, por cuya causa vuelvo a sentarme, y procuramos consolarnos fumando esos buenos cigarros de Tabasco, los mejores del mundo.

Verdad es que no hay nada que ver. El país presenta un conjunto de bosques achaparrados interpolados de sabanas inundadas en las que el río González vierte el exceso de sus aguas, y cuyas orillas son apenas visibles, desapareciendo a menudo por espacio de meses enteros.

Este riachuelo, de 100 a 150 m de ancho, se dirige al norte describiendo una gran curva al Este para desembocar en la laguna de Mecoacán. Apenas se ve alguna que otra casa en sus orillas, y hasta eso de las diez, después de haber navegado cinco leguas, no llegamos al rancho de Ceiba, donde desembarcamos para almorzar. La tierra de la orilla se eleva a manera de colina, ofreciendo sólido asiento a las viviendas construidas 200 m más allá. Un árbol gigantesco extiende sus grandes ramas orillas del río y a su sombra sacamos nuestras provisiones: ¡momento delicioso que aprovechamos para desentumecer nuestros doloridos miembros!

Continuamos el viaje: el sitio donde debemos pernoctar está lejos, muy lejos, según nos dice el jefe de los remeros; pero como esta gente no tiene noción alguna del tiempo ni de la distancia, hacemos más caso del mapa que marca doce leguas.

Llega la noche, el sol se pone y salimos fuera del maldito toldo para respirar la frescura naciente. Entramos en la región de las islas pobladas de árboles que preceden a la desembocadura del río. La luna ha salido con todo su esplendor: en torno nuestro todo es silencio, poesía, misterio, grandeza. Navegamos entre dos hileras de paletuvios[4] gigantescos, semejantes a las grandes calles de un parque secular. Es un paisaje encantado; a cada lado descuellan con relieves fantásticos bosquecillos, castillos de columnas; en las masas de verdura se ven grandes aberturas que parecen inmensos pórticos, y la delicada luz de la luna traza filigranadas labores en el follaje de los árboles. Un espectáculo como este no puede cansar, y a pesar de nuestras 16 horas de canoa llegamos sin notarlo al rancho de las islas, donde debemos pernoctar.

Todo el mundo duerme en el rancho, y a fuerza de golpes repetidos conseguimos que se abra una puerta no sin desconfianza. Dormimos seis horas al cabo de las cuales volvemos a emprender la marcha hacia Paraíso.

Desde el norte, en cuya dirección navegábamos, giramos al oeste y entramos en las grandes lagunas que hay a lo largo de la costa. Estas lagunas comunican entre sí por angostos canalizos que forman calles de árboles, umbrosas y de belleza salvaje: la sombra se convierte en oscuridad, tan densa es, y esas aguas negras, esa selva silenciosa nos traen a la memoria la Estigia o algún rincón ignorado del Purgatorio donde las almas en pena deben vagar por soledades infinitas. Grandes mariposas, de alas azules orladas de terciopelo negro, atraviesan el espacio en busca de alguna flor difícil de hallar, mientras que una multitud de cangrejos encarnados y peludos, de patas de color amarillo claro, encaramados en las altas raíces de los paletuvios, parecen echarnos miradas feroces. Procuro coger uno, pero el muy tunante me salta osadamente a la cara, y al ver semejante audacia en ser tan débil, renuncio a mi empresa.

De vez en cuando las ramas bajas de los árboles nos azotan el rostro y se enredan en los soportes del toldo, viéndonos al fin obligados a quitarlos. A las dos horas de esta marcha misteriosa llegamos a la laguna de Mecoacán, la cual atravesamos para llegar a las islas del Bellote, en donde encontramos pirámides, restos de edificios derruidos, construidos enteramente con argamasa de cal procedente de conchas machacadas y de ladrillos

[4] Argentinismo, mangles (C. C. B.).

cocidos. A las cuatro horas de investigaciones, volvemos a meternos en la canoa para ir a buscar enfrente el brazo del Torno largo, por el cual debemos ir a la Ceiba. Es un grupo de casas en el cual estaremos dentro de una hora.

El paisaje es maravilloso, la vegetación gigantesca. El camino de la Ceiba a Paraíso es una serie no interrumpida de puntos de vista sin igual y de bellezas de las cuales no podrían dar una idea la pluma, ni el pincel, ni la fotografía. Entre anchas calles de cocoteros que se destacan en sus orillas, el río Seco, por el cual navegamos a todo remo, nos ofrece a cada paso nuevas perspectivas, asuntos deliciosos y grandes cuadros capaces de causar pasmo a un artista. La corriente rápida arrastra bonitas plantas redondeadas parecidas a lechugas de un color amarillo o verde claro; navegan solas o en grandes grupos formando pequeñas y lindas balsas que recuerdan las chinampas de los lagos de México.

Pero al remontar el río Seco, observamos que esta corriente, pequeña hoy, fue en otro tiempo un gran río, cuyo curso debieron cambiar la naturaleza o el hombre en época indeterminada. Y en efecto, este riachuelo corre por el fondo de una ancha barranca de orillas muy altas, que representa el lecho de una poderosa corriente, y en virtud de la suposición que se me ha hecho, no vacilaré en asegurar que el Tabasco corría en otro tiempo más al oeste y ocupaba antes de la conquista el cauce del río Seco.

Llegamos a Paraíso, nombre que nos había hecho confiar en encontrar algo mucho mejor que la mísera aldea en que desembarcamos; pero nos dicen que fue destruido hace siete años durante la guerra civil, y así lo atestiguan las ruinas lo propio que los troncos secos de los grandes árboles y palmeras que le daban sombra. Nos toman por una compañía de cómicos ambulantes, equivocación lisonjera que deshizo el ver que no llevábamos damas.

Permanecemos dos días en este pueblo de triste aspecto, aunque sus habitantes lo consideran como un compendio de las perfecciones terrestres: para ellos es un verdadero paraíso.

Todos son ricos aun cuando van descalzos; todos tienen casas en la ciudad y en el campo. El individuo que se presta a acompañarnos en nuestras excursiones es un personaje riquísimo, y todos en general son amables, complacientes, y dispuestos a servirnos en lo posible. Como aquí no hay fonda, nos ceden una casa a un precio razonable; por lo que hace a los alimentos también nos los proporcionan por su justo valor. En rigor, esto no es la hospitalidad escocesa, pero se le parece. ¡Y qué patriotismo tan ardiente! Aquí todo es bueno y magnífico hasta para el habitante más humilde del lugar. Como no hay término de comparación, paréceles maravilloso cuanto les rodea, y como no tienen necesidades, no desean más. Ni miseria, ni trabajo; un bienestar fácil, un clima que permite ir en mangas de camisa, con pantalón de lienzo y descalzo en toda estación. Verdad es que llueve mucho, pero poco importa; la tierra es fecunda y hay pocos mosquitos; ¿qué más puede apetecerse?

El vecino de al lado nos habla con entusiasmo de las ventajas de su país; al oirlo cualquiera creería hallarse en la tierra de promisión, y se expresa con tanto calor que casi, casi estoy dispuesto a creerle. Díceme entre otras cosas que si la labranza fuese menos fácil y las cosechas menos abundantes, la madre naturaleza se encargaría de alimentar a sus hijos.

—Sí, añadía, aun cuando sólo contáramos con los cangrejos podríamos en último resultado vivir sin trabajar. Los cangrejos son nuestros amigos y nuestros auxiliares cuando no los padres que nos alimentan. Cubren con su muchedumbre los campos limpiándolos de gusanos, y cuando han de cambiar de corazas, cuando están gordos como frailes y se entierran para descansar, bástanos cogerlos para comerlos, y a fe que son un manjar exquisito. Luego, cuando se les caen las escamas y han depositado sus huevos en la tierra, sus numerosas colonias vuelven al mar y cruzan el pueblo en compactas legiones, inundando las calles en tales términos que hay que andar con precaución para no aplastarlos; de suerte que cuando abrimos las puertas por la mañana, vemos algunos centenares de cangrejos que parecen aguardarnos y rogarnos que los cozamos.

¡Maravilloso país, si no lloviera sin cesar!

XIV

COMALCALCO. FUMADORES PRECOCES. LA CORDILLERA. PRIMERA VISITA A LAS RUINAS. VESTIGIOS DE PUENTES. CAMINO CIMENTADO. LOS EDIFICIOS ANTIGUOS. TORRES Y PALACIOS. ORNAMENTACIÓN. BAJOS RELIEVES. OTRAS PIRÁMIDES. TEMPLOS Y PALACIOS EN RUINAS. REGRESO A SAN JUAN BAUTISTA. HACIENDA DE DON CÁNDIDO. UN LEÑADOR RICO

Comalcalco, situado siete leguas más arriba remontando el río

Seco, no ha cambiado nada; es un pueblo más grande, instalado en una de las islas del antiguo río, con casas mejor construidas, con tiendas de más venta, pero con ese mismo clima lluvioso que nos perseguirá hasta el fin de nuestra expedición. Sin embargo, aquí es peor que en Paraíso, porque Comalcalco es en rigor una verdadera laguna de vegetaciones acuáticas. Llueve tan copiosamente, que en la modesta casa en que nos albergamos, llegan los patos hasta nuestro cuarto, así es que voy descalzo como todos los habitantes.

Tenemos por patrones una agradable familia compuesta de padre, madre, cinco hijos y una porción de lechones con los cuales mi perro Artagnan se apresura a trabar conocimiento.

El estado de Tabasco es un país de tabaco: aquí todo el mundo fuma; pero confieso que me quedé sorprendido al ver a los niños de la casa, criaturas de tres a cinco años la primera de las cuales casi no sabía aún andar, fumando puros mayores que ellas. Su padre dice que el tabaco no puede hacerles daño.

Cuando llegamos, nos contaron cosas asombrosas acerca de las ruinas; sus restos son inmensos, y tan numerosas las pirámides sobre las que se elevaban los palacios, que se ha designado con el nombre de *Cordillera* el sitio que ocupaban. Dícennos que hay hasta un millar, de todas dimensiones y alturas, y que se extienden en dirección nordeste a partir de Comalcalco, cruzando la laguna hacia el Bellote, y prolongándose hasta el mar en una línea de 20 km. Estas noticias inflaman mi imaginación, y propongo al jefe político del lugar, a quien he entregado las cartas del gobernador, una excursión inmediata a las ruinas. Convenidos en ello, se ofrecen también a acompañarnos algunos vecinos, entre los cuales figuran el médico y el dueño del terreno.

Las ruinas están a 3 km al este, en la margen izquierda del río, cuya distancia recorremos en 35 minutos. El médico me dice que en otro tiempo se descubrieron restos de puentes en los riachuelos que cortan el sendero, y el jefe político me llama la atención hacia unos fragmentos de camino indio. Los puentes estaban hechos en sobadizo, y los caminos cementados como los de Teotihuacan y Yucatán, similitudes que conviene consignar.

Llegamos y me encuentro delante de una verdadera montaña cubierta de vegetación exuberante, en la que no se puede penetrar sino hacha en mano. Nos apeamos de nuestras cabalgaduras, y trepamos con trabajo por los resbaladizos flancos de la pirámide para llegar a la ancha meseta en que termina. No puedo describir el asombro, el entusiasmo, la sorpresa que de mí se apoderaron. ¡Era todo tan contrario a lo que esperaba, tan nuevo, tan extraño!

Me hallo en presencia de unas ruinas gigantescas, del mismo estilo que las de Palenque, pero mayores. Esta pirámide tiene 285 m de base por 30 a 35 de altura; es oblonga, rematada en una vasta meseta en la cual se elevaban los palacios indios, y hecha de ladrillos cocidos y tierra. Figúrese ahora el lector millares de pirámides compuestas de los mismos materiales, y júzguese del increíble trabajo que necesitó su construcción.

Aparte de estas masas derrumbadas, ruinas informes que no dicen nada, el primer edificio arruinado que atrae nuestras miradas es una torre cuadrada coronada de árboles como la torre de Palenque, con habitaciones semejantes. Muy cerca hay otros escombros y más al sur una parte de El Gran Palacio que ocupaba la explanada, del cual queda muy poca cosa; un fragmento de unos 15 m, compuesto de dos grandes salas paralelas, que nos ha dado a conocer la arquitectura y la disposición del edificio entero. Encontramos además toda la base de los muros de la fachada oriental y podemos rehacer el plano del edificio por completo. El muro del extremo sur está entero, y todavía se ve tan fresca como en otro tiempo la pintura rojo-amarillenta que lo cubría.

Este palacio, compuesto, como el del gobernador de Uxmal, de una doble bóveda de aposentos, tenía 71.55 m de longitud. La pared tenía 3.55 m de altura y de ella partía el techo en línea oblicua, uso enteramente idéntico al de los monumentos de Palenque. En Uxmal, las paredes son perpendiculares y el techo plano; el techo oblicuo de Comalcalo se construyó teniendo en cuenta las lluvias perpetuas de esta región y con objeto de facilitar su desagüe, porque las disposiciones interiores son aquí las mismas que en todos los conocidos edificios de Chiapas y de Yucatán.

Los materiales difieren naturalmente según la región, y en una llanura de aluvión el constructor tuvo que buscar algo que sustituyera a la piedra que faltaba; por esto El Palacio está construido con ladrillos cocidos, encarnados y delgados, y con una espesa argamasa de cal sacada de las conchas de las lagunas. La parte baja de la pared estaba desnuda, cubierta de estuco bruñido, y en cuanto se puede juzgar, sin ningún adorno, pero el friso que constituía el techo era de una riqueza extraordinaria, si se consideran los fragmentos por allí esparcidos. La anchura del edificio, comprendiendo las paredes, es de 8.30 m, el interior de cada pieza de 2.55 m, el espesor de los muros de 1.10 m y la altura total de 7.30 m. A corta diferencia, son las mismas dimensiones que las de los monumentos de Uxmal y de Palenque.

Hemos reproducido una parte de la fachada y una perspectiva de las bovedillas. Una particularidad bastante notable, pero que se advierte también en Yucatán, es la ligera curva que describen las paredes interiores al acercarse.

Las dos torres que flanquean El Palacio, al norte y la otra al oeste, están por desgracia en el estado más deplorable. Pero los adornos encontrados entre los escombros pueden dar una idea de la riqueza extraordinaria de esta arquitectura: una especie de jeroglíficos enormes, modelados en el cimiento, formaban cuerpo con la pared de tal modo que los fragmentos de todas clases se desprendieron sin romperse.

A esta solidez debemos la conservación de un bajo relieve procedente de la torre occidental y cuyo modelado magnífico no se puede menos de admirar: este bajo relieve representa un hombre de tamaño natural; por desgracia, la parte superior del cuerpo y el antebrazo han desaparecido así como parte de las ropas, de las cuales sólo queda el cinturón y un fragmento de adorno en el muslo.

Estas ruinas presentan una apariencia de vetustez que sorprende al recién llegado; pero si se tiene en cuenta el clima más húmedo y más destructor y la vegetación más invasora, fácilmente se comprenderá que ningún edificio pueda resistir largo tiempo en semejante localidad. Aparte de esto, los detalles dan como fecha una época relativamente reciente; por ejemplo, las pinturas bastante frescas aunque expuestas sin cesar a la lluvia, y una multitud de ornamentos frágiles en buen estado de conservación. Al ver estas ruinas de tan vetusta apariencia, me acordé de las de una casa de ladrillo de Paraíso, destruida hace siete años y que parecían remontarse a más de un siglo.

Esta ciudad existía en tiempo de la conquista. Los españoles vieron las torres desde sus naves. Tal vez haya encontrado yo sin pensarlo los restos de Centla, la capital india de Tabasco.

Muy cerca de esta pirámide visitamos otras menos importantes que forman parte de la misma cordillera; lo mismo en éstas que en la primera hallamos montones de ruinas, restos de paredes interiores derrumbadas, fragmentos de ornamentación, ladrillos enormes y palacios, templos o mansiones de grandes señores.

Permanecimos 15 días en Comalcalco, pero se necesitarían años enteros y mucha gente para explorar este campo tan vasto, perfectamente indicado para los exploradores a los cuales deseo mejor estación y otros trabajadores que los que a mí, me han cabido en suerte.

No era cosa de volver a navegar por el río para regresar a la capital; remontando la corriente, hubiéramos necesitado ocho días, y ocho días en canoa nos habrían parecido un suplicio que no nos sentimos capaces de arrostrar, por cuya razón seguimos las orillas del antiguo río, que son muy altas.

Tuvimos que remontar el río Seco hasta el dique que lo separa hoy de Tabasco: es una de las comarcas más ricas del estado y de todo el trayecto; por todas partes se ven ranchos y grandes cortijos: es el país del cacao y del café. El árbol del cacao vive a la sombra, en los terrenos húmedos y en una semi-oscuridad; los grandes cacaotales requieren inmensos trabajos para su creación. Ante todo hay que limpiar la selva virgen, quemar los árboles derribados; en seguida plantar un nuevo bosque de árboles especiales de cuyo nombre científico no me acuerdo, pero a los que se da el de *madrinas* y que deben guarecer con su sombra los tallos delicados de los cacaos. Los árboles que crecen en línea recta hasta grande altura para echar una copa a modo de quitasol, hacen el efecto más bello que darse pueda; y las cercas de los campos, compuestas de una espesa capa de pitas, limoneros y naranjos silvestres por entre los cuales se escapan las grandes palmas de los cocoteros, convertirían este camino, si hiciera buen tiempo, en uno de los países más agradables del mundo. Pero, ¡si llueve siempre!

Al fin de la primera jornada, llegamos a una rica vivienda, fábrica de azúcar y de alcohol, cuyo dueño, don Cándido Verao, nos ofrece hospitalidad, y pasamos con él una gustosa velada. Don Cándido es arqueólogo; ha encontrado mil cosas en los campos, que están cubiertos de túmulos, ídolos, máscaras, jarras, tumbas y restos de monumentos, que prueban que en lo antiguo el país alimentaba una población densísima. Veo aquí muchos objetos parecidos a las antigüedades de las alturas; pero el más notable es un bajo relieve procedente del Bellote por donde hemos pasado y que parece imitación de los de Palenque.

Habiendo partido a las seis de la mañana siguiente, llegamos a las once a lo alto del río Seco y a la orilla izquierda del Tabasco; cuyo curso seguimos por espacio de 3 km hasta la hacienda del Carmen, residencia de don Policarpo Valenzuela, el habitante más rico del estado. Este gran tratante en maderas, hombre de sencillez antigua, lo mismo acoge en su casa patriarcal al indio vagabundo que al viajero europeo, y gracias a su amabilidad pudimos conseguir canoas para llegar a San Juan.

XV

De San Juan Bautista a Jonuta. Ríos y pantanos. Jonuta. Caza dramática del caimán. Las Playas. La piedra de la Cruz. Santo Domingo del Palenque. Primeros moldeos

De San Juan a Palenque hay 30 ó 35 leguas en línea recta, pero por la vía terrestre con la cual no podemos contar. Llevamos 70 bultos de equipaje: ¿cuántos caballos o mulas necesitaríamos para conducirlos? Es un material imposible de acarrear por semejantes caminos; como no lo ignoro, hubiera preferido llevar una sencilla maleta que hubiera permitido ir y venir a mis anchas sin preocuparme del tiempo ni de los caminos, pero como nos proponíamos sacar moldes, necesitábamos cubetas, papel, cola, harina, etc., y como somos fotógrafos debíamos llevar los instrumentos *ad hoc;* también un material de ingeniero para levantar planos y, sobre todo, teníamos que comer en esas ruinas adonde íbamos a vivir dos meses en medio de la selva, y no podíamos contar con el maná del desierto. Calcúlese pues lo que necesitan seis hombres para alimentarse dos meses, sin hablar del líquido, porque no es cosa de beber agua en estos países que destilan fiebres; tal es mi método y siempre me ha ido bien con él.

El vapor que he fletado llega y partimos.

Al décimo día de nuestra salida de San Juan desembarcamos en la orilla izquierda del Usumacinta, en la aldea de Jonuta. Extendemos nuestros fardos en el suelo; pero en seguida se pone a llover y con dificultad encontramos lonas para cubrirlos. Ahora es cuestión de encontrar canoas y bogas, porque de Jonuta a Las Playas no tenemos otros medios de transporte.

Jonuta fue un centro indio muy poblado, como así se echa de ver por las pirámides que ocupan una parte del sitio en que se asienta el pueblo y una de las cuales es bastante grande; aquí se han encontrado mil antigüedades de diferentes clases, y un sabio que se ocupa con entusiasmo de cuanto pertenece al pasado, ha formado con ellas una hermosa colección. Este sabio, llamado Nattes, ha tenido a bien enseñarme sus tesoros, y veo que muchos de estos objetos son parecidos y a veces idénticos a los hallados en las alturas. El señor Nattes está convencido de que los toltecas han pasado por todas partes, y que todos los monumentos son obra suya. Me separo de él satisfecho de ver que un hombre de tanta experiencia profese mi teoría acerca de este punto.

Nuestras canoas están listas y partimos el 20 de diciembre para remontar el Usumacinta, del cual pasamos a las seis al río Chico para pernoctar en el rancho del Caribe. Al día siguiente llegamos a Puerto Cabello, grupo de cabañas habitado por leñadores, y a las seis de la tarde al Potrerillo, rancho de apariencia miserable. Allí nos albergamos como Dios nos da a entender en una cabaña baja y pestífera, después de dar muerte a un mono aullador, que nos servirá de cena, porque no nos queda más que tasajo, que nos da una sed terrible.

A partir de Potrerillo, seguimos remontando el río Chico por espacio de tres horas para penetrar a la izquierda en un gran canal llamado el *Rumpido* que debe conducirnos a la laguna de Catazajá. Dejamos a la izquierda las lagunas de San Carlos, en medio de las cuales vive una raza de indios independientes y de costumbres particulares: son gentes que se alimentan en gran parte de cocodrilos y de caimanes que infestan las lagunas y nos aseguran que merced a este alimento son los hombres más sanos y vigorosos del estado. Yo había pasado algunos días con ellos cuando mi primera expedición y fui testigo de una caza tan singular que vale la pena de referirla.

En la mayoría de las chozas en que penetraba veía cocodrilos vivos panza arriba, la boca clavada, las patas amarradas y la cola cortada.

—Se les corta la cola por precaución, me dijo mi huésped don Juan que me acompañaba, porque harían tonterías y serían capaces de romper una pierna del menor coletazo.

—Pero, ¿cómo cogéis esos horribles animales?

—De dos modos, me respondió don Juan; o con un fuerte gancho cebado (y me enseñaba la señal del hierro que había traspasado la mandíbula inferior del cocodrilo), o con la mano.

—¡Oh! ¡oh! —exclamé, y como el indio me vio sonreír:

—¿Lo duda usted, señor?, me preguntó.

—No, no, le contesté, puesto que usted me lo asegura... Sin embargo, me gustaría mucho ver esa caza, y aquí tengo un peso para el héroe que me proporcione tan curioso espectáculo.

—No es necesario ese dinero, prosiguió mi hombre; con todo, nunca está de más.

Y como a la sazón cruzábamos la aldea, acercándonos a su vivienda, llamó:

—¡Hola! ¡Eh! ¡Cirilo!

A la tercera llamada de don Juan, acudió a su encuentro, sombrero en mano, un mocetón negro, enjuto de carnes y nervioso como un tigre.

—¿Qué manda su merced?

—El señor desearía ver cómo coges un lagarto.

—Es cosa fácil, contestó el indio, y por complacer a usted, don Juan...

—Hay un peso que ganar; conque a ver cómo te portas.

Cirilo pidió que le concediéramos cinco minutos para hacer sus preparativos, y prometió venir a alcanzarnos a la orilla de un riachuelo angosto y lento al otro lado de la aldea. Nosotros debíamos tomar una piragua y hacer que nos llevaran hasta allí.

Cuando llegamos, nuestro hombre estaba en la orilla esperándonos; iba desnudo y llevaba en la mano un fuerte puñal cuya hoja, de ocho pulgadas de longitud, parecía un enorme clavo cuadrado en su base. Había dirigido ya a los alrededores una ojeada de inteligente. Al llegar a 20 pasos de él nos indicó con un ademán que nos detuviésemos, y precediéndonos con precaución, nos señaló un punto de la orilla lleno de altas yerbas. Hallábase a unos diez pasos de ella, cuando dos caimanes de cola corta se revolvieron en el agua como mastodontes.

En menos tiempo del que se necesita para decirlo, Cirilo se echó al agua con el puñal entre los dientes, se zambulló y no volvió a salir a la superficie. Echamos a correr en dirección del sitio de combate. La situación me parecía palpitante; escudriñé el río con la vista, y un remolino era lo único que indicaba el punto por el que el indio había desaparecido.

Transcurrieron algunos segundos que me parecieron horas; el agua se agitó de nuevo como impelida por una poderosa hélice, y la cola del monstruo descargó en la superficie un golpe terrible; luego asomó el cuerpo al hacer una evolución rápida, y vi a Cirilo, lleno de fango, adherido al vientre del caimán.

Ambos desaparecieron otra vez, dejando tras de sí un largo rastro de sangre.

—¡Bravo, Cirilo, bravo!, gritó don Juan.

Yo ni siquiera me atrevía a respirar; el terror helaba mi

sangre en las venas, y, testigo de tan espantosa lucha, me arrepentía ya de haberla provocado.

Mientras tanto los esfuerzos de los dos luchadores agitaban el río, y el agua remontaba a la superficie en fangosos remolinos; pasaron todavía algunos segundos, y por fin Cirilo salió, lleno de lodo y medio sofocado, pero solo. Sin poderme contener, lancé un grito de júbilo: Cirilo venía nadando hacia nosotros y le alargué la mano para ayudarle; pero saltó sin necesidad de auxilio a la barca, donde pasó un rato sin hablar.

—Ese animal me cortó el dedo, dijo enseñándonos la primera falange de su índice mutilado.

En el momento en que Cirilo se había agarrado con el monstruo a brazo partido, metió sin quererlo el dedo entre las mandíbulas de aquél.

—Pero me lo pagó, añadió, y pronto lo veréis. Y si no sube, iré a buscarlo.

Don Juan me guiñó el ojo: aquel indio me parecía grande como César. Cirilo, sin dar gran importancia al hecho, se limpiaba el lodo de que estaba cubierto y se disponía verdaderamente a echarse otra vez al agua; pero yo lo detuve.

—¡Mirad, allí está!, dijo don Juan señalando una superficie amarillenta que se veía flotando a alguna distancia. Era en efecto el caimán, panza arriba y con el pecho traspasado de cuatro puñaladas.

Le remolcamos hasta la aldea: tenía 14 pies y tres pulgadas de largo. Di a Cirilo dos pesos en vez de uno y le compré por cuatro el puñal, que conservo todavía...

Prosigamos. Después de muchas dificultades llegamos por fin a la laguna, y era ya muy tarde cuando entramos en la aldea de Las Playas. Allí tropezamos con un nuevo inconveniente: no había mozos. Los indios son los únicos que se dedican a transportar fardos y no podemos encontrarlos sino en Santo Domingo del Palenque, a ocho leguas de distancia, además, como aún así y todo son pocos, tendrán que hacer tres o cuatro viajes para trasladar todos nuestros bultos.

El jefe político de Las Playas se pone a nuestra disposición y envía al punto un propio al jefe municipal de Palenque para que haga venir todos los hombres que pueda. Como cada indio no quiere llevar más que una carga de 100 libras, tenemos que acondicionar el material y dividirlo en cargas iguales. A pesar de todo esto, no pierdo enteramente el tiempo, pues encuentro en la aldea la famosa piedra de la Cruz, procedente de un templo de

Palenque y muy conocida de todas las personas ilustradas. Esta célebre antigüedad acaba de llegar, después de varias vicisitudes, rota en dos pedazos, de paso para México. Sacamos un hermoso molde de ella, y el lector podrá verla en uno de nuestros grabados, restablecida en su sitio al lado de la losa perteneciente al mismo templo y ocupando aún el fondo del altar.

En resumen, perdemos seis días en Las Playas, de donde no partimos hasta el 30 de diciembre. Somos ocho y hay que organizar una verdadera cabalgata que nos lleve a Palenque.

Santo Domingo, adonde llegué molido, es la antigua cabeza política de este distrito; hace algunos años que esta capital fue trasladada a Las Playas, y desde entonces los blancos han abandonado la población, siendo remplazados por indios. Esta antipatía del indio hacia el blanco se ha perpetuado desde la conquista; emigra del sitio que éste invade y vuelve cuando el blanco lo abandona. En Palenque sólo quedaban dos familias europeas, y en casa de una de ellas pudimos encontrar albergue.

En la pared de la iglesia, no acabada todavía, hay dos soberbias losas sacadas del templo del Sol; me apresuré a moldearlas durante los días que tuve que aguardar a los mozos, y al mismo tiempo saqué una vista del pueblo con su calle mayor formada de cabañas de techo de bálago y los mangueros que les dan sombra.

En una palabra, no llegamos a las ruinas hasta el 2 de enero, después de 22 días de viaje para andar las 35 leguas que distábamos en línea recta de San Juan Bautista; pero, ¡cuánto rodeo!

XVI

Las ruinas de Palenque. Primera impresión. Ojeada histórica. Instalación. Exploraciones

Las ruinas de Palenque están a unos 10 km al sudoeste del pueblo; el camino para llegar a ellas no es otra cosa sino un sendero entre el bosque, que hay que despejar a cada nueva exploración, porque la poderosa vegetación de los trópicos lo borra en seguida. Nosotros lo encontramos limpio gracias a las disposiciones tomadas por el señor Rodríguez, agente del gobierno mexicano, encargado de las ruinas y que las visita con frecuencia. Yo anduve el camino a pie en compañía de Alfonso, nuestro cocinero.

El río Michol, al cual llegamos después de cruzar un llano

ondulado, parece formar el límite septentrional de la antigua ciudad, porque a partir de él se empiezan a encontrar, a derecha e izquierda, lomas y pequeñas eminencias y ciertos vestigios de ruinas. El sendero sube en seguida bastante empinado por las laderas de colinas o mesetas sucesivas, que parecen hechas por la mano del hombre.

De pronto, los gritos de los indios que nos preceden nos anuncian que hemos llegado a El Palacio, y gracias a ellos no pasamos de largo sin verlo, tan espesa es la vegetación que por allí hay.

Si se toma este palacio por centro, puede decirse que la ciudad estaba situada en la falda de las primeras estribaciones de la Cordillera. Algunos viajeros pretenden haber visto el mar desde lo alto de los templos; pero yo creo que, si acaso, habrán divisado la laguna de Catazajá, situada a 10 leguas al norte; pues por lo que hace al océano, que dista más de 160 km, dudo que sea posible verlo, ni aun estando enteramente despejada la atmósfera, desde la altura de 200 m a que nos encontramos.

Trepamos a la pirámide, penetramos en El Palacio, y la impresión que experimento es profunda. Cuando más joven, me había parecido el edificio modesto; ahora vuelvo casi viejo y le encuentro grandioso.

Doy un corto paseo por los alrededores, por entre las ruinas que aún quedan en pie, y me lleno de asombro. Este palacio macizo, estos templos ruinosos, estas pirámides de diferentes alturas, son algo más que majestuosas; son espantables, y hacen dudar si el pueblo que elevó esos monumentos aprovechó las eminencias naturales de que está salpicada la Cordillera para situar en ellas sus moradas, o si esas obras asombrosas por su grandeza han salido de una pieza de las manos del hombre. Pero no; algo después nos cercioramos de ello. Los constructores distribuían el terreno en explanadas, sobre las cuales levantaban pequeñas pirámides; pero revestían las colinas de piedras, y las dividían en pisos como los toltecas lo habían hecho en sus pirámides de Teotihuacan.

No hay nada que cause tanta extrañeza como un paseo por entre esos edificios extraordinarios; ese abandono, ese silencio, esa soledad, la densa sombra de los árboles que coronan edificios y pirámides, contribuyen a aumentar el misterio que rodea a las ruinas y nos sumen en una tristeza indecible.

¡Cuántos cambios han sobrevenido en 22 años! Se han desmoronado lienzos de murallas, se ha derrumbado toda la parte anterior del templo de la Cruz y ha desaparecido completamente el hermoso bajorrelieve del altar del templo del León. ¿Qué quedará dentro de 50 años? Probablemente un montón de escombros como los que se encuentran al través de los bosques en las eminencias y en la llanura.

En tanto que mis hombres despejan de escombros El Palacio, me encamino a la selva virgen, precedido de algunos indios que abren paso. Reconozco los edificios que ya había visto; mas por donde quiera que paso, veo en todas direcciones grandes montones de ruinas informes.

Hoy me queda por ver El Palacio: al sudoeste, a dos pasos, el templo de las Inscripciones; a 300 m al sur, el templo del León; más acá, al sudeste y situados en forma de triángulo, los tres templos del Sol, de la Cruz no. 1 y de la Cruz no. 2. Allí están los bajo relieves célebres y las inscripciones indescifrables, de las que he venido a sacar copias para presentarlas a las corporaciones científicas. Ahí voy a vivir dos meses, aun cuando no puede ser peor la residencia dado el tiempo que hace y las lluvias perennes.

Ante todo, es menester instalarnos. Establecemos la cocina y el comedor en la galería exterior de la fachada oriental de El Palacio, y la alcoba en la galería oriental del ala interior: desde el comedor veo la selva y mi alcoba da al patio de El Palacio.

Pongo a las órdenes del cocinero dos indios para que le suministren agua y leña; me quedo con cuatro para transportar el material y para que nos lleven también agua y leña a los templos donde tendremos que hacer estampaciones,[5] y designo los 15 restantes para que corten árboles y limpien de escombros El Palacio y los templos; operación que hacen con mucha calma, pues por poco que se deje de vigilar a los indios, suspenden el trabajo y se ponen a fumar o a hablar: esta clase de trabajo les es sumamente antipático, y no saben manejar la pala ni el pico; pero en cuanto se les da un machete o un hacha, están en sus glorias. Saben abrir con el machete un camino con la rapidez suficiente para que se pueda atravesar un bosque con paso igual y sin detenerse. Con el hacha derriban árboles enormes con tanta facilidad como nosotros podríamos cortar un arbusto: de este modo limpiaron El Palacio y los templos de la enorme vegetación que los cubría...

[5] Reproducciones, por medio de papel húmedo, de inscripciones, bajorrelieves, etcétera; a esta técnica también se le llama latinoplastia, por Lottin de Naval (viajero francés, 1810-1903), a quien se atribuyé su invención o su introducción en Europa (C. C. B.).

Expedición a Chiapas y Tabasco.
Año de 1892

Expedición a Chiapas y Tabasco.*
Año de 1892

PEDRO H. ROMERO

Nos embarcamos en Veracruz a bordo del vapor-correo nacional "José Romano" el 2 de abril, y después de 14 horas de navegación entramos en la barra de Coatzacoalcos a las siete de la mañana del domingo 3, subiendo una hora después a Minatitlán; segundo punto de escala del vapor y en el cual debía detenerse de tres a cuatro horas.

Por una circunstancia imprevista, habiendo saltado para tomar algunos datos de la población emprendió su regreso el vapor, dejándonos en tierra. Como era domingo y estaba cerrado el telégrafo federal no pudimos dar aviso al capitán de puerto de la inconsecuencia cometida por el del vapor al salir sin dar las señales acostumbradas.

Debido a la bondad del agente del Ministerio de Fomento, que nos facilitó un bote y al jefe político que lo mandó tripular con detenidos, mediante una gratificación que les dimos a estos últimos, regresamos a la barra muy pronto, pues en cuatro y media horas recorrimos las ocho leguas que dista aquélla de Minatitlán.

Creímos que el vapor nos esperaba en Coatzacoalcos y por esto salimos al momento, pero con bastante disgusto supimos a las 8.30 p.m. que llegamos, la salida del vapor desde las siete.

Coatzacoalcos es un lugar arenoso, sumamente cálido y dominado por los vientos del sur que son muy calientes; hoy no tiene gran importancia y sus esperanzas están fundadas en la

* Tomado de: *Anales del Museo Nacional de Arqueología, Historia y Etnografía*, vol. IV, núm. 4, 4a. época, pp. 459-477, México, 1926.

conclusión del Ferrocarril Interoceánico del Istmo y de las obras que mejorarán su barra.

Los únicos vapores que tocan allí con regularidad cada diez días son los correos "México" y "José Romano", pues los otros de cabotaje sólo van cuando tienen flete que les convenga. Así pues esperar allí vapor era perder un tiempo precioso, por lo cual determinamos tomar rumbo a la barra de Santa Ana, en un bote que por casualidad debía salir dos días después.

Salimos de la barra el martes 5 de abril de 1892 a las doce de la noche con viento regular que nos abandonó tan luego como estuvimos fuera; esto nos obligó a fondear a poca distancia de la costa y esperar con la llegada del día un viento favorable para nuestro rumbo. A las 4 a.m. permaneciendo aún la calma determinamos que uno de nosotros tomara el gobierno del bote a fin de que los dos tripulantes pudiesen bogar.

En esta situación navegamos hasta las doce del día en que sopló un brisote del SE que tomándonos de proa nos obligó a hacer bordadas toda la tarde hasta las 6.30 en que, habiendo cesado, pudimos entrar a Tonalá con el fin de esperar allí el viento favorable y componer el bote que hacía bastante agua.

Nuestros males iban en aumento día por día; cuatro horas después de haber desembarcado comenzó a soplar con fuerza y lluvia un viento del norte, el cual cruzando la barra nos encerraba por tres o cuatro días allí. En vista de esto y atendiendo las indicaciones del Sr. don Miguel Rosada, jefe de la sección marítima de Tonalá, liquidamos el bote cuyo dueño nos cobró $4.00 por pasaje hasta aquella barra y determinamos seguir nuestro viaje por el río hasta Zanapa, distante 25 leguas al SSE.

Desde luego contábamos con el cayuco de la sección y un patrón que el mismo Sr. Rosada nos proporcionaba, pero faltaban cuando menos dos bogas; por la cantidad de $6.00 se nos ofrecieron dos muchachos o mejor dicho dos niños, que tuvimos que aceptar no encontrando otros mejores.

Lista nuestra pequeña nave, emprendimos nuestra navegación viento en popa remontando el río de Tonalá o Tancochapa, de cuya manera subimos doce leguas en seis horas, llegando al rancho de los Soldados a las 6 p.m.; aquí tomamos un ligero alimento para proseguir nuestra marcha a remos, porque la distancia y los bosques nos separaban ya de la zona del viento norte, viniendo en cambio sobre nosotros una lluvia, que con intervalos de una hora poco más o menos estuvo cayendo toda la noche.

Tres leguas arriba de los Soldados dejamos el Tancochapa a

la derecha para seguir a la izquierda el río Zanapa a cuya población llegamos a las 5.30 a.m. Inmediatamente vimos al Sr. don Justo Escudero, persona a quien veníamos recomendados por el Sr. Rosada y gracias a él encontramos caballos que nos condujeron ese mismo día a Mecatepec, pueblecillo situado 16 leguas al este de Zanapa, ambos pertenecientes a la Municipalidad de Huimanguillo del estado de Tabasco.

Tanto en uno como en otro de estos pueblos, los habitantes no llegan a 600 y sus recursos son muy escasos; no tienen agricultura ni industria ninguna, solamente Zanapa cultiva tabaco en pequeña escala que lleva a Minatitlán para su venta. No encontrando caballos tuvimos que seguir nuestro viaje a Cárdenas en los mismos que desde Zanapa traíamos de Benjamín Rosaldo, los cuales estaban en un estado tan lastimoso, que uno de ellos sucumbió a la fatiga y el cansancio en uno de tantos barriales como atravesamos en las ocho leguas que recorrimos aún para llegar a Cárdenas, a la una de la tarde del 8 de abril.

En Cárdenas ya pudimos respirar con más tranquilidad, pues aunque todavía nos faltaban 18 leguas de malos caminos para llegar a San Juan Bautista sin embargo cuenta con más recursos, hay una mala fonda donde se puede pasar mejor que bajo de un rústico portal, como nos sucedió en Mecatepec y sobre todo hay telégrafo federal que con ansia deseábamos para dar noticias de nuestra situación.

El jefe político se portó muy bien, habiéndonos proporcionado un agente de policía a caballo que nos acompañó a la capital para regresar los caballos que nos condujeron.

De Cárdenas a San Juan Bautista hay sólo doce leguas en línea recta al E, pero por la ninguna dirección para hacer los caminos, los cuales sólo sirven para unir las poblaciones sin atender a su distancia, cuando con ello se evitan obras de arte por pequeño que sea su costo, y por la costumbre de hacer el viaje por Cunduacán, se alarga en seis más. Las dos primeras poblaciones están con poquísima diferencia situadas en el mismo paralelo, mientras que esta última se halla ocho minutos más al norte poco más o menos.

El camino de Cárdenas a Cunduacán es muy bueno en tiempo de secas, en las aguas se descompone bastante pero no deja de ser transitable; mientras que de esta última a San Juan Bautista es infernal, a través de sabanas y terrenos bajos que en tiempo de secas prestan muy poca sombra a los viajeros, y en las aguas todo se inunda haciendo imposible el viaje por tierra.

Después de todo un día de un sol abrasador llegamos a Atasta a las 5 p.m. una legua distante de la capital del estado; tomamos el ferrocarril urbano y a las siete de la noche del domingo 10 de abril hicimos nuestra entrada a San Juan Bautista, adonde éramos esperados desde una semana antes. Tanto el gobernador, el Sr. Dr. Simón Sarlat, como el Sr. don José Manuel Puig nos recibieron perfectamente bien y se pusieron a nuestras órdenes.

El Sr. Sarlat, nos mostró una colección de antigüedades que posee, pero no quiso ceder sino un reducido número de ellas, después de muchos ruegos de parte nuestra, habiendo tomado vistas fotográficas de las que nos parecieron más dignas de interés.[1]

Como el Sr. Puig necesitaba cumplir cuanto antes el compromiso contraído de llevarnos a su hacienda para poder atender después asuntos graves de familia, y siendo la opinión del Sr. Sarlat y de otras personas la de que visitáramos primero el Guano y el Palenque para venir luego a Comalcalco, de donde podríamos más fácilmente regresar a San Juan Bautista para emprender nuestra marcha a San Cristóbal las Casas, se arregló acto continuo el viaje para la hacienda citada, saliendo el martes 12 de abril a las 2 p.m. para Frontera a cuya población llegamos a las 3 a.m. del día 13. Después de recoger algunos víveres, salimos para el Usumacinta el mismo día a las 9.15 a.m.

"El Rayo", vaporcito de nafta que nos llevaba, remolcaba una gran canoa cargada de equipajes y objetos del Sr. Puig, lo cual hacía disminuir su velocidad hasta el grado de recorrer una legua por hora, de manera que hemos tardado 23 horas para recorrer 25 leguas que dista Jonuta, a cuya población llegamos el jueves 14 de abril a las 8 a.m.

Sólo nos detuvimos el tiempo necesario para el despacho del vapor y para almorzar. Mientras se preparaba el almuerzo se tomaron dos vistas: una de un *cuyo* o cerro artificial de tierra situado al sur de la población y otra del playón del río.[2]

Continuamos nuestra marcha a las doce del día, dejando a la izquierda el Usumacinta para seguir por un brazo de él, llamado río San Antonio y que forma la gran isla del Chinal, y dos leguas más al sur dejamos también el San Antonio a la izquierda internándonos en el llamado río Chiquito, otro brazo del Usumacinta,

[1] Cuadro XLIX. Sala III.
[2] Estas dos vistas no se me han dado.

para llegar al rancho de Puerto Caballo a las 5 p.m. Aunque debían allí esperarnos mozos con bestias que nos conducirían al momento, no había ninguno y se mandó inmediatamente por ellos. Interin llegaban descansamos tomando algún alimento y varios informes con los dueños del lugar, por ellos supimos que aquel rancho tomaba su nombre de la tradición que conservan los habitantes de haber pasado por allí sus caballos Cortés en su expedición a las Hibueras, y que el río Chiquito sale del Usumacinta diez leguas más arriba del mencionado rancho.

A las once de la noche llegaron los mozos con las cabalgaduras e inmediatamente nos pusimos en marcha para la hacienda de San Francisco, distante dos leguas al oeste, dejando a bordo nuestro equipaje y efectos del Sr. Puig, que fueron transportados al día siguiente en una carreta tirada por bueyes. Este mismo sistema emplean para llevar a los lugares de embarque el palo de tinte, principal y acaso única explotación de aquellos terrenos, porque el ganado vacuno y caballar están en muy pequeña escala, no conociendo los dueños de fincas casi en lo absoluto, la agricultura, pues algunos tienen que comprar los granos para alimentación de su servidumbre.

Una vez instalados en San Francisco comenzamos nuestra investigación principiando por un lugar llamado El Paso de la Cruz que se halla dos leguas al sur de la hacienda citada: en dicho paso existe un arroyo llamado también de La Cruz o de Comalillos y en la margen derecha de éste a 20 m de la orilla una ceiba, que aunque de dimensiones algo regulares, no representa tener más de 60 años de edad. En esta ceiba opina el Sr. Puig que fue ahorcado por los españoles el último emperador azteca, y aún cree ver en la corteza como a 5 m de alto, señales de haber sido grabada allí una cruz.[3]

Esta creencia es absolutamente errónea en primer lugar: porque una incisión practicada en la corteza de un árbol cualquiera, por más resistente que sea, después de 367 años, el desarrollo natural de la corteza la hace desaparecer o cuando menos la desfigura notablemente; y en segundo lugar: que siendo la ceiba una madera sumamente blanda y de rápido crecimiento, desde luego se comprende que es imposible persistiera indeleble un grabado de tantos años atrás.

Ahora bien: si como asegura la historia nuestro ilustre empe-

[3] Núm. 61, facistol V. Cuadro CCLXIII.

rador Cuauhtémoc fue sacrificado en una frondosa ceiba de las muchas que en el lugar había, ¿qué edad debemos suponerle a dicho árbol? Asignándole 50 años atento su gran desarrollo, ahora deberá tener 443, y según la opinión general de los labradores de aquellas regiones y más la muy autorizada del Sr. D. José N. Rovirosa, persona de profundos y vastos conocimientos en la historia natural, estos árboles viven de 80 a 100 años nada más.

Concedamos que pudiese haber vivido tanto tiempo y que la cruz fue grabada a un metro de altura: después de 400 años ¿es posible que este árbol sólo haya crecido 6 m cuando es una planta de rápido desarrollo, sobre todo en terrenos cálidos?

He aquí otra aseveración que por un momento parece destruir lo anteriormente asentado, pero que en realidad apoya nuestras conclusiones respecto de la edad a que nos venimos refiriendo. A un cuarto de legua de Comalcalco en el norte del mismo estado de Tabasco, se halla una ceiba doblemente más grande que aquella de que nos ocupamos, en terrenos de la propiedad del Sr. don José Antonio Ferrer. Este señor dice que según los datos que suministró el señor su abuelo esta ceiba debía tener como 200 años. Dando por sentado que los tuviera no puede asignársele a la del Sr. Puig más de 100 años.

La pequeña elevación que se nota en toda la parte de terreno cubierta por el referido árbol del Paso de la Cruz se debe al sedimento proporcionado tanto por el arroyo en sus avenidas anuales como por la gran cantidad de hojas que cada año deposita el mismo árbol.

Rehusamos hablar de la segunda ceiba que nos señaló a unos 800 m al NE de la primera el mismo Sr. Puig; por ser muchísimo más pequeña y con tal motivo de ninguna importancia.

En la llanura donde se encuentra esta segunda ceiba pretendía el Sr. Puig que unas pequeñísimas sinuosidades del terreno eran cerros artificiales de los conocidos en todo el estado con el nombre de *cuyos,* siendo en realidad ligeras ondulaciones producidas por los deslaves y sedimentos de las crecientes, pues apenas pasada una de éstas, queda el terreno en un estado pastoso que con la trilla del ganado y según el nivel general del terreno, va tomando la forma citada; esto no obstante, practicamos varias excavaciones en distintos lugares, no habiendo encontrado más que restos de tiestos que, si bien atestiguan la existencia de moradores de tiempos atrás, no justifica su antigüedad, tanto más, cuanto que como es sabido, las rancherías de sirvientes en las haciendas cambian a menudo de sitio, según la calidad de terreno, explotación a que se dedican en él y conveniencias particulares del dueño. Hablósenos también de unas *"Tembladeras"*. Sabido es que en todos los terrenos pantanosos, y en general, en los de formación sedimentaria o de aluviones se encuentran partes donde la consistencia de poca resistencia es demasiado débil y por consecuencia de poca resistencia a la compresión.

Dice el Sr. Puig que la historia asegura haber pasado Cortés en su expedición a las Hibueras algunos de estos terrenos, habiendo tenido que construir grandes calzadas con troncos de árboles y terraplenes, para poder transportar su pesado material de artillería y equipajes, y que estos lugares llamados *"Tembladeras"* se encontraban a poca distancia al E del Paso de la Cruz.

Hemos examinado minuciosamente todas las cercanías y no hemos encontrado, no tan sólo las citadas calzadas pero ni siquiera las *"Tembladeras"*; todo aquello está cubierto de selvas vírgenes y el terreno es bastante firme.

Cien metros al E del Paso de la Cruz en el arroyo, se encontró un cañón de fierro de 90 cm de largo enterrado a poca profundidad; éste además de que se presta a un estudio comparativo por el cual vemos que no es muy antiguo, su presencia allí puede explicarse por las muchas guerras civiles y extranjeras de que ha sido teatro el estado. Más adelante veremos aún de dónde puede provenir.[4]

Practicados los reconocimientos anteriormente citados hicimos otra excursión a la hacienda del Guano distante tres leguas al ONO de San Francisco a fin de reconocer las anclas y demás objetos que se hallan en sus terrenos. Tres y media leguas al NE de la referida hacienda del Guano en un punto llamado el Otatal y a 10 m de la orilla izquierda del Maluco que es un afluente del río de Macuspana, encontramos sobre el terreno cubiertas únicamente por el zacate, cuatro anclas de fierro de distintos tamaños, una rueda dentada en el extremo de un eje y cuyo eje presentaba el lugar de la otra, cuatro fuertes escuadras de fierro a manera de amarres de proa y una plomada de sonda; desde luego notamos que estos objetos no tienen la antigüedad que el Sr. Puig les asignaba: en primer lugar, por su estado de conservación; en segundo por su situación y en tercero por la clase de

[4] Vino la fotografía pero no se exhibió.

fundición de la rueda dentada muy superior a la que por la época a que nos referimos se hacía.[5]

Hemos dicho que a 10 m de la orilla y sobre la superficie del terreno se encuentran estos objetos, siendo éste el primer punto en que debemos fijarnos. No es posible que en un terreno de aluvión como es el de Tabasco, permanezca un objeto de 400 años en la superficie sin que sea cubierto por la más pequeña capa, además los cursos de los ríos cambian insensiblemente con sus constantes avenidas, haciéndose muchas veces estos cambios demasiado notables; añádase a esto el sedimento proporcionado por la vegetación y resultará que no es de admitirse la antigüedad que se le quiere asignar a dichos objetos.

Por los años de 1845 a 1850 la referida hacienda del Guano perteneció al Sr. don Pedro Morel, quien explotaba el palo de tinte en grandes cantidades, teniendo para su exportación un buen número de embarcaciones, algunas de ellas de regular porte. Es de creerse que a una de éstas pertenecieron las anclas y demás objetos encontrados por estos lugares. También debe haber pertenecido a una de ellas el cañón encontrado en el arroyo de la Cruz, pues sabido es que la generalidad de las embarcaciones mercantes acostumbran cargar cuando menos uno para su servicio.

De todos los objetos anteriormente citados se tomó un buen número de fotografías, y no habiendo nada más que llamara nuestra atención, determinamos emprender nuestro viaje al Palenque.

Hechos los preparativos necesarios y recomendados al Sr. Puig los pocos objetos que por allí recogimos para que los trajese a San Juan Bautista, nos pusimos en marcha a las tres de la mañana del martes 19 de abril en compañía del Sr. Manuel N. Zurita y su pariente don Juan Antonio Sala, amigos del Sr. Puig que bondadosamente se prestaron a acompañarnos no pudiendo hacerlo él por sus cuidados de familia. El equipaje iba cargado por dos mozos del Sr. Puig quienes al llegar al rancho de las Palomas a cuatro leguas de San Francisco, pretextando uno enfermedad y el otro no saber el camino se negaron a pasar adelante; con tal motivo tuvimos que dejarlo allí para que el día siguiente nos los remitiera el dueño del rancho y nosotros continuamos nuestra marcha hasta el rancho de Palmas, donde almorzamos y pasamos el rigor del sol, volviendo a seguir nues-

[5] **También se trajo y no se presentó.**

tro camino a las 3 p.m. para llegar a Palenque a las 7.30 de la noche.

Fuimos bien recibidos por D. Francisco Lacroix, el cual no pudiendo alojarnos en su propia casa, nos facilitó la Municipal donde quedamos establecidos ínterin determinábamos nuestro plan de operaciones, pues la idea era establecer un campamento en las ruinas después de saber los elementos con que podía auxiliarnos la población. Esta se encuentra situada 16 leguas al sur de la hacienda de San Francisco entre las primeras sinuosidades del terreno que empieza a producir por allí la Sierra Madre; es absolutamente pobre y carece hasta de lo más indispensable; para abastecerse sus habitantes tienen que mandar propios a Playa de Catazajá que dista ocho leguas al N o bien a Montecristo situado 12 leguas al NE. Antiguamente este pueblo llegó a contar 6 000 habitantes y fue la cabecera del Departamento de su nombre, pero hoy se halla completamente arruinado y ni las autoridades del Departamento residen allí, siendo la cabecera actual Salto del Agua, otro villorrio tan pobre como Palenque situado 22 leguas ONO de él y a la margen izquierda del río Tulijá, afluente del Macuspana.

Las ruinas se encuentran tres leguas al SO del pueblo en la falda occidental de las primeras vertientes de la Sierra Madre; la topografía del terreno es sumamente agreste, pues sobre las mismas faldas de las serranías, hállanse diseminados multitud de cerros artificiales formados con aglomeraciones de piedras; de manera que el ascenso a éstos es muy difícil por encontrarse aquello cubierto de espesa vegetación y por estar las piedras sueltas sobre el terreno en su mayor parte. Todos estos pequeños cerros están coronados por fuertes construcciones abovedadas de mampostería.

Según los datos adquiridos con los cortadores de maderas preciosas de estos rumbos, las ruinas se extienden hacia el este llegando a Tenosique, donde siempre por la orilla de la sierra se dirigen hacia el SE.

Para una exploración si no completa cuando menos de bastante provecho se necesita tiempo y muchos recursos de brazos y dinero; pues de lo contrario poco será lo que se descubra.

Mr. Alfred Maudslay que estudió estas ruinas con el fin de contribuir a la formación de la Biología Central Americana que está publicando en Londres, permaneció en ellas seis meses, de diciembre de 1890 a mayo de 1891 y aunque contaba con grandes elementos pues trajo todo cuanto podía necesitar no pudo desmontar y estudiar sino una extensión de seis hectáreas poco más o menos, debido principalmente a la falta de brazos. En esa parte, quizá la más interesante de todas las ruinas encontró El Palacio Principal de la antigua ciudad, el templo del Sol, el de las Leyes, el de la Cruz Enramada y el de la Atalaya. Con estas dos últimas denominaciones designan a dichos templos los habitantes del pueblo de Palenque.

Después de un pequeño reconocimiento que practicamos el día 20, quedamos instalados el jueves 21 en una de las galerías de El Palacio, la misma que ocupó Mr. Maudslay, comenzando desde luego nuestros trabajos.

A fuerza de empeño con el juez de los indios, porque ellos particularmente tienen el suyo que eligen anualmente la noche del 31 de diciembre, conseguimos seis trabajadores para principiar los trabajos de desmonte; esto era lo más urgente pues aquí la vegetación es tan exuberante que no obstante hacer nueve meses que el referido Mr. Maudslay había abandonado aquéllas y que el terreno fue sembrado de maíz, a nuestra llegada todo estaba cubierto con un bosquecillo como de 3 m de alto, que los indios llaman *acagual.*

El desmonte naturalmente se limitó a lo más indispensable, y una vez terminado el de El Palacio Principal, se siguió con el del templo de las Leyes para así seguir con los demás.

El Palacio Principal se halla situado, como dijimos en la cumbre de un cerro como de 540 m sobre el nivel del mar y unos 40 m sobre el de Palenque.

Consta el edificio de un recinto cuadrangular dividido en cuatro grandes patios por edificios interiores separados de la crujía principal. Para comprender su situación, consideramos el recinto dividido de E a O en dos partes, una al N y otra al S y ocupémonos en primer lugar de la del norte que parece la más importante.

Esta comprende los dos patios más importantes y las mejores construcciones del edificio. Por el costado E y dando frente a este rumbo, corre una doble galería abovedada de N a S, de las cuales la primera forma la fachada del edificio y la segunda el costado oriental del primer patio. En la fachada sólo existen cinco columnas con su parte correspondiente de bóveda, estando en el suelo todo el ángulo NE; la galería interior que ve al patio, también está destruida en su extremo norte.

En el portal de la fachada y en el frente de las columnas hay inscripciones y bajos relieves que representan escudos de armas, guerreros y otras figuras en estuco blanco.

El cuerpo del centro consta también de dos galerías abovedadas, teniendo la que forma el costado poniente del primer patio inscripciones análogas a las de la fachada, pero con estuco color de plomo, tanto en las columnas como en la pared del corredor; la segunda galería que viene a ser el costado oriente del segundo patio, sólo tiene inscripciones y bajos relieves en el frente de las columnas. Este cuerpo central está separado de la crujía principal del edificio por pequeños pasillos al N y S. En el costado occidental de esta parte N que consideramos encuéntranse también dos galerías abovedadas, una que forma el costado del mismo rumbo del patio y otra que tiene su vista principal al poniente, con sus columnas adornadas igualmente de figuras que representan guerreros. Sólo en la primera de estas galerías se notan tabiques divisorios como formando habitaciones; las demás son galerías corridas.

El lado norte del recinto lo forma una sola galería abovedada que se halla en su mayor parte derrumbada; observando y revolviendo los escombros pudimos notar la existencia de paredes divisorias como para formar habitaciones. El primer patio tiene en el lado oriente una gradería de cinco escalones de piedra labrada limitada a derecha e izquierda por taludes de grandes piedras monolitas que representan ídolos; de los cuatro de la derecha los tres primeros tienen la cara volteada a la izquierda y viendo a la entrada hacia arriba, y de los cinco de la izquierda el primero ve también a la entrada y los otros para la izquierda.

Por el lado norte hay también una gradería de cinco escalones bastante anchos de lajas y mezcla en toda su longitud, dando paso a la galería que existió en ese lado. A derecha e izquierda de la escalinata hay dos pequeños macizos, presentando el de la derecha una puertecita como de sepulcro.

El lado oriente tiene dos escalones de su misma longitud, y en el centro otra gradería de cinco escalones, de los cuales los tres primeros, a contar de arriba, tienen inscripciones hacia la parte media en la huella y en la contramarcha; esta gradería está limitada a derecha e izquierda por dos grandes estribos de piedra que representan dos ídolos grabados sobre estuco. El espacio comprendido entre cada estribo y el ángulo del patio, está adornado con tres columnas y tres entrepaños que tienen en su centro inscripciones. Las columnas son estatuas en forma de pilastras.

Cerrando el primer patio por el lado S hay dos edificios: el primero de E a O con dos fachadas una al N y otra al S, tiene cinco departamentos, de los cuales, tres ven al N con escalinata de mampostería al frente y relieves de guerreros; los otros dos ven al sur y sólo en la pared del fondo tienen relieves. El otro edificio se encuentra al costado de éste corriendo de N a S hasta cerca del lado sur del recinto general, del que queda separado únicamente por un callejón de 1.25 m; en su frente anterior tiene cinco escalones para descender al patio, y al fondo dos entradas para subterráneos que van a salir al pie del cerro por ese mismo lado.

Segundo patio: su lado N está formado con un recinto de mampostería con tres puertas al frente dando paso a una cavidad interior, que según opinión de Mr. Maudslay era panteón, pues halló un cráneo y huesos humanos. El E lo forma el corredor de la galería del centro; tiene en el extremo sur cinco escalones de piedra limitados en sus lados con estribos de piedra con relieves. El lado sur está completamente lleno de escombros pero afecta la forma del macizo del norte, continuando en escuadra paralelamente a la pequeña escalera antes citada y también parecen sepulcros. Finalmente al oeste corre una de las galerías del costado de El Palacio, sólo tiene un paramento inclinado de piedra con inscripciones. Por este mismo lado y un poco más retirada se encuentra la Torre o Mirador formada por bóvedas de mampostería en su base, sobre éstas un zócalo soportando dos cuerpos de 3.50 m cada uno, más un tercero derruido casi en su totalidad. La construcción de esta torre es la de un recinto cuadrado de mampostería de piedra, rodeando una gran columna central de la misma forma, que tiene una escalera de 18 escalones de 20 cm de huella y 45 cm de peralte o contramarcha, siendo su longitud de 60 cm. La bóveda de ésta afecta la misma forma de la escalera, como invertida, de manera que conserva la misma altura según se va subiendo.

Desde esta torre se domina todo el campo y se tiene un horizonte muy extenso; es el lugar desde donde se goza de mejor vista, no obstante que todos los edificios de los otros cerros la tienen muy buena.

Tales son los principales detalles de la parte norte del recinto general y de los cuales se tomó gran número de fotografías; en cuanto a la del sur, poco o nada hay que decir, pues en su totalidad es una masa informe de escombros que no deja ni formar juicio exacto ni mediano de su primitiva estructura, y habría sido necesario demasiado tiempo, mucha gente y más trabajo para poder sacar algo de allí.

Nótase la continuación de las galerías del este y del oeste pero sencillas; en el lado sur otra galería como al norte y dividida en habitaciones, habiéndose encontrado en una de ellas una gran piedra de 2.04 m de largo por 1.20 m de ancho y 12 cm de grueso arrimada a una pared y soportada por cuatro pies de piedra de 50 cm de ancho y 28 cm de lado, que según creen los del lugar servía de cama. Vense en el interior de este recinto sur, ruinas de construcciones aisladas que lo dividían en tres patios pequeños.

Palacio de las Leyes:[6] es un edificio situado al SO de El Palacio Principal, teniendo su frente para el norte y su dirección de E a O; se compone de un recinto rectangular de mampostería dividido de E a O por una gruesa pared que soporta las dos bóvedas paralelas de que consta el edificio. Al frente tiene una escalinata de ocho escalones limitados en sus extremos por dos taludes con relieves, estando dichos taludes sobre grandes piedras. Esta escalinata da acceso al templo desde una pequeña explanada que tiene en su base sobre el cerro.

La fachada toda estuvo adornada con relieves e inscripciones en estuco blanco, así como pinturas que aún se notan en pequeñísimas partes. Tiene en la parte media una bóveda de 2.55 m de luz, y a derecha e izquierda de ésta, dos claros de puertas con dinteles de madera de 2.10 m de luz y separados por entrepaños de igual dimensión. La primera galería o sea la del norte es un solo corredor tan largo como el templo que tiene a uno y otro lado de la puerta del centro que da paso a la segunda galería o galería del sur, dos grandes cuadrados de piedras blancas con inscripciones, de 4 m de largo por 2.32 m de alto cada uno.

El muro central de sostenimiento de estas bóvedas tiene en su parte media otra bóveda como la de la fachada y hacia sus extremos dos puertas con dintel de 1.61 m de luz, éstas dan paso a dos pequeños cuartos que forman a cada extremo de la galería del sur dos tabiques de 40 cm de espesor, dejando en la parte media una pieza doblemente más grande que los cuartos y en cuyo fondo en la parte del medio está otro cuadro de inscripciones de 2.84 m de largo por 2 m de alto. No tiene ninguna cosa más que llame la atención; el edificio tiene un coronamiento de almenas en el sentido de su longitud y no presenta por ningún lado del cerro en que se halla, señales de rampa o escalinata para subir a él. Igual pasa en El Palacio Principal y es de creerse que a éste se entrase por los subterráneos.

[6] *México al través,* vol. I, p. 206 (templo de los Tableros).

Templo de la Atalaya:[7] está situado al SE de El Palacio Principal sobre otro cerro, siendo su planta igual a la del anterior, menos en la pieza central que tiene una pequeña cripta cubriendo las tres piedras con inscripciones. De estas piedras sólo queda una de 1.90 m de alto por 1.13 m de ancho y faltan las otras dos. Su frente ve al sur y está todo en tierra quedando sólo en pie dos terceras partes del edificio. Su aspecto exterior lo mismo que el otro de las Leyes, no teniendo escalinata ninguna.

Templo de la Cruz Enramada:[8] igual al de la Atalaya, excepto el departamento norte de la galería este que tiene una puerta oculta, al parecer, para disponer de un cuarto menos alumbrado que los demás. Su situación es de N a S y su vista al poniente; las tres piedras con inscripciones existen aquí estando rota en la parte de la izquierda a 63 cm de altura la del centro; sus dimensiones son 1.82 m de alto por 1.12 m de ancho cada una. La bóveda que forma la galería del frente está toda destruida lo mismo que la fachada. Está situado al SE de El Palacio Principal y un poco más al sur de la Atalaya.

El templo del Sol, situado en frente de este anterior como 150 m al O es el mejor conservado y tiene también sus tres piedras bajo su cripta. Su situación es de N a S con frente al E. Como los otros, tiene sus dos galerías abovedadas coronadas por almenas de bonita forma.

Todos estos templos hemos dicho se encuentran establecidos sobre cerros aislados, y no se nota en ninguno de ellos huella de rampa o escalinata que facilitasen el acceso a ellos. Puede suceder muy bien que con tanto tiempo de abandono se haya destruido completamente, o bien que nunca la hubiesen tenido, para hacer inaccesible en sumo grado aquellas alturas en caso de defensa.

Entre el cerro de El Palacio Principal y los de los templos del Sol, la Cruz Enramada y la Atalaya hay una pequeña cañada en cuya parte media corre un pequeño arroyo que baja de las montañas que dos leguas más al sur van a formar las vertientes del río Chacamás; este arroyo por todo el frente de El Palacio, que sin duda fue gran plaza de la ciudad, esta cubierta por una bóveda formada de grandes piedras ingeniosamente aparejadas sin ningún mortero obrando sólo por su gran peso. A poca

[7] Es el templo de la Cruz, *México al través,* vol. I, p. 288.

[8] *México al través,* p. XVIII.

distancia al NE de El Palacio la bóveda está derrumbada dejando acantilado el arroyo en su margen derecha y accesible por la de la izquierda. Continúa descubierta 40 m más al norte, donde sigue de nuevo la bóveda hasta unos 800 m de El Palacio, en que termina cortado por un plano vertical que le da el aspecto de un puente.

Allí el arroyo presenta una profundidad de 2.70 m formando un remanso y después sigue otra vez con poco fondo deslizándose por entre las piedras y formando a cada tramo pequeños raudales. Sus aguas son muy frescas y sumamente calcáreas como todas las de los ríos pedregosos, siendo afluente del río Michol, el cual a su vez, va a aumentar las aguas del río Tuhjá, tres y media leguas al N del Salto.

Otro de los trabajos que mereció preferente atención fue el de las excavaciones, con el objeto de buscar restos humanos que pudiesen dar idea de los antiguos moradores de la gran ciudad de Palenque, y curiosidades arqueológicas; según el decir de los prácticos por aquellos terrenos, hasta la fecha se tiene noticia de sus grandes panteones: uno al NE de El Palacio y como a 1 000 m de distancia en línea recta, el otro al sur del templo de las Leyes en la falda sur del cerro que tiene detrás y a 3 km de él. Siendo demasiado escabroso el cerro para ir a este último, necesitándose perder más tiempo del que disponíamos para poder abrir brechas a través de selvas impenetrables, donde sólo los cazadores con miles de fatigas han podido llegar, nos resolvimos por el primero en el cual al segundo día de excavaciones dióse con varios sepulcros. Y en particular uno que conservaba intacto los restos, situados con la cabeza al norte y los pies al sur. Se tomó una fotografía de él temiendo no saliese bien, a consecuencia de la poca luz que lo espeso del bosque dejaba llegar hasta allí, este percance ya había sido previsto, pero en San Juan Bautista no pudo conseguirse cinta de magnesio, habiendo llegado demasiado tarde el que se encargó a Veracruz y México; inspeccionado el sepulcro no pudo tomarse sino muy pocos huesos que con el mayor cuidado se transportaron a nuestro campamento, porque al sólo contacto se deshacían en nuestras manos, hallóse también una cabecita de barro, bastante bien hecha, que representaba un indio y otro un tigre. El Dr. Sarlat nos refería acerca de un hallazgo semejante habido en Comalcalco; que cuando un indio de representación moría, por ejemplo, un guerrero, era acompañado su cadáver en el sepulcro por una figurita de barro o piedra con todos sus atributos. A este efecto nos mostró uno encontrado allí, con escudos de armas, rodelas y demás armas defensivas y ofensivas.

Más cerca de El Palacio y en la misma dirección se hicieron también excavaciones en unas pequeñas eminencias que creímos fuesen tumbas, alcanzando profundidades desde 1.72 m hasta 2.78 m sin encontrar más que restos de construcciones antiguas pero nada de notable.

No habiendo tenido éstas grandes resultados a los nueve días de campamento regresamos al pueblo siguiendo un día después para Tecolpá, hacienda donde nos aseguraron encontraríamos antigüedades. A causa de la estación de verano, tan mala e insoportable para caminar por aquellas regiones, nos detuvimos en la hacienda del Limonar, distante aún tres leguas de la primera. Aquí esperamos los indios que conducían nuestros equipajes a espaldas, los cuales regresaron al día siguiente las bestias que habíamos traído desde Palenque, aprovechando la oferta del Sr. Lastra Genaro, dueño del Limonar que bondadosamente nos brindó tales recursos.

Esta hacienda situada al NE de Palenque, dista de él 13 leguas, a la margen izquierda del arroyo del Potrero que comunica con el Usumacinta las lagunas del Tintillo, la Herradura, la de Playas y algunos otros interiores. Su situación es de lo más pintoresco y agradable, gozando siempre de buena brisa que mitiga notablemente los ardores del clima.

Así el Sr. don Genaro como su señora nos trataron con suma amabilidad, por lo cual nos vimos casi obligados a permanecer en su compañía el domingo 1° de mayo que pensábamos seguir para Tecolpá. A propósito de esta finca: la Srta. Lacroix de Lastra que habla varios de los dialectos e idiomas que usan los indios de Palenque, Tumbalá, Chajalón y otras poblaciones más de indios en el estado de Chiapas, nos ha dado la siguiente etimología de la palabra *Tecolpá:* De *Tié* y *pá. Tié* significa *Palo,* y *Pa, -arroyo,* es decir: *"Palo en el arroyo"*, siendo *cal,* tal vez una preposición. Tecolpá se halla situada cuatro leguas al NO de Montecristo en la margen izquierda del río Usumacinta y en la comprensión del estado de Chiapas. Dista de Palenque 15 leguas al NNE.

El 2 de mayo emprendimos nuestra marcha, yendo nuestro equipaje embarcado por el arroyo del Potrero, mientras que nosotros a caballo recorríamos en hora y media las tres leguas, bastante largas, que dista una de la otra.

El dueño de Tecolpá, don Sebastián Alamina, es un hombre ya

entrado en años, de carácter adusto y poco tratable que nos recibió, a pesar de esto, con bastante buena voluntad, sin duda por las recomendaciones que para el caso nos habíamos ya procurado.

Mientras se nos preparaba un ligero almuerzo nos mostró algunos objetos antiguos que posee, entre los cuales, figuran dos dientes incisivos con piedras de colores incrustadas en su parte media y limados en sus esquinas en ángulo recto, dejando en su parte central una pequeña espiga.

A la insinuación que se le hizo para que cediese aquellas cosas para el Museo ya fuesen regaladas, vendidas o prestadas se negó totalmente a ello por más que se le encareció la importancia de la Exposición Colombina, obteniendo la siguiente respuesta: "Mi hermana a quien he cedido estas cosas, las tiene ya ofrecidas a su tía y no quiere faltar a su palabra. Busquen Uds. a ver si encuentran, aquí hay mucho de eso."

Efectivamente se encuentran en la hacienda algunos *cuyos* o cerros artificiales pero sin ningún vestigio de construcciones.

Periódicamente en los derrumbes del río producidos por las crecientes, aparecen en el barranco objetos de barro, restos humanos y otras antigüedades; siendo muy notable el haberse encontrado en una olla una calavera intacta que tenía sus cuatro dientes incisivos superiores en la forma que anteriormente dijimos; pero debido a supersticiones tanto del Sr. Alamina como de su familia, la mandaron enterrar en uno de los costados de la casa exteriormente, pues decían que el temporal que corría desde que apareció en un derrumbe, había aumentado con la profanación que ellos hacían al recoger aquel cráneo. Averiguado el lugar donde la enterraron, excavamos con bastante cuidado pero ya estaba deshecho y sólo recogimos uno que otro fragmento. En esa excavación encontramos también unas esferas de tierra cocida en forma de bolas de 80 cm de diámetro. Deseando practicar otras más en el barranco del río y no queriendo perder tiempo deteniéndose para esto sólo, comisionamos a Benito Lacroix que nos acompañaba desde Palenque en calidad de guía, para que las hiciese con unos peones que al efecto nos facilitaría el Sr. Alamina.

Estos trabajos dieron por resultado el hallazgo de un cráneo, algunas figuras de barro y cascabeles de metal,[9] todo lo cual nos

[9] Los cascabeles no se hallaron al hacer el recuento de objetos en Madrid porque sospecho que los mezcló el P. Plancarte, desde México y después de mi

fue llevado a Montecristo, punto en que habíamos determinado esperar a Lacroix. De las antigüedades del Sr. Alamina tomamos un mosaico en fotografía antes de partir. El 3 de mayo a las 5 a.m. salimos para Chablé, hacienda de los Sres. Abren Hermanos situada tres leguas al este de Tecalpá a la margen derecha del Usumacinta, el viaje lo hicimos en un cayuco que fletamos al Sr. Alamina con la precisa condición de regresarlo de Chablé. Necesario fue pues detenernos allí para que a la caída de la tarde nos facilitasen canoa en qué seguir nuestra marcha a Montecristo, distante todavía cuatro leguas al S.

El Sr. don Salustino Abreu nos recibió con bastante amabilidad hospedándonos con todas las comodidades necesarias. En la tarde, ya lista la canoa que debía conducirnos, tuvimos la grandísima suerte de que pasara para la hacienda de Paviene que está a la margen izquierda del mismo Usumacinta cuatro leguas al E de Montecristo, el vaporcito "José de la Rosa", de la propiedad del dueño de la hacienda don Amalio Ocampo, cuyo capitán nos admitió como pasajeros por la cantidad de cuatro pesos.

A las cinco de la tarde desembarcamos en Montecristo siendo muy atendidos por el Sr. Dr. Ramón Marenco que nos alojó en su casa.

Nuestra intención era continuar el viaje a Tenosique para de allí dirigirnos a las ruinas de Yalchilan, pero debido a la falta de comunicaciones, no obstante que hay una vía tan importante como el Usumacinta, los proyectos que teníamos hechos se frustraron.

A la salida de San Juan Bautista suplicamos al gobernador remitiese a Montecristo toda la correspondencia que llegase para nosotros, a fin de que de allí se nos remitiese a Palenque y no habiendo recibido ninguna hasta aquella fecha, creímos que si no había llegado tardaría poco.

Con tal motivo esperamos aunque sin resultado dos días, pues a pesar de que el correo debe llegar el 5 desde San Juan Bautista el agente nos dijo que en ocasiones lo hacía hasta el 10.

El servicio de correos en esta parte de la república es lo peor que puede haber y lo más primitivo. Desde San Juan Bautista hasta Tenosique, 80 leguas de río caudaloso, la valija es condu-

---

salida, con otros de Cempoala, pues veo que salen sobrando varios de éstos. Por lista MS. deben ser 127 las de Cempoala y resultan en catálogo impreso 140, así es que sobran 13, probablemente los de Tecolpá, cartones 57 y 67.

cida en un pequeño cayuco por dos indios que caminan ocho a diez leguas diarias y solamente de día; muchas veces éstos se emborrachan y se ahogan o los roban, con lo que el servicio público se perjudica notablemente.

El mismo sistema se usa en todo el estado, solamente que entre las poblaciones que no están unidas directamente por vías fluviales, como la capital y Comalcalco por ejemplo, el correo es un indio que lleva a cuestas la valija, necesitando tres y cuatro días para recorrer 18 leguas.

Otro inconveniente que hay, y es el más grave. Las agencias de correos sólo pueden enviar correspondencia a las agencias del estado: cuando la hay para otro se remite a la principal de la capital para que ésta la mande a su destino. Así por ejemplo, una carta mandada de Montecristo al Palenque que no dista más de 12 leguas, tendría que ir primero a San Juan Bautista, de ahí a San Cristóbal las Casas y de San Cristóbal a Playas de Catazajá donde permanece hasta que hay persona que haga el favor de llevarla porque la valija no llega a Palenque. Sin haber llegado el correo éranos imposible continuar el viaje a Yalchilan: primero porque ya el material fotográfico escaseaba y necesitábamos refuerzo que debía traernos aquél, y segundo, porque esperábamos órdenes para fijar el resto de nuestro itinerario.

En esta incertidumbre y no habiendo vapor ni para Tenosique ni para la capital, optamos por fletar un cayuco que nos condujese a Frontera, desde donde fácilmente nos podríamos dirigir a San Juan Bautista para inquirir el paradero de nuestra correspondencia, renunciando por imposibilidad al viaje de Yalchilan.

Conseguido el cayuco con dos bogas por $30.00 nos pusimos en marcha el jueves 5 de mayo, llegando a Jonuta al siguiente día 6 a las cinco de la tarde.

Sólo nos detuvimos para comer alguna cosa y ver al Lic. José Ramos Quintana que nos había ofrecido una colección de antigüedades que poseía, la cual nos fue negada por dicho señor bajo pretexto de que la había vendido para el Museo de Campeche. Continuamos nuestro viaje en aquella incómoda embarcación llegando a Frontera hasta las doce de la noche del siguiente día 7 de mayo.

Por "El Frontera" que fue el primer vapor que salió el día 9 a las 8 p.m. seguimos para la capital a donde fondeamos el 10 a las 7.30 de la mañana. A poco fuimos informados por el gobernador de que se nos remitió a Montecristo la correspondencia y películas fotográficas que esperábamos, con orden de regresarlas si ya no estábamos allí. Como igual cosa dejamos recomendada al Dr. Marenco, al agente del correo y al jefe político, arreglamos el viaje a Comalcalco, pensando que al regreso de esta población ya tendríamos lo que tanto necesitábamos. Por influjo del gobernador se nos proporcionaron por $34.00 dos bestias de silla y dos de carga con un mozo para llevarnos, pues el que menos pedía $40.00. El mozo nos serviría de guía y de arriero.

El jueves 12 de mayo salimos a las 4 de la tarde, pero tanto porque el guía no sabía el camino como por la molestia de los cuatro pasos de río en que hubo que descargar y desensillar para pasar a nado las bestias, sólo pudimos caminar ocho leguas hasta las doce de la noche que llegamos a Nacajuca; en esta villa descansamos hasta el amanecer hora en que seguimos para Comalcalco a donde llegamos a las doce del día 13.

El jefe político y muy especialmente el Dr. Adolfo Ferrer nos ayudaron muy eficazmente en nuestra inspección a las ruinas.

El 15 empezó una feria en aquella población y con tal motivo era casi imposible encontrar trabajadores; este inconveniente lo subsanó el jefe político poniendo a nuestra disposición detenidos por infracciones de policía, los cuales, en la disyuntiva de pagar una multa o trabajar con nosotros gratificándoles por ello, optaron por esto último.

El Dr. Ferrer no tan sólo proporcionó alojamiento a la comisión sino que facilitó caballos e instrumentos de labranza, acompañándonos diariamente a las ruinas.

Estas se hallan situadas una legua al NE de Comalcalco, en terrenos de la propiedad del obispo de Tabasco don Perfecto Amézquita; su aspecto general es idéntico al de las de Palenque con el conjunto de cerros artificiales, su extenso horizonte y las mismas construcciones de arquitectura semejante. El material varía aquí por la naturaleza del terreno; los cerros son de barro, la mampostería de ladrillo y éstos de diversos tamaños según el objeto y clase de resistencias a que están sometidas.

Hay gran cantidad de *cuyos* sin construcciones de ninguna especie y solamente dos son las que aún conservan vestigios de éstas.

Por la premura en que nos encontrábamos con el tiempo tan avanzado ya, sólo concretamos nuestro estudio en uno de ellos, al parecer el más grande y de mayor importancia. Tendrá unos 30 m de elevación y en la cumbre o cima una pequeña planicie de 267 m de circunferencia, o mejor dicho de perímetro, por no ser aquélla de forma regular.

Hacia la parte occidental de esta planicie corre de norte a sur una doble galería abovedada estando derrumbada la mayor parte y cuyos cimientos y muros se ven perfectamente en varios tramos. La única parte que existe en pie de la galería tiene una longitud de 9 m y en regular estado su enlucido y repello que permite compararlas con las de El Palacio Principal de Palenque, pudiéndose formar una ligera idea de la estructura general del edificio.

No existen bajos relieves ni adornos en estucos, pero debe suponerse que los haya tenido por algunos fragmentos que se encontraron en las excavaciones.

Al SE de esta galería y distante 26.57 m hay una especie de torre cuadrangular con vista al poniente; hay en su parte media una puerta que da entrada a una cripta abovedada, la cual en su centro tiene una pequeña meseta de grandes ladrillos sobre cuatro pilastras de mampostería del mismo material. Esta meseta mide 92 cm de largo por 78 cm, y la cripta interiormente 2 m x 2.10 m.

A uno y otro lado de la puerta se hallan exteriormente dos graderías de grandes escalones, que dan acceso a la parte superior de la torre, la cual aunque muy destruida presenta la forma de otro cuerpo que acaso haya sido mirador.

Otra torre semejante a ésta, pero con la entrada y vista principal al norte, se encuentra en la parte poniente de la galería a 12 m de su extremo sur. Desde cualquiera de estos edificios y aun desde el mismo cerro se domina perfectamente todo el terreno de los alrededores; al NE se distingue muy bien la laguna de Mecoacán que en línea recta dista de allí unos 12 km, y por todo el N el horizonte está limitado por el mar.

Según la opinión de muchas personas que conocen bastante aquellos lugares, estos *cerros artificiales* se extienden desde Comalcalco hasta la laguna anteriormente citada, que comunica con el mar por el río Seco: pues en Santa Anita y Chiltepec por la ribera norte de la laguna del Remate los encuentra uno también, y es de creerse que siguen por toda esa costa hasta la barra de Frontera, porque en la hacienda de El Coco propiedad de don Manuel Jamet a tres leguas de dicha Barra hay varios de ellos.

Tanto en esta hacienda, como en el Remate, Chiltepec, Santa Anita, Dos Bocas y Comalcalco se han encontrado multitud de ídolos, figuritas de barro y otros objetos antiguos, de los cuales el gobernador posee una gran colección, al limpiarse dichos terrenos para siembra de milpas, frijolares, etcétera.

En las excavaciones que se practicaron en Comalcalco no se encontraron más de dos pequeñas cabezas, una en forma de tigre y otra que representaba un indio.

Las excavaciones del cerro grande dejan ver que éste fue construido poniendo alternadas convenientemente capas de mampostería de ladrillo y de tierra, pues después de cierta profundidad en que sólo tomamos puro barro, encontrábamos una capa de material de 53 cm de espesor, siguiendo después el barro hasta una profundidad de 2.36 m y así sucesivamente.

De todo lo expuesto puede concluirse que el estado de Tabasco abunda todo él en ruinas que ofrecen ancho campo al estudio de la historia de nuestros antepasados, y que una comisión formada de personas idóneas, con bastantes recursos y tiempo suficiente para practicar detenidamente una minuciosa inspección produciría grandes resultados.

No es éste un estudio de un mes ni de dos, debe prolongarse lo suficiente para hacer los mayores descubrimientos posibles y buscar muchos términos de comparación que faciliten el estudio.

En las ruinas de Comalcalco se tomaron detalles fotográficos y vistas generales hasta donde lo permitió el material, pues como antes se dijo ya sólo teníamos unas cuantas placas y algo de papel del Roll Holder. Después de permanecer en Comalcalco y habiendo visto lo más interesante, emprendimos nuestro viaje de regreso a San Juan Bautista en las mismas condiciones que la venida, habiendo llegado a dicha capital el jueves 19 de mayo a las 12.30 de la noche.

La correspondencia de Montecristo había llegado, pero faltaban las películas, siendo responsable de esta pérdida el jefe político de dicha población.

Como tanto el gobernador a este subalterno, como el administrador de correos de San Juan Bautista al agente en Montecristo recomendaron cada uno por su parte la pronta devolución de los objetos que fueron destinados para nosotros, estos señores se empeñaron en devolver dichos objetos. El agente manifestó que en la misma valija regresaban seguros y no quería entregarlos, pero el jefe político, abusando de su autoridad, en un acceso de embriaguez, lo despojó de ellos diciendo que iba a mandar un propio, como efectivamente lo hizo, extraviando el rollo de películas, que naturalmente no trajo el propio por no habérsele dado.

El gobernador se mostró muy disgustado, mandó destituir a la autoridad que tan mal se portaba y ofreció indagar el paradero de las películas.

Tal incidente nos imposibilitaba para marchar a San Cristóbal las Casas, pues no quedaba ni una sola placa fotográfica, ni podía esperarse que llegasen de México, porque se necesitaban cuando menos 15 días pidiéndolas por telégrafo y no teníamos tiempo que perder; en tal virtud, previa consulta a la superioridad y no presentando grandes esperanzas el viaje a Chiapas, según opinión del gobernador Sr. Lic. Rabasa que avisó por telégrafo la dificultad que habría para coleccionar antigüedades en el estado, se decidió que regresáramos a la capital de la república, lo cual hicimos aprovechando el vapor "Veracruz" que fue el primero que se presentó y vino directamente de Frontera al puerto de su nombre.

Antes de partir suplicamos por telégrafo al Sr. gobernador Rabasa remitiese a la Casa de Romano y Cª Sucres de San Juan Bautista, las colecciones de antigüedades con que pudiera ayudar a la Junta Colombina, dándole anticipadamente las gracias por lo que hiciera.

Igual recomendación hicimos al Sr. Manuel Jamet de Tabasco, que bondadosamente se ofreció a ayudarnos con los descubrimientos que hiciera en su hacienda El Coco y mandando desde luego que los Sres. Foajaco y H° de Frontera nos entregasen algunos objetos que tenía en ella y que por propio se mandaron traer.

Tales son, aunque muy someramente narrados, los principales incidentes de nuestro viaje a Tabasco y Chiapas.

Escritos al correr de la pluma, como vulgarmente se dice, los anteriores apuntamientos; no se verá en ellos la corrección y fluidez de estilo requeridos, pero espero que servirán para proporcionar aunque sea los datos más precisos para que persona bien competente en la materia formule sus conclusiones.

H. Veracruz, 2 de julio de 1892.

Desde Puerto México
hasta Palenque

Desde Puerto México hasta Palenque*

FRANS BLOM Y OLIVER LA FARGE

Puerto México no tiene nada de atractivo. Algunas dunas de arena miran al Golfo, y a su abrigo se encuentran algunas calles con casas miserables (Figura 55). La mayor parte de las mismas están construidas con tablas y techos de lámina corrugada; sólo las oficinas y colonias de las compañías están edificadas con ladrillo. Cuando el tiempo es seco y airoso la arena penetra en todos los lugares y en época de lluvias, las calles se convierten en ríos, llevando los desperdicios del pueblo al río Coatzacoalcos.

Permanecimos en este sitio durante diez días, en espera del bote que nos llevaría a Frontera, en el estado de Tabasco. Los telegramas nos informaron que el director Gates, del Departamento de Investigación para Centroamérica de Tulane, así como los miembros de la Expedición Botánica para Tabasco, Haskell y Hartenbower, pronto llegarían por barco a Veracruz.

En el itinerario de la expedición estaba la visita a unas ruinas cerca de Tonalá, a cinco horas de camino de Puerto México; así, por varios días, tratamos de conseguir animales para llegar por la costa a Tonalá y de allí buscar las ruinas. Pero la reciente revolución de De la Huerta, de la cual Puerto México fue por algún tiempo su centro de acción, había acarreado con todos los animales de propiedad privada, y los caballos que aún permanecían costaban hasta 7.50 diarios.

Sin embargo, pudimos fletar una pequeña lancha, creyendo que en esta embarcación podríamos ir y venir a nuestro gusto.

* Tomado de: *Tribus y templos*, Instituto Nacional Indigenista, México, 1986, pp. 116-226.

Figura 55. Calle de Puerto México, Ver.

Pero no fue así; tanto los oficiales de la aduana como el capitán del Puerto tenían algo que objetar y como este último iba de día de campo, no podía proporcionarnos los papeles para salir del Puerto en la mañana del domingo.

Por fin, a las primeras horas del lunes, izamos la bandera de Tulane en el barco "Lupata" y salimos al Golfo. Seguimos la costa baja hacia el este. Con las velas amarradas y un motor auxiliar adelantamos bastante y después de hora y media entramos a la desembocada del río Tonalá. Esta palabra significa "Lugar caliente" en azteca, y ciertamente el sol caía como fuego en las calles arenosas del pequeño grupo de chozas de palma que formaban el pueblo.

Este pequeño asentamiento permanece escondido, atrás de dunas de arenas, junto a una bahía poco profunda formada por el río; es el límite entre los estados de Veracruz y Tabasco. Aquí desembarcó Bernal Díaz en 1518 cuando iba con Grijalva en el memorable viaje de descubrimiento de la costa de México. Transcribimos las propias palabras de Bernal Díaz:

> Llegaron muchos indios del pueblo de Tonalá, el cual está a una distancia de cerca de una legua desde aquí; eran muy pacíficos, nos trajeron pan de maíz, pescado y frutas que nos obsequiaron con muy buena voluntad. El capitán los lisonjeó mucho y ordenó se les dieran abalorios y cuentas. Con señas les indicó que debían traer oro para cambiarlo. Trajeron joyería de oro de baja ley y a cambio les dio cuentas de papelillo.
>
> También vinieron de Guazacalco [Coatzacoalcos] y de otros lugares vecinos trayendo sus joyas, que no eran muchas, porque los indios de estas provincias usan para cambiar, hachas de cobre, brillantemente pulidas, con mangos de madera pintados. Nosotros pensábamos que era oro de baja ley. Comenzamos a negociar con esos objetos y puedo decir que en tres días conseguimos más de 600, nos sentíamos felices de pensar que era oro y los indios aún más contentos con sus cuentas. Todos quedamos satisfechos, nosotros con nuestras hachas de puro cobre y ellos con sus cuentas que no valían nada. Un marinero también había comprado siete hachas, estaba dichoso. Recuerdo que un soldado llamado Bartolomé Pardo fue a una casa de ídolos que estaba en una montaña, que los naturales llaman Cues, que es como decir casa de un dios. Allí encontró muchos ídolos y mucho copal, que es una como resina con la cual sahúman a sus dioses, así como cuchillos de pedernal, con los que sacrifican y circuncidan. En un cofre de madera encontraron trocitos de oro en forma de diademas y collares, dos ídolos y otras como cuentas fundidas. Y el soldado

> tomó el oro para él y los ídolos y los otros objetos de sacrificio para el capitán. Pensó que nadie lo vio y se lo dijo a Grijalva, quien quiso tomarlo, le rogamos que no lo hiciera. Y como estaba de buen humor, ordenó que se tomara el quinto real y el resto se diera al pobre soldado, lo cual tenía un valor de 150 pesos.
>
> También quiero decirles cómo planté algunas semillas de naranja junto a otra casa de ídolos lo cual sucedió en esta forma: Debido a que había muchos mosquitos en ese río, 10 de nuestros soldados fueron a dormir en una de las altas casas de ídolos y junto a esta casa yo planté las semillas que había traído de Cuba, porque nos habían dicho que nos íbamos a establecer. Y crecieron muy bien porque los sacerdotes de esos ídolos las cultivaron, regaron y limpiaron al notar que eran plantas diferentes a las suyas, y de éstas se obtuvieron todas las naranjas de la provincia...[1]

En esta narración hay dos puntos que nos interesan. Primero las ruinas, localizadas como a una legua de la boca del río, sin duda las que buscábamos; segundo, la leyenda sobre la plantación de semillas de naranja. Así, este lugar fue donde se plantaron las primeras naranjas del continente americano (y no en California).

Anclamos por un tiempo cerca del caserío y desembarcamos en busca de guías y alimento. Los primeros nos hablaron de dos maneras de llegar a las ruinas donde estaban los monumentos de piedra. Una consistía en navegar por el río y después seguir por un pequeño arroyo a más de una legua del río Tonalá. La otra era dejar éste y adentrarnos por un afluente, el Blasillo. Esta última ruta nos llevaría por una distancia más corta a pie, podíamos llevar nuestro equipo, así que nos decidimos por ella.

Con el motor en marcha y la vela extendida, para protegernos del sol, subimos hasta el río Tonalá, el cual tiene varios nombres; en su desembocadura es llamado Tonalá, más arriba, desde el afluente Zanapa hasta un lugar llamado Buena Vista, su nombre es Tancochapa. En este lugar se divide en dos: el río de Las Playas que corre casi al sur, y el Pedregal, que fluye más al sureste, mismo que junto con el Tancochapa y el Tonalá, forma los límites entre los estados de Veracruz y Tabasco.

Los dos ríos, arriba del lugar donde se juntan, son caudalosos y estrechos, con pequeños rapidos, sin embargo después se forma sólo uno, lento y profundo. La sección que seguimos era

[1] Díaz, Bernal, García. Edición 1904, pp. 46-47.

ancha y sus riberas estaban cubiertas con mangles. Había garzas blancas por doquier, que se asustaban con el ruido del motor, volaban por el río frente a nosotros. Después de dos horas y media, llegamos a la boca del angosto río Blasillo y entramos en él (Figura 65). Avanzamos con cuidado porque estaba lleno de troncos. Por fin, cerca de la noche, llegamos a una ranchería llamada Blasillo, donde pasamos la noche.

Una de las primeras cosas que hicimos fue colgar las hamacas y los mosquiteros. El lugar estaba infestado de estos insectos sedientos de sangre. Cuando nos fuimos a descansar se oían millones de ellos fuera de nuestras mallas. Nos levantamos antes del amanecer y después de tomar un alimento, salimos a las ruinas. Al dejar el río cruzamos por tierra baja, tan baja que en algunos lugares teníamos que vadear con el agua arriba de las rodillas. Nuestro guía dijo que La Venta era una isla rodeada por completo de pantanos, cubierta de montañas bajas, con un suelo excelente para el cultivo de toda clase de plantas. La tierra está dividida en lotes que pertenecen a varias familias indígenas. Al acercanos a La Venta encontramos a varios indígenas que se encaminaban a sus campos de maíz, otros iban de caza. Los detuvimos para persuadirlos de que nos ayudaran como guías, o para limpiar los monumentos que seguramente estarían cubiertos por la vegetación.

Después de caminar durante una hora desde Blasillo, por fin, en un recodo del camino encontramos el primer ídolo. Era un inmenso bloque de piedra de 2.25 m de altura, 86 cm de ancho y 72 cm de espesor. Estaba derrumbado hacia atrás y mostraba una figura humana, toscamente esculpida en bajorrelieve; la profundidad más grande era de 14 cm (Figura 67).

El gato que llevábamos no era lo suficientemente fuerte para girar este enorme bloque, por lo que no pudimos ver si en su parte trasera tenía algo esculpido o con algunas inscripciones. Esta figura carece de un estilo distinto, aunque por su aspecto general puede decirse que tiene un ligero contacto maya.

Cerca de allí, en dirección noroeste, vimos una hilera de pequeños pilares con una altura promedio de 80 cm, formados en el suelo uno cerca del otro, formando algo parecido a una cerca, con las partes de arriba rotas (Figura 68). En el centro de ellos, hacia el este, estaba un bloque grande, probablemente un altar (altar 1), áspero en la parte inferior y con figuras esculpidas en la superficie. La piedra tiene forma casi circular, mide entre 1.5 y 2 m de diámetro, ha sido rodado, y permanece en tal ángulo que

Figura 64. Buque de vela sobre las aguas del Golfo.

Figura 65. El Lupata cargado para la expedición (Río Blasillo, Tab.).

Figura 66. Vista del río Blasillo, Tab.

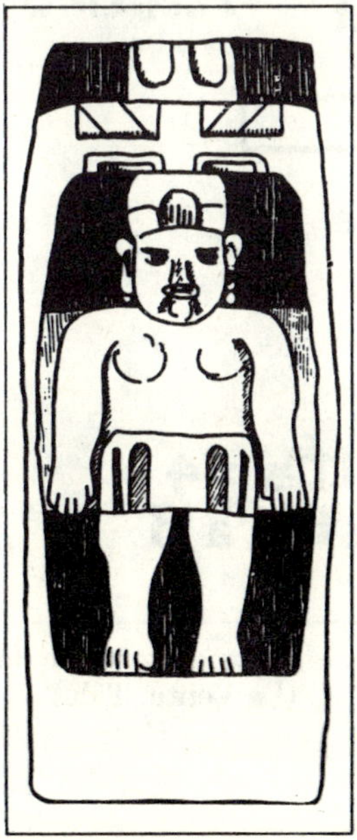

Figura 67. Estela 1
(La Venta, Tab.).

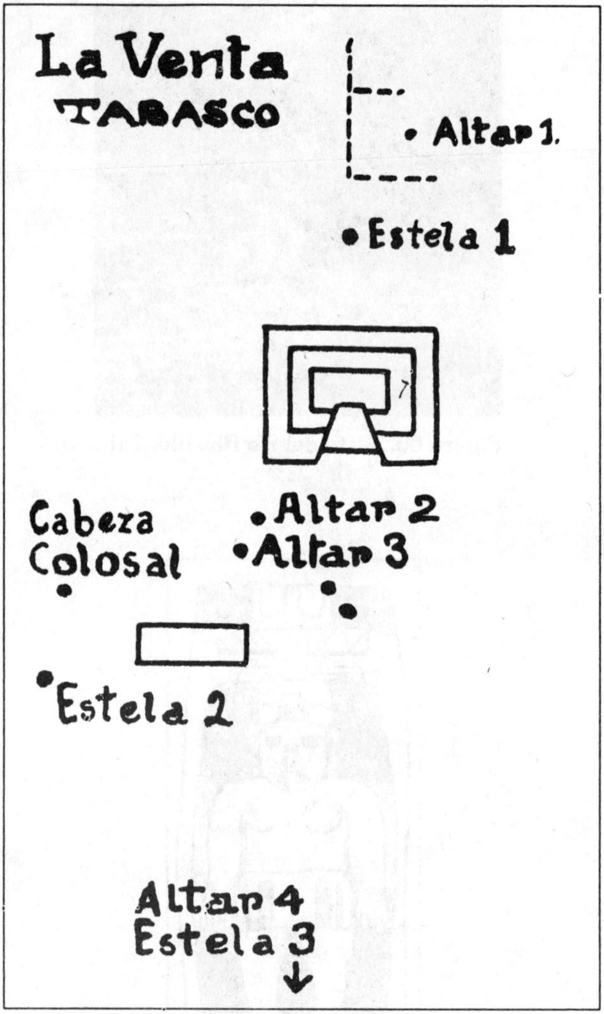

Figura 68. Mapa rudimentario de las ruinas
(La Venta, Tab.).

es imposible fotografiarlo. Además, los indígenas han cultivado maíz en este lugar y después de cosechar han quemado las hierbas, por lo que la piedra está muy dañada debido al calor. No había esperanza de voltearla sin la ayuda de un buen número de hombres y algunas cuerdas. Por lo tanto, nos conformamos con hacer algunos dibujos para tener una idea, la mejor posible, de las figuras que tenía esculpidas en la superficie.

De este monumento, regresamos siguiendo el rastro a una pirámide de 25 m de alto que daba hacia el sur. No tenía señales de estructura alguna en la parte de arriba, y si Bernal Díaz realmente pasó la noche en este lugar, probablemente la casa del ídolo era de adobe con techo de palma.

Al llegar al segundo monumento, encontrado por nuestros guías, lo llamamos estela 2 (Figura 69). Era un gran monolito de 3.20 m de alto y 2 m de ancho. Afortunadamente también descansaba sobre su parte trasera, mostrando una figura humana de pie con un adorno en su cabeza y una barra ceremonial que cruzaba diagonalmente su pecho (Figuras 70 y 71). Es una efigie completamente de frente, esculpida en la superficie áspera de la piedra, resaltaba contra un juego de figuras más pequeñas en ambos lados. Estas estaban esculpidas en bajo relieve, siguiendo las irregularidades de la piedra. Las efigies tenían flexionadas sus rodillas hacia la figura principal, con la cabeza hacia afuera y también sostenían un bastón en sus manos (Figura 72).

No hay duda que esta figura tiene fuerte influencia maya, si es que en realidad no pertenecía a esta cultura. Las ruinas de Comalcalco, la ciudad maya más cercana citada previamente, está a 100 km al este. Lo rudimentario de algunas de las figuras de La Venta, sin duda se atribuye a la dureza del material en el cual se esculpieron. Todos los monumentos de La Venta son de roca ígnea y de gran tamaño. Uno de los geólogos que trabajan para la Compañía Mexicana de Petróleo El Aguila, N.F. Keller, nos informó que este tipo de roca no se obtenía más que de un lugar localizado 100 km arriba del río, en un lugar llamado La Laja. En Paraje Solo, sobre el camino entre el pueblo de habla nahua, Molocan y Rivera del Carmen, se encuentra un afloramiento. Otro geólogo de la misma compañía, SW Lesniak, informó de la existencia de un ídolo en ese lugar.

Aquí admiramos uno de los más sorprendentes enigmas de la antigua ingeniería. ¿Cómo transportaron los indios estos grandes bloques de piedra, a través de una distancia de más de 100 km, en medio de terrenos pantanosos a lo largo de ríos? Tuvimos

Figura 71. *Adorno de la cabeza de la figura principal de la estela 2.*

Figura 72. *Figurilla de la estela 2.*

Figura 70. *Detalle de la figura principal de la estela 2.*

Figura 69. *Estela 2. (La Venta, Tab.).*

Figura 69. Estela 2 (La Venta, Tab.).
Figura 70. Detalle de la figura principal de la estela 2.
Figura 71. Adorno de la cabeza de la figura principal de la estela 2.
Figura 72. Figurilla de la estela 2.

mala suerte en La Venta, se veló todo un rollo de película que contenía las fotografías del monumento más interesante, estela 2. Por lo tanto, sólo podremos presentar algunos de nuestros dibujos. Después de trabajar con la estela 2, los monumentos aparecieron en rápida sucesión. El altar 2 está localizado al pie de la pirámide, rumbo al sur, descansa con la cara hacia arriba, en él está esculpida una figura imperfecta, sentada en un nicho con las piernas cruzadas, estilo turco (Figura 73).

El altar 3 es un bloque cuadrado de pie, esculpido de tal forma que da la apariencia de tener una almohadilla en su parte alta. En su lado norte, de cara a la pirámide, tiene un grabado profundo, que representa un nicho con una figura sentada, inclinada hacia afuera con las piernas cruzadas. A la izquierda del nicho está un entrepaño sobre el cual hay una figura de pie, esculpida en bajo relieve (Figura 74). Probablemente del lado derecho existió otro tablero similar, pero esta parte del altar está muy destruida. La parte sur del mismo es lisa, pero en el lado oeste se encuentran esculpidas dos figuras sentadas (Figura 75). Están cara a cara, en una actitud de pelea. Excavamos un poco al frente de este altar para poder fotografiarlo.

Después llegamos al monumento más asombroso de todos ellos, una enorme peña en forma de campana. Al principio nos confundió mucho, pero al excavar un poco, para nuestro beneplácito, vimos que teníamos enfrente la parte superior de una cabeza colosal. Se había hundido profundamente en la tierra blanda (Figura 76). La parte visible de la cabeza medía 6 m de circunferencia y sobresalía 1.35 m del suelo. En la orilla inferior derecha de la fotografía de este monumento, se aprecia el ojo izquierdo de la cabeza.

Esta enorme cabeza nos recuerda a una que encontró Seler entre Los Lirios y Tres Zapotes en el Cantón de los Tuxtlas. La Venta es en verdad un lugar de muchas sorpresas y se tendrán que hacer muchas investigaciones para definir a qué parte de nuestras culturas pertenece esta antigua ciudad.[2]

Al dirigirnos al siguiente monumento, nos detuvimos en un caserío indígena para comer algo. Nos recibió en forma muy amistosa una vieja india, vestía una tela blanca tejida, colocada alrededor de su cintura. A los lados de su cinturón descansaban sus senos, grandes y flácidos. Tenía flores en la cabeza. Otra mujer con cara de caballo, seguramente tímida, corrió a traer

[2] Seler, C., 1922, lámina VI.

Figura 73. Altar 2 (La Venta, Tab.).

Figura 74. Altar 3 (La Venta, Tab.).

Figura 75. Figuras del altar 3.

Figura 76. Cabeza colosal (La Venta,Tab.).

una camisa para cubrirse. La persona más bonita de la familia, una muchacha como de 15 años, apareció en la puerta luciendo el esplendor de su piel morena, envuelta su cintura en la tela blanca y con flores rojas en su pelo. Tenía una figura preciosa y los senos exquisitamente formados.

Nos quedamos a la comida. Disfrutamos de un plato de frijoles negros, tortillas y café, así como de los resplandores ocasionales que nos proporcionaba la joven Venus cuando entraba y salía de la choza para ver a los extranjeros que estaban afuera. La anciana nos platicó que su padre vino a este lugar desde Jaltipan, por donde atraviesa el ferrocarril de Tehuantepec, y que todos los habitantes de los alrededores de La Venta hablan mexicano, es decir nahua.

Sin duda este caserío nahua es reciente, como son también los de Molocán, Ixhuatlán y Chichigapa, todos en el Coatzacoalcos y su afluente, el Uspanapa. Después de la comida los guías nos llevaron a un terreno, propiedad de Leopoldo Sarabia, un indígena, allí nos mostraron un enorme altar, el número 4. Era un gran bloque cuadrado de piedra, de 3.15 m a lo largo de la parte superior, 1.90 m de profundidad y alrededor de 1.5 m fuera de la superficie. Calculamos que el volumen de este bloque era por lo menos de 9 m cúbicos.

En su lado norte tiene una ornamentación irregular, a lo largo de la orilla superior de la mesa y bajo ésta, un nicho profundo con una figura humana sentada, con las piernas cruzadas, postura turca. La parte frontal del altar está sumida en la tierra; sólo con alguna dificultad observamos parte de la ornamentación, suficiente para tomar buenas fotografías de la figura (Figuras 77 y 78). Hay una fuerte influencia maya en este monumento. La persona en el nicho se parece a las figuras de la estela E de Piedras Negras, y el dibujo arriba de la figura, sin duda representa una cabeza convencional de animal.

Por muchos años han estado dos grandes monumentos de piedra en el patio del Instituto Juárez, una escuela de Villahermosa, capital del estado de Tabasco. Los informes difieren acerca de la procedencia de los mismos. Algunas personas dicen que vinieron de Blasillo, otras que de La Venta. Al conocer la historia de los monolitos los atribuimos definitivamente a La Venta.

Hace 20 años don Policarpo Valenzuela, miembro de una conocida familia de Tabasco, obtuvo la concesión para cortar madera en una parte localizada a lo largo del río Tonalá.

Figura 77. Altar 4 (La Venta, Tab.).

Figura 78. Altar 4 (La Venta, Tab.).

Encontró este monumento y lo trasladó de La Venta a Blasillo a través del río, con la ayuda de los bueyes que usaba para el transporte de la madera. Nos informaron que también trató de trasladar el altar 4, para lo cual había excavado una zanja frente al monumento, pero era muy pesado. No pudo jalarlo y se sumió en la excavación.

Los ídolos que se encuentran ahora en Villahermosa están esculpidos sobre piedra porosa, como la mayoría de los que se encuentran en La Venta. El más grande de éstos representa a una figura sentada, con ambas manos sobre sus pies. El más pequeño de los dos tiene cuatro caras y está muy dañado por el tiempo. Estas dos figuras están numeradas como ídolos 1 y 2. El número 1 es el más grande (Figuras 79 y 80). El último monumento que nos mostraron era un bloque de piedra arenosa, de 2.10 m de ancho, 3.70 m de largo y 1.30 m de grueso, estaba al lado de una pequeña montaña. Debió caerse hacia adelante, y como no teníamos equipo para voltear este bloque tan pesado, no vimos si ese lado estaba esculpido.

En la parte trasera de la piedra se ven algunas incisiones hechas en fecha reciente con herramientas de acero. Los indígenas dijeron que habían tratado de romperlo para ver que tenía adentro, ya que algunas veces habían visto salir humo de la piedra. Este fenómeno del humo se puede explicar: la naturaleza porosa de la piedra hace que retenga agua de lluvia, que cuando se calienta por el sol, el vapor puede dar la apariencia de humo. Este monumento mide por lo menos diez pies cúbicos. Los indígenas nos dijeron que existía otro monolito, pero debido a su localización y a nuestra ansiedad por llegar a Puerto México, no pudimos verlo.

Es conveniente resumir los descubrimientos de La Venta. Disponemos de una colección de monumentos pesados y por lo menos una pirámide grande. Algunos de sus caracteres son similares a los vistos en la región de Tuxtla. Otras características tienen acentuada influencia de la cultura maya del este. Los rasgos mayas en la estela 2, en la figura de pie con la barra ceremonial en diagonal y con adornos en la cabeza, así como en los altares 3 y 4 son tan marcados, que nos inclinamos a atribuirlos a esta cultura.

Al regresar a Blasillo, el hombre que manejaba nuestro bote nos tenía lista una buena comida y tan pronto terminamos, navegamos torrente abajo, hacia Tonalá. Corriente y mareas son muy notables en estos ríos durante la temporada seca. Con

Figura 79. Gran ídolo, ahora en Villahermosa (La Venta, Tab.).

Figura 80. Dos ídolos, actualmente en Villahermosa (La Venta, Tab.).

la marea, el agua salada se mete a tierra. Los indígenas siempre toman en consideración estos elementos cuando navegan con sus canoas. Al oscurecer llegamos a nuestro destino y desembarcamos para dormir en una de las casas de los pobladores del lugar. A la mañana siguiente regresamos a Puerto México. Varias veces informaron que el vapor para Frontera se había retrasado y cuando finalmente llegó, estábamos más que ansiosos por salir. Tuvimos la oportunidad de escoger entre dos barcos, uno nacional, el "Jalisco", en el cual llegó Gates y su comitiva; o uno grande, con motor de doble hélice, llamado "Reina", perteneciente a la Compañía Petrolera El Aguila. El primero viaja de ida y vuelta, siempre bordeando la costa y no entra al puerto de Frontera. Esto obliga a llevar todo el equipo en lanchones al citado puerto. Por otra parte, el "Reina" estaba programado para llegar directamente al muelle de Frontera y de allí subir sobre el río Grijalva a Villahermosa, a donde nos dirigíamos; por lo tanto, escogimos este último para nuestro viaje.

Gates y su grupo llegaron a tiempo con correspondencia de casa. La siguiente noche ambos buques salieron de Puerto México con científicos de Tulane. El "Reina" es un gran tonel, con un mástil fijado a la derecha, en la mitad del barco, una enorme cabina y un puente unido con la popa. La tripulación se componía de 12 mexicanos y los pasajeros: dos geólogos de la Compañía Petrolera El Aguila, Campbell y Reed, los dos hombres de Tulane; un inspector de petróleos del gobierno mexicano con su enorme pistola y su familia, consistente en un hombre, alegremente borracho que pasaba su día escupiendo en cubierta y fumando puros tan cerca del cargamento de gasolina como podía, una mujer recostada en la cubierta quejándose de mareo y media docena de chicos que se turnaban para gritar cuanto podían.

Amarramos las hamacas en el botalón y la familia mexicana acampó abajo de nosotros. Era poco atractivo ver a estas personas desde lo alto y cuando bajábamos de nuestras hamacas, pisamos por lo menos a uno de los muchachos. Al amanecer sólo bebimos café. Durante las primeras horas de la mañana avanzamos hacia el este, todo el tiempo con las dunas de la costa a la vista, de pronto el barco empezó a dar vueltas en forma de ocho y en círculo, como si el capitán se hubiera vuelto loco y estuviera cazando marsopas. Al principio nadie sabía qué pasaba, pero después se descubrió que el timón estaba roto. Por algún tiempo el capitán trató de navegar sin él, por fin se dio por vencido y ordenó anclar frente al faro de Tupilco. Este es, probablemente, el lugar que menciona Cortés en su quinta carta a Carlos V; en ella describe el cruce de un río en Copilco que es quizás idéntico a este lugar.[3] El capitán envió dos hombres a la playa para que trataran de llegar a Paraíso y de allí comunicarse con Puerto México y pedir a la compañía de petróleo que enviara un barco para rescatarnos.

Durante todo el día estuvimos vigilando el mar para ver si regresaban nuestros mensajeros. Cuando cayó la noche vimos algunas luces en la bahía. Después de algunas discusiones se decidió no mandar nuestros botes, ya que esas señales podrían ser de bandidos. A la mañana siguiente vimos un gran fuego y un bote que regresaba con nuestros hombres. Habían ido al faro costeando y de allí a Paraíso en canoas. En este lugar permanecieron durante una hora, enviando telegramas y consiguiendo un poco de comida para volver de inmediato. No habían sido ellos los mismos que encendieron el fuego la tarde anterior.

A mediodía la tripulación había hecho un nuevo timón con un tonel y algunas tablas, de tal manera que reiniciamos nuestro camino a Frontera, no obstante avanzamos con lentitud. Afortunadamente el mar estaba quieto, de lo contrario hubiésemos sido arrastrados a la costa. Algunas veces navegamos a través de grandes bancos de marsopas, en una ocasión vimos un tiburón cazando a un gran pez. Fue una gran batalla, el escualo agitaba el océano al girar en torno al pez, que brincaba sobre el agua. No vimos cómo termino la lucha.

Al anochecer empezó a soplar el aire, las olas subían con crestas blancas, el agua brillaba con una fosforescencia azul verde. Era hermoso y raro. La luna salió de un rojo intenso y todo el mundo buscaba la costa baja, ya que por algún tiempo no habíamos visto el faro de Frontera. Por fin surgió ante nuestra vista, y anclamos cerca de las diez de la noche. Era peligroso tratar de entrar al río en la oscuridad. El siguiente día esperamos por largo tiempo a que llegara el piloto del barco, quien arribó sólo con una pequeña canoa. Trataron de remolcarnos, pero finalmente nos dejaron seguir nuestro propio camino río arriba, hacia la ciudad. Frontera es el único puerto del rico estado de Tabasco. Anteriormente tuvo un gran comercio con los productos agrícolas del estado. Sus principales exportaciones eran ganado, cacao, café, plátano y maderas de caoba y cedro. En

[3] Cortés, Edición MacNutt, vol. II, p. 234.

Golfo de México
Carmen
Atasta
Xicalango
Frontera
Laguna de Terminos
Tupilo
Dos Bocas
Bellota
El Coco
Paraiso
Comalcalco
TABASCO
CAMPECHE
Tonala
La Venta
Blasillo
Rio Blasillo
Cardenas
Villa Hermosa
Jonuta
Nacajuca
Tonco chapa
Huimanguillo
S. Fernando
S. Carlos
Macuspana
Tacolpan
Chable
Chacaba
Balancan
Monte Cristo
Catazaja
Jalapa
Tortuguero
Tacotalpa
Teapa
Pichucalco
Rio Pedregal
Rio Playas
VERA CRUZ
CHIAPAS
Sulusum
Palenque
Palenque Ruins
Salto de Agua
El Retiro
Xupa
Reforma
Mono Pelado

vista de su riqueza ha sido coto de caza para rebeldes y bandidos.

La ciudad es más atractiva que Puerto México, tiene numerosas casas de ladrillo rojo y bonitos parques. En la actualidad, su comercio es pequeño. Algunas compañías caoberas todavía reciben balsas de troncos que viajan por el río desde Chiapas. Una compañía petrolera tiene aquí sus oficinas principales. Pero las compañías plataneras se retiraron, por una parte, debido a las condiciones inciertas para la entrega de la fruta y por otra, a causa de las reglamentaciones de trabajo impuestas por el gobierno del estado.

VI
El territorio maya

El primer punto de tierra americana que tocaron los europeos fue Cabo Catoche, al norte de Yucatán. La tribu indígena inicial con que se encontraron en tierra fue la maya, que por muchos años sostuvo fieros combates con los extranjeros. Los españoles querían efectuar acciones de pillaje, pero como los mayas presentaron mucha resistencia y fue poco el oro que encontraron en su territorio, prefirieron centrar sus energías en las tierras altas de México, donde había metal precioso en abundancia. Además, la civilización maya estaba en franca decadencia y la azteca, en el momento de la conquista, en su mejor momento.

Se escribió mucho a España sobre estos últimos y poco de los mayas. Durante los últimos 50 años los científicos han empezado a percatarse que esta última raza produjo la más alta civilización del continente americano y, muy recientemente, el mundo se ha interesado en esta cultura tan antigua. El área maya, como ahora la conocemos, se ubica entre los 87° y 95° longitud oeste y los 15° y 22° latitud norte. De modo general, puede decirse que se extiende desde el Istmo de Tehuantepec, sobre el poniente, hasta la parte noroeste de Honduras Española, sobre el este. Al norte la rodea el Golfo de México y el Mar Caribe y al sur las montañas de la Sierra Madre.

La actual división geográfica comprende los estados de Tabasco, Chiapas, Campeche, Yucatán y Quintana Roo, de México; Honduras Británica, la mayor parte de Guatemala y la franja noroeste de Honduras. Lingüísticamente, el área está habitada por personas que hasta la fecha hablan lenguas mayas. Sólo hay una zona distante en donde se habla maya, que corresponde a la Huasteca, localizada a lo largo del río Pánuco, en la parte norte del estado de Veracruz. La naturaleza la ha dividido en dos secciones, que corresponden a igual número de divisiones mayores de la historia maya: el viejo y el nuevo imperio.

Aproximadamente, una línea trazada desde la Laguna de Términos, en la Costa del Golfo, a la Bahía de Chetumal, en el Caribe, marca la división. Al sur queda el viejo imperio; al norte el nuevo.

La parte más grande del área, en la cual se desarrolló la cultura del viejo imperio, es una región montañosa, con excepción de la planicie de Tabasco y las tierras bajas de Petén. El paisaje se rompe con hileras de rocas calizas intersectadas por extensos valles. Las montañas van de noroeste a sureste, siguiendo la línea de la principal falla geológica. Al estudiar los mapas de la región, se puede ver que en Tabasco, Chiapas y las tierras altas de Guatemala, existen muchos ríos. En Petén éstos son escasos. Por lo general, las antiguas ciudades se localizan junto a las aguadas o pozos de agua.

Desde el punto de vista geológico, el estado de Tabasco pertenece al periodo cuaternario, pero la cima de la montaña es del terciario, igual que la Sierra Madre, cerca de la costa del Pacífico. En la región del nuevo imperio, o sea en la península de Yucatán, las condiciones son diferentes. La piedra caliza de esta área es joven (cuaternaria) y muy porosa; no encontramos ríos.

La vegetación se compone principalmente de arbustos. Los antiguos habitantes, obligados por las circunstancias, construyeron sus ciudades cerca de pozos o cavernas que contuvieran agua, por ejemplo los cenotes de Chichén Itzá o la cueva de Bolonchén. Hasta el presente, todos los habitantes de esta área, como se dijo antes, hablan el maya. En la mayoría de las zonas arqueológicas se puede seguir el desarrollo de esta cultura desde sus etapas más primitivas. Cuanto más profundo se excava, más antiguos son los objetos que se encuentran.

Esto se llama estratificación arqueológica; a través de ésta, el arqueólogo puede seguir el desarrollo gradual de los antiguos habitantes de un lugar en particular e incluso calcular la edad de los objetos encontrados. Estas estratificaciones son bien conocidas, por ejemplo en Egipto y en el Valle de México, pero aún no se encuentran en el territorio maya. En la mayoría de las partes del área, después de excavar unos cuantos pies, se encuentra la cama de roca; solamente se han localizado vestigios correspondientes al periodo más avanzado de su cultura, pero ninguno de una época más primitiva. La pregunta es: ¿de dónde vino la raza maya?

Para contestarla se han lanzando muchas teorías; en su mayoría basadas en la semejanza superficial entre los objetos mayas y los productos culturales de otras partes del mundo. Algunos sostienen que los mayas llegaron de Egipto o que son descendientes de razas africanas. Otros sitúan sus orígenes en el continente perdido, la Atlántida, y otros más indican que llegaron de Asia en elefantes, con su cultura bien desarrollada.

La teoría de su origen asiático es probablemente la que más se apega a la realidad; pero las tribus que emigraron de Asia dejaron ese continente cuando tenían un desarrollo cultural muy bajo. De manera paulatina bajaron por el continente hasta Centroamérica. En las fértiles regiones altas y valles cultivaron maíz y cereales, formaron una cultura y construyeron pirámides. Desde este centro se extendió su influencia al norte, y también hacia el sur, y con ella el cultivo del maíz.

Muchos indicios precisan que la cultura maya era nativa de Centroamérica, pero no se puede discutir en esta descripción tan breve. Sólo diremos que cuando nos encontramos con los mayas por primera vez, es decir, al verificar las fechas más antiguas de los monumentos, se comprobó que tenían un sistema de escritura muy desarrollado y eran expertos en el manejo de numerales, principalmente para sus cálculos astronómicos. Ya en la fecha del nacimiento de Cristo el alcance de su cultura era completo. Esculpieron jeroglíficos en la piedra, construyeron templos con piedra caliza y mortero en superficies cuadradas, orientados hacia los puntos cardinales.

Ya hemos dicho que la estatuilla de Tuxtla presumía de tener la fecha más antigua en el continente americano (98 a.C.). La siguiente, es la placa de Leyden, fechada 8-14-3-1-12 Eb 0 Yaxkin (60), ambos objetos son de peso ligero y esculpidos en jadeíta. El monumento más antiguo que aún permanece se encuentra en Uaxactún, Departamento de Petén, Guatemala, donde la estela 9 tiene clasificado el año 68.[4]

Estas fechas son intrigantes. La estatuilla Tuxtla se encontró

[4] Descubierto por el doctor S.G. Morley, de la Institución Carnegie de Washington.

fuera de los límites oestes del área maya; la placa Leyden se localizó cerca de sus límites al este y la estela 9, en una ciudad en ruinas, en el centro del área en la que floreció el viejo imperio. Alrededor de este último lugar hay una serie de monumentos, sobre los cuales hay esculpidas fechas muy antiguas. Por lo tanto, se deduce que la cultura maya tuvo su primer desarrollo en el corazón de lo que es ahora la gran selva del Departamento de Petén.[5]

Nuestras fuentes de información sobre la historia y actividades de los antiguos mayas pueden dividirse en los siguientes grupos: antiguos manuscritos e inscripciones sobre piedra; jeroglíficos mayas; relatos históricos escritos en lengua de esta cultura, pero con referencia en español; descripciones escritas en este último idioma por gente que llegó al territorio, poco después de los conquistadores y, finalmente, datos arqueológicos y etnológicos obtenidos por exploradores modernos entre la gente que habla maya.

Dentro del primero se encuentra un vasto número de inscripciones jeroglíficas, hechas en piedra, madera, concha y hueso, así como tres manuscritos dibujados sobre papel fabricado de corteza de árbol de higo, cubierto con una capa fina de gis, que son los códices Dresden, Tro-Cortesianus y Pérez, conservados en bibliotecas europeas. La interpretación de los jeroglíficos avanza rápidamente. Hace 30 años se conocía muy poco acerca de su contenido. Ahora puede leerse todo lo relacionado con cálculos astronómicos del sol, es decir, del calendario solar. Sabemos que los monumentos encierran fechas y cálculos astronómicos y se cree que además contienen datos históricos. Los manuscritos pueden clasificarse como libros de astrología combinada con tablas relacionadas con esa disciplina.

Al segundo grupo pertenecen los libros de *Chilam Balam*, el *Popol Vuh* y los *Anales de los Cakchiquels*, escritos por los indígenas que aprendieron a escribir en español, después de la conquista. Los conquistadores se ocuparon más en esgrimir la espada que la pluma. Por esta razón se delegó en los clérigos la tarea de escribir los primeros relatos sobre los mayas. Entre las fuentes primigenias de información de la historia maya están las *Relaciones de las cosas de Yucatán*, del obispo Landa, seguido por los libros de Cogolludo, Lizana, Remesal,

[5] Morley, 1925.

Núñez de la Vega y otros. A partir de estas informaciones dedujimos la religión y costumbres de los antiguos mayas.

En el último grupo se encuentran innumerables exploraciones llevadas a cabo en fechas recientes en varias de las colectividades mayas. Entre ellas destacan estudios de lenguaje y dialectos, registros de su vida diaria, supersticiones y creencias de los mayas que viven en la actualidad, así como estudios de las ciudades en ruinas. La gran mayoría de los actuales mayas son oficialmente católicos; pero cuando se convive entre ellos, pronto de descubre que están guiados, digámoslo así, por una vida arqueológica, adoran a los santos católicos con ceremonias paganas. Viven en la misma forma que sus antecesores y han adoptado pocas herramientas modernas, de las cuales la más importantes es el machete o la guadaña.

Volviendo a la historia de los mayas, vemos que los datos escritos empiezan con datos puramente mitológicos y no alcanzan fundamento histórico antes del periodo en el que fundaron una colonia en Bacalar, en la parte sur de la península de Yucatán. Esto significa que no tenemos datos relacionados con la zona del viejo imperio, donde se encuentra gran cantidad de ciudades en ruinas. Por lo tanto, debemos reconstruir sus antecedentes basados en nuestros conocimientos del nuevo imperio, ayudados por un estudio de la arquitectura y el arte expresado en las ciudades del viejo imperio, así como por la vida que llevan ahora los descendientes.

En la actualidad, una enorme selva tropical cubre gran parte del territorio, sitio en el cual la cultura maya se desarrolló, hasta alcanzar su grandeza, hace dos mil años. Uaxactún y Tikal, las antiguas ciudades, quedan en el corazón de la selva. Las grandes plazas públicas que estaban entre los edificios están cubiertas con maleza impenetrable; las pirámides están escondidas bajo una alfombra de árboles y enredaderas. Las raíces de los grandes árboles penetran en las paredes de los templos contribuyendo cada día a su destrucción.

Al desembarcar en Frontera pisamos suelo maya. De aquí en adelante exploraríamos el área habitada por la antigua raza; así, nuevamente hicimos un alto de varios días para terminar nuestras notas sobre el territorio visitado y refrescar nuestro conocimiento de la región y la gente que estudiaríamos. Al entrar en el río Grijalva encontramos un lugar histórico. Este fue, como coincidencia, el primer sitio que tocaron los conquistadores europeos en su primer viaje. En 1518 Grijalva descubrió este río, comerció con los indígenas que viven en sus riberas cambiando cuentas de vidrio por oro.

Nuevamente en 1519 la expedición de Cortés entró en el río, pero sólo uno de los tres barcos de esta expedición pudo cruzar la barrera; una vez que sucedió lo anterior, los españoles encontraron canoas abarrotadas con gran número de hombres armados. Al principio las relaciones entre indígenas y españoles fueron amigables, pero no tardó mucho en desatarse la guerra. Se libraron muchas batallas y por primera vez se usaron los caballos en América. Tanto éstos como las armas de fuego eran una novedad para los aborígenes y causó tal consternación que facilitaron la victoria de la pequeña tropa de españoles.

El combate principal aconteció en Centla; se han hecho varias investigaciones para localizar este lugar, mismas que suponen que es el sitio que ahora lleva el nombre de Bellota, cruzando el río de la moderna Frontera. Y frente a ésta se encuentra el rancho El Coco, anteriormente posesión de estadounidenses, quienes hicieron excavaciones en varias pirámides antiguas. Se dice que en este rancho se inicia una larga faja de pirámides que se extiende hasta la Laguna del Remate.

Berendt fue el primer explorador moderno que visitó las ruinas de Centla, sus notas fueron publicadas por Brinton. Charnay vio algunos vestigios cerca de Bellota y aseguró que se usó tabique cocido en la construcción de templos, en lo alto de los montículos. El también ilustra un estuco en relieve. Finalmente, Seler visitó las ruinas y publicó algunas fotografías de los monumentos. La expedición de Tulane no fue a Centla, pero como posteriormente exploramos las ruinas de Comalcalco y encontramos que estaban construidas de tabique crudo con relieves de estuco en sus paredes, es importante hacer notar la similitud entre los monumentos de Bellota y los de Comalcalco.

En Frontera visitamos al ingeniero M. Fraire, inspector forestal, quien hizo un estudio detallado de la vegetación de la costa de Tabasco. Ha viajado mucho por la región y, como es un hombre interesado en muchas cosas, tiene también una pequeña colección de antigüedades. Entre los objetos que tan amablemente nos mostró, había dos campanas de cobre, que habían quedado de ocho que se encontraron cerca de Sotavento Chico, por Carmen, en las proximidades de las ruinas de Bellota. Esto coincide con los informes de los conquistadores que descubrieron muchos utensilios de cobre entre las ruinas de Tabasco. Este cobre debió llegar a la región a través de negociaciones con comerciantes nahuas, ya que este metal no se encuentra en las planicies de Tabasco. Desde luego, estos objetos deben pertenecer a una fecha posterior, pues es un hecho que el viejo imperio maya no poseía cobre. Un rasgo fundamental mencionado por Berendt es que los monumentos están cubiertos con una capa de estuco, que da a la tierra una apariencia de piedra.[6] El destacamento de Cortés traía consigo a varios intérpretes, de los cuales Gerónimo de Aguilar[7] era el más notable, pues podía hablar a los indígenas de Tabasco en el lenguaje que aprendió al estar prisionero de los mayas de Yucatán. Por lo tanto, no hay duda de que aquí tenemos mayas auténticos y que en Frontera llegamos a su viejo territorio.

Aquí fue también donde Cortés recibió a la joven india Malinche, posteriormente conocida como doña Marina, como un regalo del jefe del lugar, Tabzcoob (o Tabasco), de quien tomó su nombre toda la provincia. En la colección Fraire había objetos finos, en especial figuritas de arcilla, provenientes de las riberas del río Usumacinta (Figura 81). Desde Tenosique, donde se origina su torrente, en las montañas calcáreas de Chiapas y riega las planicies de Frontera, el agua de la temporada de lluvias, cada año saca multitud de objetos. Estos son recogidos por los indios para venderlos. Fraire ha coleccionado buenos ejemplares, de los cuales reproduciremos algunos.

Uno de ellos es una pequeña cabeza de hombre, en arcilla exquisitamente modelada; muestra una depresión en la frente y tatuaje en las comisuras de la boca. La concavidad citada es típica de las figuras que se representan en estuco en las paredes de los templos de Palenque. El tatuaje aún no se observa allí, pero casi siempre se ve en los modelos de arcilla de los monumentos del pueblo de Jonuta, en la parte baja del río Usumacinta, de los cuales diremos algunas palabras.

En donde se juntan los dos brazos del río Usumacinta, hay varios montículos, uno de ellos muy grande, cuya posición permite admirar la vista de la conjunción de los afluentes del río. A sus pies se extiende el pueblo de Jonuta, aguas abajo. Las constantes excavaciones hechas, tanto para abrir calles como para cimentar, han sacado a la luz grandes cantidades de

[6] Díaz, Bernal. Edición 1632, p. 8. Charnay, 1880, traducción al inglés, 1888, p. 187. F.F. Berendt, 1869, publicada por Brinton, 1896. Seler, E., 1904, vol. V, p. 149.

[7] Referente a Gerónimo de Aguilar, véase S.K. Lothrop "Las ruinas de Tulum", Instituto Carnegie, 1924.

figuritas de alfarería. Todas muestran un modelado muy hábil, distintivo del viejo imperio. Cuando el suscrito pasó por Jonuta, hace algunos años, rescató algunas de ellas (Figura 82). Por lo general tienen la forma de silbatos, con cinco agujeros para las notas. La representación más común es la del búho, aunque también son frecuentes las figuras humanas.

Cabe hacer notar que las figuritas encontradas a lo largo del Usumacinta y cerca de la costa, son típicas del viejo imperio. Sin embargo, kilómetros adelante de la misma apareció una serie de figuras, semejantes a las encontradas en la parte este de Yucatán, similares a las de la colección Fraire, o a un incensario perteneciente al capitán Stout de Frontera, objeto extraordinariamente parecido a los que hacen en la actualidad los lacandones del corazón de la selva de Chiapas. El capitán Stout dijo que el vaso lo encontró, junto con otro igual aunque algo más pequeño al lado de un montículo cerca de la costa oeste de Frontera.

En las afueras de este pueblo, hacia el este, hay unos cuantos monumentos antiguos. La expedición de Tulane los visitó y estudió, pero como no los excavamos, obtuvimos poca información. Lo único de interés fueron unos fragmentos de estuco del piso, encontrados al lado de una excavación hecha para colocar un poste telefónico.

El material de este piso era idéntico al de los otros monumentos mayas. Corriente arriba en la ribera derecha del río, al sur del pueblo, en un lugar llamado Pravia hay otros monolitos. Sólo asentamos su existencia, ya que no los visitamos.

Mientras estuvimos en Frontera nos ayudó de muchas maneras Ott, el cónsul estadounidense, así como el jefe y todos los empleados de la Compañía Internacional de Petróleo. Pasamos momentos agradables con estos caballeros, quienes nos proporcionaron información muy valiosa. Aquí por ejemplo, supimos de Young, corredor de fincas de la empresa, quien nos habló del documento relativo a la propiedad de doña Marina en Jaltipan. En este sitio los ingenieros e investigadores de la compañía pusieron mapas y observaciones a nuestra disposición. Fueron de gran ayuda para confirmar nuestra propia información acerca de la declinación magnética del área. También aquí se dio el juego acostumbrado de los estibadores de cobrarnos una cuota mayor. El mejor hotel local era más apropiado para cerdos. Encontramos alojamiento en una casa de una calle cubierta de pasto, felices de cambiar nuestra dieta de frijoles negros por alimentos de la cocina internacional.

Figura 81. Cabezas mayas de barro encontradas en Las Cruces, de la ribera del Usumacinta (Frontera, Tab.).

Figura 82. Figuritas mayas de barro (Jonuta, Tab.).

En los ríos de Tabasco hay muchas clases de transportación: canoas nativas, vapores de ruedas y lanchas rápidas de la compañía petrolera. Para viajar abordamos un lanchón con motor de gasolina, de fondo bajo con dos pisos de cabinas, pero olía tan mal que preferimos colgar nuestras hamacas en cubierta. Al anochecer dejamos Frontera, y como viajamos contra la corriente, vimos la lancha del gobernador del estado de Tabasco, Tomás Garrido. Aquélla semejaba un circo flotante. En el techo de la cabina estaba una orquesta y amarrados al barandal, a lo largo de la popa, burros y gallinas. Muchos hombres armados formaban la guardia de este hombre tan importante.

Antes del amanecer tuvimos que salir de nuestras hamacas, debido a un fuerte aguacero. Nos amontonamos y cubrimos con nuestras mangas de hule, con las espaldas recargadas en la cabina. Tratamos de dormir sin lograrlo. Llegó el día y con él algo de alimento. Después el sol rompió las nubes y nos secamos. Las riberas del río son bajas y están sembradas con plátanos. Aquí y allá se ven las casas de las plantaciones, todas en un estado de avanzado deterioro. Dos veces pasamos por donde habían naufragado unos barcos, dinamitados por los rebeldes durante la última revolución, para evitar que los barcos cañoneros del gobierno llegaran a Villahermosa, capital del estado. Vimos una lancha rápida, le hicimos señales y su propietario nos permitió subir a bordo. Adelantamos mucho más que con la otra embarcación; al mediodía por fin llegamos a Villahermosa, donde encontramos a Gates y a los dos agrónomos de la Expedición Botánica de Tulane, Hartenbower y Haskell.

En español Villahermosa significa "Ciudad bonita", pero por Dios, el nombre es lo único bonito que tiene el pueblo, como lo indica La Farge:

> Hay poco que decir acerca de este lugar, excepto que tiene un nombre mal puesto, huele peor que en cualquier lugar en los que hemos estado. Se conserva completamente la atmósfera medieval.

Había tal cantidad de suciedad y moscas que decidimos salir al día siguiente. Por unos días Gates hizo a un lado sus proyectos botánicos y se unió a nosotros para familiarizarse con el trabajo arqueológico.

Aquí nuevamente tuvimos dificultades para comprar animales y como regresaríamos por Villahermosa contratamos algunas bestias para que nos llevaran a Comalcalco. El territorio entre la capital del estado y este último pueblo es de tipo aluvial, cortado por muchos ríos y cubierto de grandes extensiones de pasto y grupos de árboles. Durante la temporada de secas es preferible viajar de noche; por lo tanto, salimos de Villahermosa alrededor de las 4.30 de la tarde.

A una hora de camino llegamos a Tierra Colorada, donde cruzamos un caudal ancho y rápido, llamado río Hondo, o González o Plátano. Parece que todos los ríos de aquí tienen varios nombres. Los caballos tuvieron que desensillarse para que cruzaran a nado, mientras el equipaje se trasladó en canoas. Una hora después vadeamos el río Cedro y después caminamos a un trote rápido hacia el norte y el noroeste. Por un tiempo seguimos la ribera del río, era como viajar a través de un hermoso parque, pues la vereda era un "camino real" bien cuidado. Como oscurecía nos apresuramos más, sobre todo al saber que la gente que vive cerca del siguiente río no lo cruza después que anochece.

La noche era magnífica, con miles de estrellas y millones de luciérnagas. Afortunadamente encontramos a un indígena con una linterna, cruzó en un segundo y con plata lo persuadimos de que nos transportara al otro lado del río. La escena era pintoresca, el agua negra, las cabezas de los caballos que pujaban a lo largo, y un indígena en cada punta de la canoa, balanceando un largo remo.

Caminamos hasta después de las once, charlamos acerca del empedrado del pueblo de Nacajuca. Era un lugarcito pequeño, muy agradable, con techos de tejas rojas y columnatas enfrente de las casas. Aquí y allá colgaba una lámpara de petróleo. La llegada de nuestra cabalgata provocó ladridos de los perros. No vimos a nadie hasta llegar a la plaza, allí encontramos a dos policías bien armados, estaban en una cantina, divirtiéndose con un fonógrafo. Al preguntarles dónde podríamos encontrar cuartos para pasar la noche, contestaron que en la casa de doña Teresa. Tocamos varias veces a su puerta sin que nadie respondiera. Una y otra vez nuestro amigo llamaba, "doña Teresa", "doña Teresa".

Ya nos retirábamos cuando por una hendidura de la puerta vimos la débil luz de una vela y oímos cuchicheos provenientes del interior. Las mujeres discutían la conveniencia de abrir las puertas a esa hora de la noche, pues podían ser bandidos o rebeldes. Una de las puertas se abrió ligeramente y las mujeres miraron al suscrito, rubio y en traje de viaje. Parece extraño pero esa sola mirada bastó para que nos dejaran entrar en un cuarto grande; en él estaban dos sillas y una mesa, además de una cama de niño. Descargamos nuestros animales y los dejamos frente a la casa. Mientras colocábamos nuestras hamacas la dama nos trajo un buen alimento.

Lo más notable de Nacajuca es su cárcel, no porque hayamos estado en ella, pero nos impresionó al pasar. El edificio se ve sólido, tiene dos puertas pesadas de madera con cerraduras monstruosas y una inscripción en la pared con letras rojas que decía *Sal si puedes* (Figura 83). El camino adelante de Nacajuca era bueno y firme, pero esto se debía a la época de secas, pues cuando llueve debe ser una zanja llena de lodo. A lo largo del camino, a los lados, hay hileras de lo que se llama ixtle, con cuya fibra se hacen las reatas, algunos hilos son tan finos que parecen seda. Sabemos que hace muchos años se usaban como textiles.

Después de pasar por otro poblado, Jalpa, nos avisaron de la ruptura del puente en el camino hacia Comalcalco. Por lo tanto, nos detuvimos. Pero pronto tomamos un guía que nos llevara, por veredas, hasta el camino principal. Este señor llevaba como provisión una botella de ron, y cada vez que se encontraba con un amigo, se detenía a hablar de negocios. Chichigalpa era el último pueblecito indígena antes de cruzar el puente de piedra y entrar en Comalcalco.

Este pueblo se compone de una calle interminable con casas blancas y techos de teja roja a los lados. Al final de la misma, hacia el norte, está la plaza con sus palmas reales y una atractiva iglesia. Caminamos charlando hasta encontrar la casa del presidente municipal. Allí presentamos nuestras credenciales. El documento había sido certificado en la oficina del gobernador del estado. Como el gobierno se llama a sí mismo bolchevique, los membretes y firmas estaban en rojo. Este paso ya estaba cumplido. Inmediatamente se puso a nuestra disposición a un capitán de la policía, con facilidad encontramos cuartos con unos mexicanos muy agradables. Tenían unas cuantas habitaciones para viajeros que daban a un pequeño patio abierto con muchas flores.

En estos lugares generalmente son los maestros de escuela quienes se interesan en algo tan extraño como la arqueología, por lo que buscamos al mentor local. Tuvimos la suerte de encontrar a un hombre poco común, Rosendo Taracena, a cuyo cargo estaba la escuela particular llamada "Alberto Correa". Desde 1896 esta persona ha publicado un pequeño periódico de nombre

Figura 83. La cárcel de Nacajuca, Tab., con su sarcástica inscripción.

El Recreo Escolar. Los alumnos hacen todo el trabajo: lo forman e imprimen; escriben gran parte de su contenido. Se interesó mucho en nuestra actividad y fue de gran ayuda durante nuestra estancia en Comalcalco. De él obtuvimos la primera información exacta concerniente a las ruinas localizadas cerca del pueblo. Nuestro fin al venir a este lugar era el estudio de esos vestigios. Desde que el explorador francés Désiré Charnay estuvo aquí, en 1880, rara vez se han mencionado. El lugar se encuentra fuera del camino del viajero común y en años posteriores, el municipio llamado Chontalpa, en el cual se encuentran, estuvo plagado de bandidos. Ahora imperaba un clima de paz.

La mayoría de los autores obtienen información del libro de Charnay *Les Anciennes Villes du Nouveau Monde (Los antiguos pueblos del Nuevo Mundo),* 1885, o su traducción al inglés de 1887; olvidan consultar sus diarios publicados en la *Revista Norteamericana,* de 1880 a 1882, que contienen muchos detalles que no aparecen en su trabajo ya terminado.[8] El explorador francés visitó las ruinas del 12 al 22 de noviembre de 1880 y es muy elocuente en su descripción. Habla de torres de tres pisos y usa la palabra "inmenso" sin reserva. Limpió el monumento principal y lo describe mediante un plano del terreno; menciona los tres templos en ruinas hacia el norte, mismos que no pueden compararse con los de Palenque y Tikal. Comalcalco es una ciudad típica del viejo imperio de tamaño nada extraordinario. Nos trajeron los caballos, y guiados por el capitán de la policía, cruzamos a la ribera derecha del río Seco, subimos hacia el norte, a pocos kilómetros del pueblo, dimos vuelta al este y pronto tuvimos a la vista los primeros monumentos.

A nuestra izquierda hay un templo orientado al este; a la derecha se levanta la gran mole del monumento principal, el mismo que visitó Charnay y del cual hizo un plano. Rápidamente desmontamos y con Gates a la cabeza subimos a la cumbre. Como las ruinas estaban cubiertas por una gran capa de maleza, nuestra primera visita se limitó a una investigación preliminar. A través de una maleza intrincada anduvimos de templo en templo. Teníamos copias del plano y dibujos de Charnay, los cuales nos sirvieron para localizar nuestra ruta. Aquí estaban las "torres", que realmente eran templos de dos pisos, y la construcción llamada El Palacio.

[8] Charnay, 1881, pp. 187-194. Charnay 1885, francés, pp. 167-177. Charnay 1888, inglés, pp. 194-210. Todos los otros autores repiten a Charnay.

Todas las estructuras estaban construidas con tabique y mortero, una rara faceta de la arquitectura maya. Aún estaban en pie restos de habitaciones auténticas, con cúpulas conocidas como arco maya. Desde lo más alto de las construcciones se veían los alrededores, sitios completamente llanos, con innumerables monumentos. Manchones de lo que parecían árboles gigantescos, generalmente no eran sino pequeños arbustos sobre altos monumentos. Teníamos por delante mucho trabajo que realizar; por lo tanto, decidimos regresar al pueblo para ordenar que los indígenas cortaran la maleza.

Cuando tratábamos de formarnos la primera idea de nuestro trabajo llegaron el mayor de Comalcalco, don David Bosada, y uno de sus amigos, el coronel Manuel Graniel González. Ambos estaban interesados en nuestras actividades; así que nos proporcionaron mucha información, además de la ayuda brindada durante nuestra estancia. Terminó la investigación preliminar y regresamos. Nuestra entrada en el pueblo fue formidable, así lo parecía el grupo de seis jinetes bajando por la única calle de Comalcalco.

La mayor parte de los indígenas no pagan impuestos, pero deben realizar cierto número de tareas públicas, como limpiar los caminos cada año. A menudo las autoridades abusan de esta obligación, pero en Comalcalco no sucede esto. Solicitamos 20 hombres y a la mañana siguiente, cuando llegamos a las ruinas, ya nos esperaban. De inmediato se pusieron a cortar la maleza del templo 1; para el mediodía ya estaba limpio. Los árboles y arbustos cayeron con rapidez. Mientras los indígenas trabajaban, empezamos a hacer planos de las bases de los edificios, así como dibujos de varios ornamentos encontrados.[9]

La mayor parte de los templos están sobre inmensos monumentos artificiales, como de 35 m de alto y 175 m a lo largo de

[9] Las construcciones se enumeraron como sigue:

Números dados por T.U.X.	*Números de Charnay*
Núm. 1. Templo al extremo sur de El Palacio	torre número uno
Núm. 2. Templo orientado al norte	torre número dos
Núm. 3. Palacio, al este del número 2	palacios tres y cuatro
Núm. 4. Templo sobre el monumento de El Palacio orientado al sur	no reportado
Núm. 5. Lado oeste de dos templos sobre El Palacio orientado al sur	no reportado
Núm. N-1. Templo mayor de la plaza norte, orientado al este	citado pero sin plano

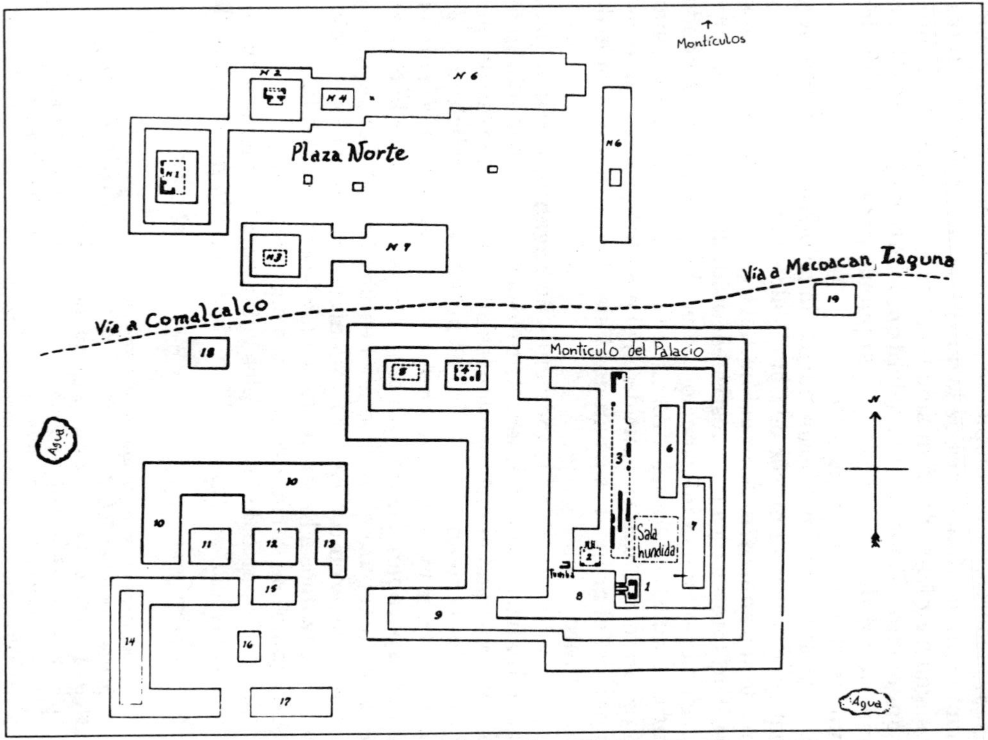

Figura 84. Mapa de las ruinas de Comalcalco.

su base este. Los lados de estos monumentos contienen tan pocos tabiques cocidos que permiten afirmar que la estructura completa se construyó con lodo y las paredes de retención de tabique. Aparentemente dos caras del monumento dan hacia el oeste, es decir, en dirección a la puesta del sol, como dos brazos extendidos formando el lado de una plaza, al pie oeste del monumento. Llamamos a este monumento El Palacio, Charnay investigó su estructura e hizo los planos.

Templo 1, grupo de El Palacio. Esta construcción se encuentra al extremo sur del monumento El Palacio o Acrópolis. Da hacia el oeste (Figura 85). Charnay lo describe como una torre de tres pisos y lo compara con la de Palenque, en lo cual está equivocado, ya que esta última tiene varios pisos y una escalera interior. El templo 1, de Comalcalco, puede considerarse como un edificio de dos niveles, se compone de un templo de un piso, en el centro del cual está un solo cuarto al que se llega a través de un pasaje proveniente de su parte frontal.

Mientras limpiaban estas ruinas, los indígenas mataron a una gran serpiente venenosa, una nauyaca (Figura 86).

El templo es de forma semejante a los que se encuentran comúnmente en las ciudades del viejo imperio. Descansa sobre un balcón del monumento; se llega por el lado oeste a través de dos escaleras angostas. Entre éstas existe un pasaje que da acceso a la cámara, localizada en la parte inferior del mismo templo. Su parte frontal mide 7.5 m de largo, está dividido por una puerta ancha y dos pasajes angostos en los extremos de las paredes de la construcción, complementada con dos columnas cuadradas.

Dentro del templo hay dos cuartos paralelos. Al mirar el plano en su conjunto se nota que las paredes y pilares del templo están colocadas de tal forma que su peso no descansa directamente en ningún punto sobre la cámara baja (Figura 87). La construcción se ha inclinado hacia el extremo suroeste. La enorme cantidad de escombros que yacen en la esquina del monumento, indican que su techo era de construcción maya común, mientras que los cielos rasos de los cuartos eran abovedados.

Números dados por T.U.X.	*Números de Charnay*
Núm. N-2. Templo sobre el lado norte de la plaza norte, orientado al sur	citado pero sin plano
Núm. N-3. Templo sobre el lado sur de la plaza norte, orientado al norte	citado pero sin plano

Figura 85. Frente del templo I (Comalcalco, Tab.).

Figura 86. Serpiente muerta por los indígenas
en las ruinas (Comalcalco, Tab.).

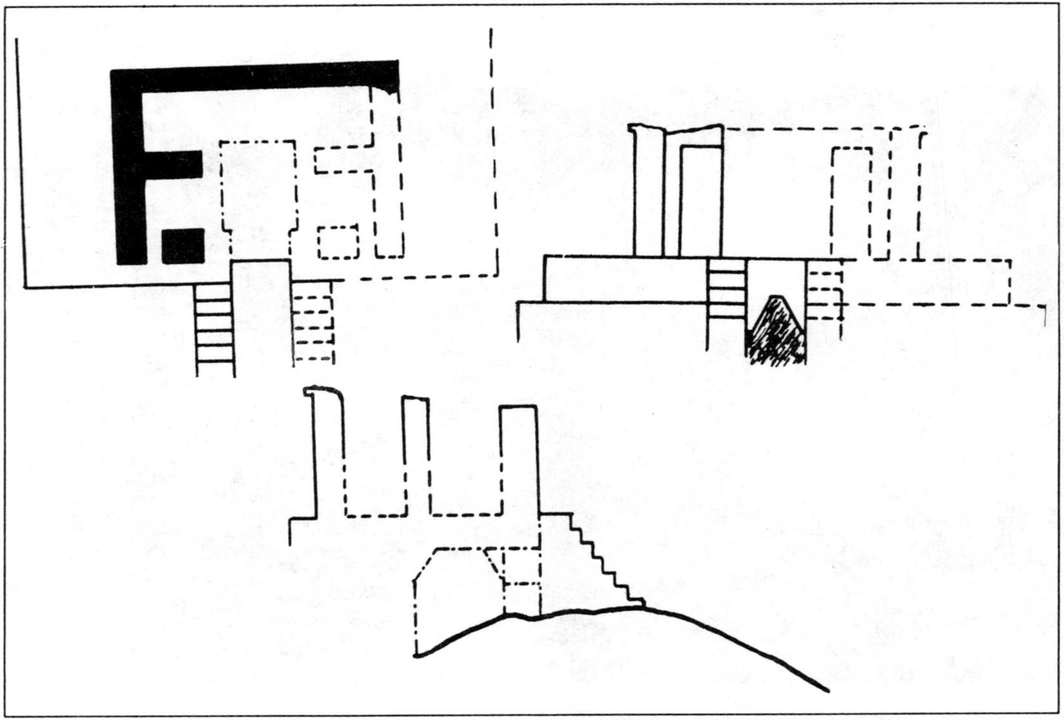

Figura 87. Planos general y de secciones del templo 1 (Comalcalco, Tab.).

Sobre un gran bloque de mampostería aún se ve un ornamento en estuco muy bien trabajado, el cual fue reproducido por Charnay.[10] También en la parte frontal del pilar aparecen huellas de estuco. Todas las paredes, así como los escalones para subir al templo, tienen huellas de haber estado cubiertos con una capa delgada de mortero con una superficie muy pulida.

Como ya se dijo, se llega a la cámara a través de un pasaje situado entre las dos escaleras angostas salientes del templo. El suelo está cubierto con escombros y casi todo el estuco que cubría las paredes se ha caído. Ahora es la casa de innumerables murciélagos.

Templo 2 (Figura 88). Esta construcción da al norte y está sumamente destruida. De las pocas paredes y una columna que aún están en pie, se deduce que la distribución del edificio era similar a la del templo 1, aunque parece que estaba un gran cuarto anexo al lado sur de la estructura, sobre un nivel ligeramente más bajo que el piso del templo. También se encontró aquí una cámara más baja, parecida a la del templo 1. Sobre la repisa del techo de este edificio descansa un pesado bloque de mampostería, sobre el cual se puede ver el torso de un hombre modelado en relieve de estuco.[11] Después visitamos El Palacio, la más grande de las estructuras sobre la pirámide que se estrecha de sur a norte. Su longitud total es de 80 m. Se compone de dos galerías paralelas, que pudieron haber estado divididas en dos cuartos. Sus puertas se abren hacia el este y el oeste, respectivamente. Sólo una pequeña parte de la edificación se encuentra aún de pie; desde aquí se ve que los techos de los cuartos se construyeron en forma de arco volado (Figura 89).

Tanto las paredes como los lados del arco están enyesados. Pero en este sitio se observan nuevos caracteres. Sobre la mampostería del arco se aplicaron grandes cantidades de fragmentos de ollas y sobre esto se colocó una ligera capa de estuco. Se emplearon dichos restos porque se supone que sostienen mejor al estuco que una superficie lisa. Entre estos vestigios se encontró una olla, en *espiral* (Figura 90).

Una especie de ventana da a un pequeño patio hundido, y sobre aquélla se encuentra el muro más grande de las ruinas, mide 1.02 m de largo, 50 cm de ancho y 5 cm de grueso (Figura 91). Aparentemente la pared central y la mitad interior del arco

[10] Charnay, 1888, p. 204.
[11] Charnay, 1888, p. 210.

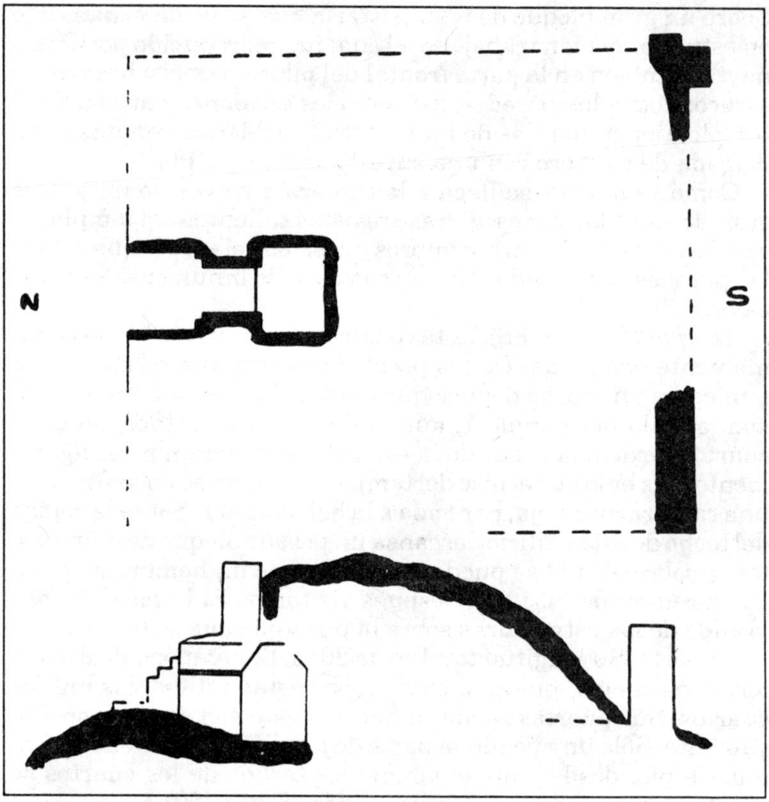

Figura 88. Plano general y de secciones del templo 2 (Comalcalco, Tab.).

Figura 89. Restos de El Palacio (Comalcalco, Tab.).

Figura 90. Vestigios sobre el muro de El Palacio (Comalcalco, Tab.).

se construyeron primero, y la mitad exterior de este último se hizo para que descansara contra el núcleo central. No hay *pasador de madera* como es costumbre en otras construcciones mayas. Probablemente esto se deba al uso del tabique cocido como material de construcción en lugar de la piedra caliza empleada en otras ciudades mayas (Figura 92).

El perfil exterior del techo es similar a los de Palenque; en su declive también hay señales de ornamentación con estuco. Charnay habla de una cúpula en El Palacio de Comalcalco. Si existió debe haber sido pequeña; los escasos restos de escombros en lo alto del techo así lo indican. Nos sorprendió encontrar gran cantidad de escombros en la mitad norte de las ruinas de El Palacio. Esto se explica porque dos puentes y varias casas de Comalcalco se construyeron con tabiques provenientes de las ruinas. Una pequeña horadación practicada en la parte de El Palacio que permanece de pie, reveló un techo de estuco muy pulido.

En la parte alta de esta construcción sólo hay dos estructuras más, los monumentos 6 y 7. De éstos, el monumento 6 parece estar en completa destrucción. El 7 no presenta huellas de haber sostenido un edificio. Entre este último montículo y el extremo sur de El Palacio hay un pequeño patio hundido. De la pirámide de El Palacio salen dos brazos que se extienden hacia el poniente, en cuya parte sur se encuentran algunos montículos pequeños que pueden encerrar tumbas. En su parte norte están los templos 4 y 5, ambos miran al sur y están en completa destrucción.

Entre estos dos brazos o espuelas, al pie de la parte poniente de El Palacio, se encuentra una pequeña plaza y más hacia el oeste, está una serie de pequeños y grandes monumentos, de formas variadas, colocados sin ninguna simetría, a pesar de que sus lados están orientados a los puntos cardinales. Para llegar a la plaza norte cruzamos el camino entre Comalcalco y la laguna de Mecoacán. En el extremo oeste de dicha plaza se levanta una pirámide de cerca de 20 m de alto, coronada por las ruinas de un templo que da al este, hacia donde nace el sol. A este templo se le llamó N-1. Está en completas ruinas, todo el frente está derrumbado: sólo queda el muro posterior y parte de la pared del lado sur (Figura 93). Se encuentra en tal estado de destrucción que fue imposible hace el plano de sus cimientos. Hacia abajo, en la parte este de la pirámide, hasta donde llega la escalera que sube de la plaza a lo que fueron las puertas del templo, La Farge encontró un fragmento de una gran cabeza de estuco, modelada sobre la parte central de un tabique quemado (Figura 94). También se encontraron aquí varios ladrillos con dibujos irregulares.

Al norte y al sur de este templo principal se encuentran grandes terrazas que se extienden hacia el este, en cuyos extremos, cerca del templo citado, se ven ruinas de los edificios más pequeños, números 2 y 3, con cara a la plaza. Sobre la terraza norte, en un lugar marcado con X en el plano general, el profesor Taracena, nuestro amigo de Comalcalco, encontró enterrada en el suelo, con la boca hacia abajo, una vasija grande de barro en forma de florero (Figura 95).

El profesor Taracena trajo a sus alumnos para excavar la urna. Todos los fragmentos se juntaron cuidadosamente y cuando llegaron a la escuela los ensamblaron. En la actualidad esta enorme vasija se encuentra en el cuarto principal de la escuela, junto con muchos otros objetos encontrados en las ruinas.

Cuando terminamos las exploraciones llevamos a la escuela la gran cabeza de estuco encontrada en el lado este de la pirámide principal de este grupo del lado norte (N-1), para que fuera cuidada por uno de los pocos hombres de la región que respetan las antigüedades de su país. La plaza norte está cerrada al este por una terraza, en cuyo centro se encuentra un pequeño monumento. Trazando una línea desde el centro de la pirámide N-1 al monumento central de dicha terraza se obtiene el verdadero este. En este aspecto existe la duda de saber si los astrónomos mayas usaron esta línea para sus observaciones sobre las estrellas y el ascenso del sol. Las ruinas cercanas a Comalcalco están en las planicies del Valle de Tabasco, no muy lejos de la costa. No existen rocas en esta área, y por lo tanto, los antiguos constructores levantaron muros para sus estructuras. Entre Bellota y Comalcalco, a 70 km de distancia una de otra, Berendt y Seler describieron varios grupos de monumentos; ambos aclararon que los mismos tenían muros de tabique.[12]

Este es el único lugar en el área maya donde encontramos tabique como material para construcción cuyo tamaño promedio, en Comalcalco, es de 19 cm de ancho, 25 cm de largo y 4 cm de espesor. Los tabiques se cocían en hornos abiertos, ya que cuando se rompen todos tienen una franja negra en el interior,

[12] Brinton, 1896, p. 8. Seler, E., 1904, vol. V, p. 149, placa XIII, 2.

Figura 91. Muro este de la parte en pie de El Palacio (Comalcalco, Tab.).

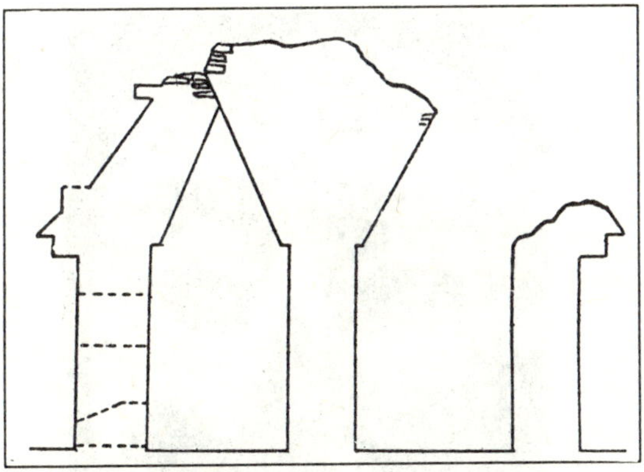

Figura 92. Sección transversal de la parte en pie de El palacio (Comalcalco, Tab.)

Figura 93.Templo principal (N-1) de la plaza norte; son notorios los muros del lado sur (Comalcalco, Tab.).

Figura 94.Cabeza de estuco modelada en un tabique quemado; se localizó en el lado este del templo N-1 (Comalcalco, Tab.).

Figura 95. El profesor Taracena con la vasija de barro que encontró en las ruinas de la plaza norte (Comalcalco, Tab.).

lo cual demuestra que el cocido no era profundo. Muchos tienen dibujos grabados, quizá como un intento de los fabricantes por reproducir los jeroglíficos y ornamentos de las paredes del templo (Figura 96).

Charnay menciona que envió dos de estos tabiques al Museo El Trocadero, en París. Tuvimos la fortuna de encontrar varios fragmentos de estos elementos y uno completo, enviados por Gates al Departamento de Arqueología de la Secretaría de Educación Pública en la ciudad de México. Uno de los pedazos muestra la parte inferior de un guerrero sosteniendo una lanza. El tabique completo tiene en su superficie el dibujo convencional de la cabeza de una serpiente. Los diseños tienen gran parecido con los restos encontrados en las paredes de muchos de los templos del área de Petén, como son Tikal, Nakum y San Clemente. No muy lejos de las ruinas, hacia el oeste, está la gran laguna de Mecoacán, donde abundan los ostiones. De este lugar los antiguos constructores obtenían las conchas de ostión, que cocían para fabricar el mortero para unir los tabiques, así como el estuco empleado para aplanar las superficies de las paredes. Las capas de mortero entre los tabiques usualmente tienen un centímetro de espesor, menos que el mismo ladrillo. El material para los muros es crudo, con muchas conchas de ostión sin quemar.

Las ásperas paredes de las construcciones se cubrían con una capa fina de mortero o estuco y luego se pintaban. El color más común era el rojo intenso, extraído de la tierra color ocre, tan abundante en toda el área maya. También se empleaban los tonos azul, verde, amarillo y negro.

Un estilo sobresaliente de las construcciones mayas es el arco volado. El arquitecto de esta cultura nunca aprendió a construir el verdadero arco. Cuando las paredes verticales de una construcción han alcanzado la altura deseada, el albañil coloca una piedra, un poco más arriba que la precedente, situada más abajo; al hacer esto, a ambos lados del cuarto, las piedras eventualmente se encuentran en un punto. En las construcciones de piedra, una losa del mismo material, la plancha principal, cerraría el arco. En las construcciones de Comalcalco se encuentran las dos paredes inclinadas. Este era un sistema de construcción muy complicado que daba muy poco espacio a las habitaciones, en comparación con la mampostería sólida y no permitía cuartos muy anchos. El ancho de los cuartos puede tomarse como criterio para saber la época de su construcción. En

Figura 96. Tabiques con dibujos grabados (Comalcalco, Tab.).

las edificaciones más antiguas las paredes son delgadas y los cuartos muy angostos.

A medida que el arquitecto adquiría más práctica los cuartos se hacían más anchos. Al norte de Yucatán, donde los mayas alcanzaron su renacimiento, encontramos cuartos bastante anchos con techos muy inclinados.

Todo nuestro trabajo había terminado. Dibujamos planos del suelo y secciones de los templos. Hicimos un plano general de las ruinas con notas sobre arte y construcción. Era el crepúsculo y estábamos listos para salir de Comalcalco al día siguiente. Solamente quedaba por señalar en el plano general un cuarto en ruinas. Este se encontraba cubierto por una cerrada maleza sobre el lado oeste del monumento El Palacio, cerca del templo 2. Era un cuarto pequeño, probablemente un cementerio. Se ha caído casi por completo y lo que queda a la vista no parece ser de gran interés, es tabique cubierto con estuco. Se veían la cúpula y restos de la pared del lado este. Medía 1.75 m de largo y un metro de ancho. Nada más que anotar. En esa forma llevamos las notas.

El sol estaba en su ocaso y los rayos caían sobre la pared este del cuarto. ¿Qué había en las paredes? ¿Alguna ornamentación de estuco? Ansiosamente retiramos gran cantidad de hojas y limpiamos la suciedad. Aparecieron los ornamentos de pluma de un casco y luego una cara, todo modelado en bajo relieve. Más plumas y partes de otro rostro. Después de todo, aún no terminábamos el trabajo en las ruinas. Aquí, ante nosotros estaba una cámara mortuoria con delicadas figuras grabadas en sus paredes. Teníamos que limpiar esto antes de irnos. Emocionados con estos vestigios regresamos al pueblo durante el corto crepúsculo tropical.

A la mañana siguiente, muy temprano, ya estábamos listos para limpiar la cámara sepulcral. Sólo empleamos a cinco indígenas en vista de que no había mucho espacio. Parecía que nuestro entusiasmo había contagiado a los trabajadores. Con el mayor cuidado quitaron basura y piedras. A mediodía se descubrió la parte superior de nueve figuras, tres en cada uno de los muros sur, este y norte. Se entraba en la cámara por el lado oeste, sobre el cual encontramos el bloque de la puerta.

Estas nueve figuras modeladas delicadamente en bajorrelieve, son las piezas de arte más finas encontradas, hasta ahora, en el área maya. Para el día siguiente, la pequeña cámara ya estaba limpia. Habíamos llegado al piso de cemento rojo pulido brillantemente (Figuras 97 y 98). En este lugar se encontraban cuatro pilares bajos, construidos con tabique. De la suciedad que tenían a su alrededor extrajimos gran cantidad de conchas de almeja, todas cuadradas, como si fueran parte de una colección, con dos agujeros en cada una para colgarlas. Alguna vez habían formado parte del collar de un gran señor o del sacerdote principal, que seguramente reposaba en esta cámara. Todas las conchas estaban pintadas con tierra roja. También se encontraron restos de huesos humanos, cubiertos con la misma substancia roja. No pudimos juzgar si éste era un caso de entierro secundario por la pintura en los huesos, o si el color rojo se debía a la gran cantidad de conchas ornamentarias encontradas sobre todo el suelo del sepulcro (Figura 99).

Parecía como si se hubiera colocado una tabla de madera en los pilares, sobre el suelo de la cámara, y sobre aquélla el cuerpo. Debido a la humedad, que se colaba a través de las paredes y del techo de la cámara, todo parecía decrépito, con excepción de los ornamentos de concha y unos cuantos pedazos de hueso. De pie, en el extremo oeste de la cámara, vimos su pared posterior con tres figuras. La central, sin duda, parecía ser la persona más prominente de las nueves pintadas en las paredes (Figura 100). La cabeza de esta figura (Núm. 5) muestra su perfil derecho, los hombros y el cuerpo con vista al frente, está volteando hacia la persona que estaba a su derecha (Núm. 4). Sobre su testa tiene un simple casco, en sus orejas unos zarcillos, en torno a su cuello una cuerda con un gran pendiente y una faja de algodón ciñe su cintura. El cuerpo está desnudo; cara y hombros están muy desgastados (Figura 101).

La figura número 4 muestra el perfil izquierdo, en dirección hacia la número 5 y con el brazo derecho en alto, gesticulando, como si remarcara lo que dice. Usa casco y aretes. En sus brazos tiene muñequeras y de su pecho cuelga un pendiente en forma de barra. La tela que cubre su espalda está muy elaborada. Sus hombros se ven de frente, pero hay una inclinación en el dibujo indicando que está a punto de voltear hacia la figura número 5 (Figura 102). Atrás de ésta se encuentra un hombre, número 6. Muestra su perfil derecho totalmente, tanto la cabeza como el cuerpo. Está muy erecto con los brazos cruzados sobre su pecho. Un sirviente está a la expectativa (Figura 103).

Tres grupos de jeroglíficos pueden explicar esta escena. Algunas partes de los signos han desaparecido, los que aún se conservan no se han descifrado. Ninguno de los signos de esta

Figura 97. Cámara sepulcral, en la que se puede apreciar el muro este y cuatro pilares (Comalcalco, Tab.).

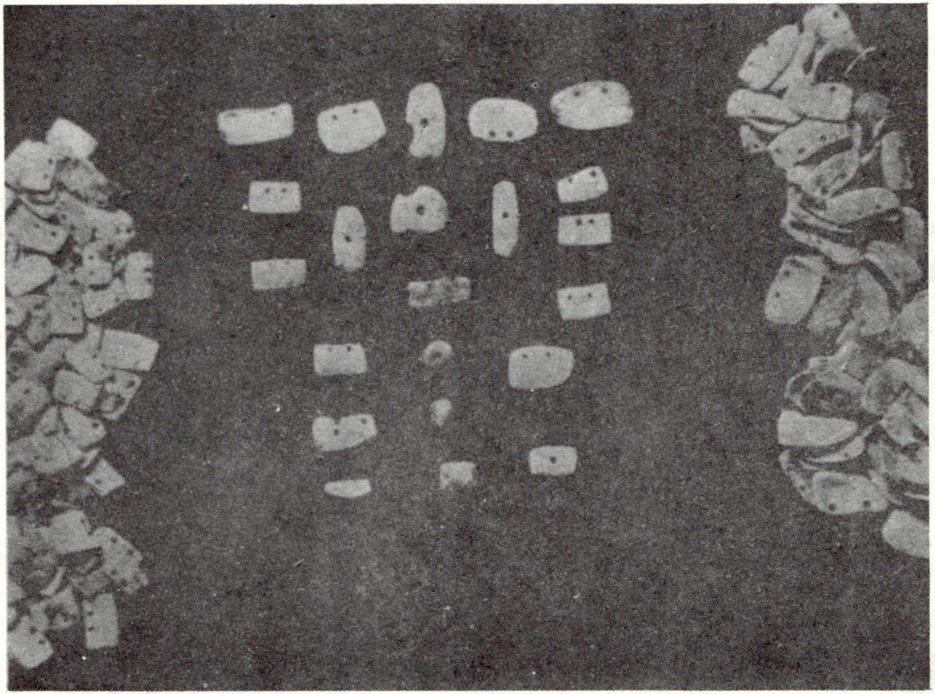

Figura 98. Collar de conchas de almeja encontrado en la cámara sepulcral (Comalcalco, Tab.).

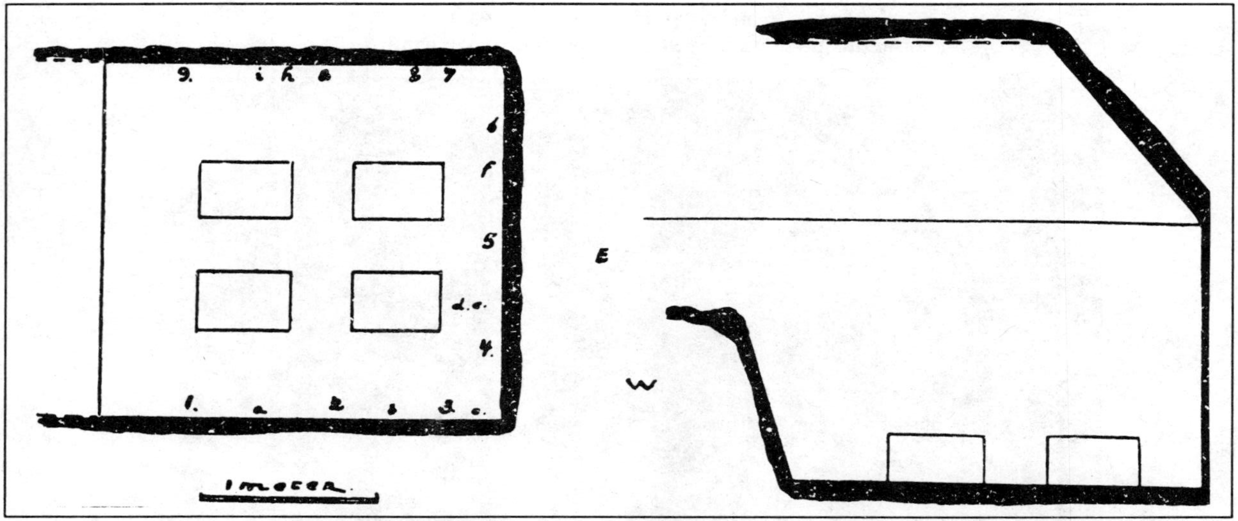

Figura 99. Planos general y seccional de la cámara sepulcral. Los números (1-9) señalan la posición de las figuras de estuco; las letras (a-i) indican los jeroglíficos (Comalcalco, Tab.).

Figura 100. Figuras 4, 5 y 6 e inscripciones jeroglíficas d, e y f en el muro este de la cámara sepulcral (Comalcalco, Tab.)

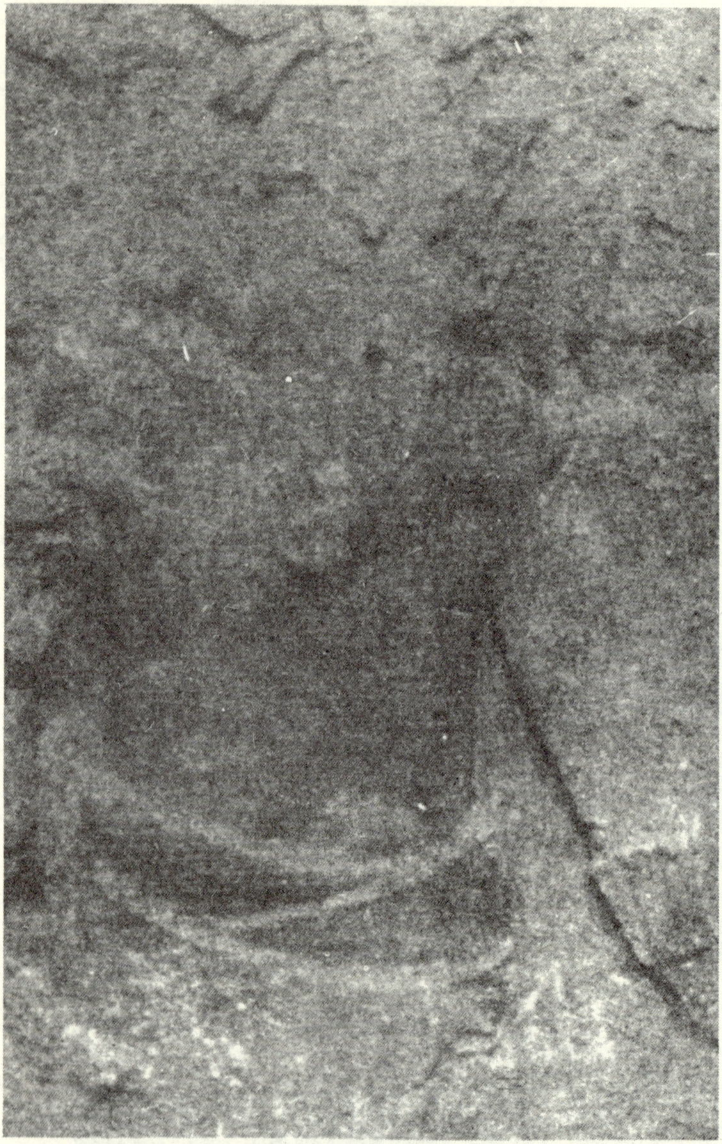

Figura 101.Tumba, figura 5 (Comalcalco, Tab.).

Figura 102. Tumba, figura 1 (Comalcalco, Tab.).

Figura 103. Tumba, figura 6 (Comalcalco, Tab.).

tumba pertenecen al calendario, así tendremos que estimar su antigüedad de acuerdo con nuestro criterio artístico (Figura 104, d, e, f). Sobre la pared sur vemos tres figuras más: números 1, 2 y 3. La número 1, erguida, con los brazos cruzados sobre su pecho, muestra su perfil izquierdo (Figura 105), frente a su cara está una columna con jeroglíficos (Figura 104,a). La figura central número 2 está de perfil derecho, con el cuerpo inclinado ligeramente hacia la figura número 1. Parte de su tocado y su brazo izquierdo han desaparecido. Su mano derecha sostiene una bolsa, y alrededor de su cuello una cuerda con abalorios (Figura 106).

La figura número 3 es de todas la mejor conservada. Representa a un hombre de pie, de perfil derecho con la mirada sumisa. Toda la figura da un aire de reposo, de tristeza. Su tocado es más chico que el de los otros. En su pecho cuelga un gran pendiente, probablemente representa una cara esculpida en jade (Figura 107). De los tres grupos de jeroglíficos de esta pared, la mayor parte se ha perdido. Solamente quedaron impresas en el estuco las huellas en donde alguna vez estuvieron (Figura 104, a y c).

Sobre la pared norte hay tres figuras más; todas con los cuerpos semidesnudos, sólo con taparrabo de tela y sombrero. Las figuras 7 y 8 muestran su perfil izquierdo; la número 9, el derecho. Tuvimos la suerte de poder dibujar, en un rápido boceto, la cabeza de la figura número 7, la cual está exquisitamente modelada, y destaca entre las piezas del arte maya (Figura 108). De la figura 8 solamente se conservan los hombros y la parte inferior de la cara. Los tabiques del techo se han caído y roto desde hace tiempo. Sin embargo, queda lo suficiente para mostrarnos que esta figura usaba un collar y un arete grande. El perfil izquierdo de la cara mira hacia el expectador y los hombros están de frente (Figura 109).

Por último vimos la figura número 9. Representa a un anciano barrigón, de perfil derecho, nariz ancha y mentón cuadrado, aparentemente jorobado (Figura 110). (Los jeroglíficos sobre esta pared se muestran en la figura 104, g, h, i.) Esta última completa la formación de figuras. Cada una es diferente de la otra con características propias: no cabe duda que todas son retratos.[13] Pueden representar a un gobernante y su séquito de

[13] Spinden, 1916, C.F. Spinden, 1916.

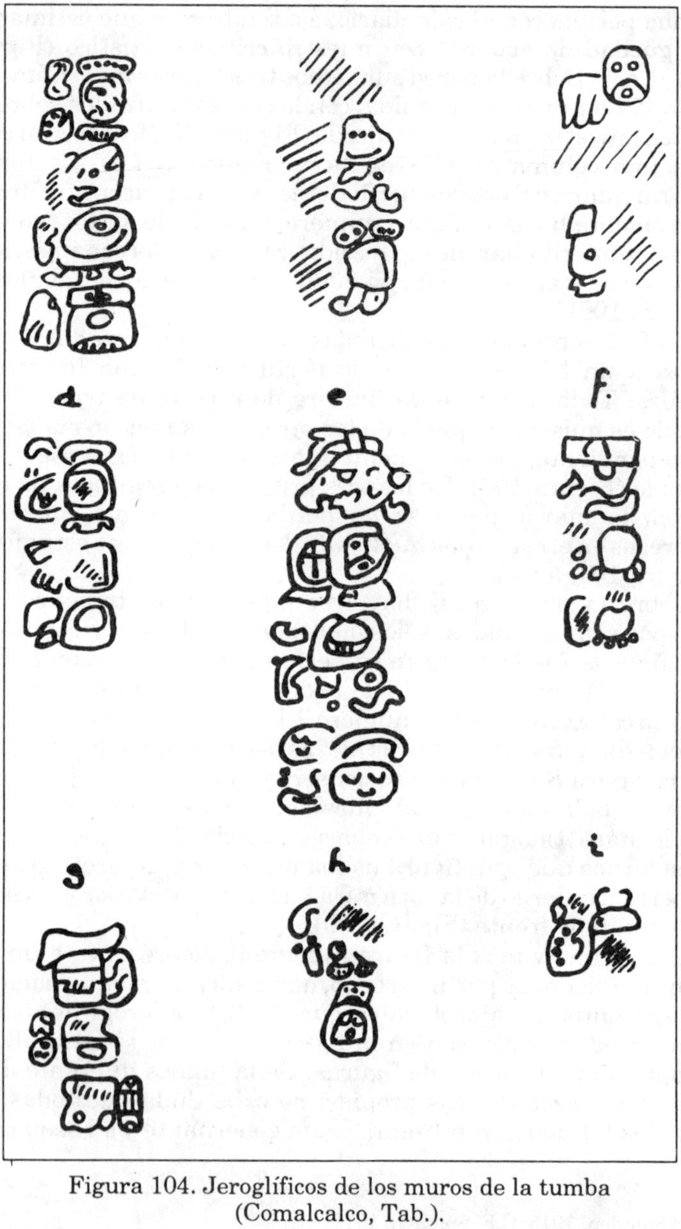

Figura 104. Jeroglíficos de los muros de la tumba (Comalcalco, Tab.).

Figura 105. Tumba, figura 1 (Comalcalco, Tab.).

Figura 106. Tumba, figura 2 (Comalcalco, Tab.).

Figura 107. Tumba, figura 3 (Comalcalco, Tab.).

Figura 108. Tumba, figura 7 (Comalcalco, Tab.).

Figura 109. Tumba, figura 8 (Comalcalco, Tab.).

Figura 110. Tumba, figura 9 (Comalcalco, Tab.).

servidores. Es molesto hacer referencia a ellos por números. Estamos tentados de darles nombres y tratar de imaginar sus vidas. El obispo Landa nos dijo que los gobernantes de Yucatán, al tiempo de la conquista, tenían la compañía de actores y bufones.

¿Era el jorobado bufón de la corte, triste por la muerte de su jefe? Los pies de las figuras estaban hechos en forma convencional, los taparrabos con más cuidado y las caras con un raro poder de consuelo. No cabe duda que el artista maya conocía el valor de las sombras, empleado para dar las expresiones de los rostros. En esta pequeña cámara se encontró el mejor trabajo de estuco del área maya. Ni siquiera las finas figuras de Palenque revelan tanta maestría y facilidad de línea.

Figuras, paredes y piso de la tumba estaban pintadas de rojo oscuro. Una vez que aquélla estuvo despejada, pasamos el día limpiando las figuras con mucho cuidado y restaurando los desperfectos con cemento, para que este magnífico trabajo quedara protegido contra la destrucción de los elementos naturales. El presidente municipal de Comalcalco, don David Bosadá, estaba consciente del valor artístico e histórico de nuestro descubrimiento. De inmediato ordenó que se construyera un techo sobre la cámara para protegerla de las lluvias tropicales.

Atardecía. Los rayos del sol reposaban sobre la figura central de la pared posterior, quizá la pintura del jefe muerto. Por un momento dimos rienda suelta a la imaginación. Vislumbramos la tumba lista para recibir al gran señor ya sin vida. Su carrera había terminado y como el sol, adorado por él y su gente, se ocultaba enviando sus últimos rayos, lo depositaron en la tabla de madera para que descansara. Lo rodeaban sus amigos y sirvientes entristecidos, tal como ahora los vemos pintados en las paredes. Cuando el sol alumbraba la pintura del jefe, muerto hace aproximadamente 1 400 años y sacado nuevamente a la luz, dejamos las ruinas para continuar nuestra jornada a través de la región, cuya raza floreció hace mucho tiempo.

Al alejarnos, nuestros pensamientos se remontaron al esplendor de la antigua cultura maya. Imaginamos la pirámide principal, coronada de palacios y templos, con plazas en su base. Recordamos todo lo que el obispo Landa había platicado sobre los territorios mayas:

> Antes de que los españoles conquistaran estas tierras, los nativos vivían en pueblos bien distribuidos. Sus tierras estaban limpias

> y libres de hierbas, sembradas con buenos árboles. Sus casas se ubicaban en esta forma: en la mitad del pueblo estaban los templos circundados por bonitas plazas. Alrededor de los primeros, las casas de los gobernantes y los sacerdotes principales. Después las habitaciones de las personas importantes. En las orillas del pueblo se levantaban las casas de las clases más bajas. Cuando había pozos, éstos se encontraban cerca de las viviendas de los nobles, quienes poseían las tierras heredadas plantadas con vides, algodón, chile, maíz. Vivían agrupados en esta forma en previsión de sufrir ataques enemigos. Como resultado de la conquista española, se esparcieron en su huida hacia los bosques.[14]

Sólo eran de piedra las casas de los nobles, gobernantes y sacerdotes; el resto de los pobladores vivían en chozas. Ahora todas estas habitaciones de material perecedero han desaparecido. En lo alto de las pirámides quedan las ruinas de los templos, monumentos de la grandeza de otras épocas. Gracias al obispo Landa tuvimos conocimiento sobre esos tiempos antiguos. Nos habló de los dioses, sacerdotes, gobernantes y nobles, así como de la vida de las clases bajas. ¿Quiénes eran esos dioses, en cuyo honor se levantaron templos tan magníficos? ¿Quiénes eran los sacerdotes que atendían esos altares?

Se conoce muy poco acerca del panteón maya. Los escasos datos provienen, fundamentalmente, de los primitivos registros de los españoles. Sabemos que el gran creador del mundo fue Hunabkú, pero no sabemos dónde o cómo fue adorado. Su hijo Itzamna por otro lado, tenía un papel importante en el ritual maya, fue el padre de los dioses, creador del hombre. Su casa estaba en el este, y por lo tanto, era el dios del sol naciente, de la vida y de la luz. Se dice que él inventó la escritura y los libros y que poseía grandes conocimientos de curandero. Como dios del cielo, a menudo vimos su cabeza sobre el monumento, emergiendo de las quijadas de un monstruo de dos cabezas.

A pesar de que Itzamna era el dios del sol naciente, un dios que daba luz y vida, un dios bueno, no era tan adorado como los dioses de la lluvia. Esto se debió que los mayas eran agricultores y las lluvias eran de importancia básica para su cosecha; así el dios de la lluvia, llamado Chac, naturalmente tenía un papel supremo en su sistema religioso. Muchas veces las ceremonias anuales se celebraban en honor de Chac, pero en especial,

[14] Landa, 1864, p. 90

inmediatamente después de la siembra del maíz. Se quemaba incienso y copal durante estas ceremonias. Una de las ofrendas comunes era agujerarse una oreja y dejar que la sangre cayera sobre bolas de algodón. Por medio de esta ofrenda el maya daba lo que le era de más valor, su propia sangre, en honor de sus dioses.

La gente se reunía ante los templos cuando se celebraban ceremonias especiales, danzaban complicados bailes al ritmo de tambores y sonajas, mientras las nubes de incienso se elevaban al cielo y el gran sacerdote ungía la imagen del dios con sangre humana y de animales.

Ahpuc era muy temido. Era el dios de la muerte, probablemente idéntico a Hun Ahau, gobernador del averno, Mitnal o Xibalba. A este dios siempre se le representa como un esqueleto con cabeza humana. Es el patrón especial de quienes eran sacrificados a los dioses, de las mujeres que mueren al dar a luz y también de los cautivos decapitados (Figura 111). Una deidad asociada a la muerte era el dios de la guerra y su secuaz Ek Ahau, el capitán negro.

En cada uno de los puntos cardinales, norte, sur, este y oeste está un dios, Bacab, sosteniendo las cuatro esquinas del cielo. Eran amigos cercanos de los Chacs. Por turno, gobiernan todo el año y uno de ellos, el más benévolo de los cuatro hermanos, Hobnil, era el patrón especial de los que cultivaban cacao y criaban abejas. Había dioses para los cazadores, los pescadores, así como para la medicina y los remedios. De estos últimos Ixchel, el arco iris, esposa del gran dios Itzamna, era la diosa del nacimiento; su imagen siempre se colocaba abajo de la cama de la mujer parturienta, con el propósito de facilitar el alumbramiento.

Cantores y tejedores tenían sus dioses. Ixtab protegía a quienes se suicidaban ahorcándose. Los comerciantes viajeros ofrendaban a Xaman Ek, el dios de la estrella del norte, y a Ekchuah. Cuando viajaban ofrecían incienso y oraban para pedir que regresaran sanos a sus hogares. Eran muchos los dioses y un hombre común no podía conocer sus requerimientos y deseos si no era a través del consejo del Chilán o sacerdote. Todos los pueblos tenían templos o casas de ídolos, como los llamaban los españoles. El Chilán estudiaba las estrellas y leía los libros sagrados. Con estos medios podía predecir si era buen tiempo para sembrar sus campos de maíz, si los dioses protegerían al comerciante en su viaje y si el nuevo niño vendría al

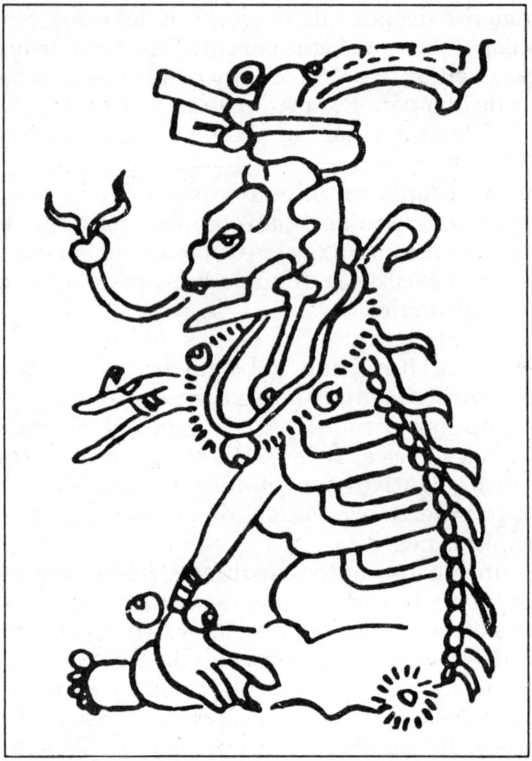

Figura 111. Hun Ahau, dios maya de la muerte (Código Dresden).

mundo en un día afortunado. Se consideraba como el portavoz de los dioses y era tan estimado que no se le permitía caminar sino que era transportado en hombros. La comunidad le proporcionaba casa y alimentación y el jefe del pueblo lo reverenciaba para solicitar su consejo.

Cada nuevo año se elegían cuatro ancianos para ayudar al Chilán con las ceremonias del templo. Pero sobre el Chilán estaba el gran sacerdote, el Ahkin May, o Ahau Can Mai. El resto de los sacerdotes le pagaban tributo y sólo aparecía en público en las ocasiones de mayor importancia. Daba consejos a los grandes gobernantes y educaba a sus hijos más jóvenes, así como a los vástagos de los nobles, en las ciencias de la nación; escribía los libros sagrados e iniciaba a los sacerdotes de los pueblos. Los examinaba en los rituales y en las ciencias. Cuando el Ahau Can Mai se paraba frente al altar portaba ricas vestiduras. En su cabeza usaba un casco de madera cubierto con mosaicos de jade y conchas pintadas; colgaban del mismo plumas verde esmeralda del sagrado pájaro Quetzal. Alrededor de su cuello llevaba cadenas de jade esculpido. Su nariz estaba perforada y atravesada con una barra de piedra nefrítica y sus orejas taponadas con jade. Su vestidura era de algodón finamente tejido, sujeta a la cintura con un pesado cinturón incrustado de pedrería.

Adornaba sus muñecas y tobillos con pulseras de jade labrado y en sus pies llevaba sandalias muy elaboradas. Con esta vestimenta estaba representado en los monumentos y así lo imaginamos haciendo ofrendas a Kinich Ahau, el dios del sol o a Yum Kash el dios de los bosques.

Donde ahora la abundante maleza cubre las plazas y las raíces de los árboles centenarios parten las paredes del templo con lentitud, pero con firmeza, borrando las huellas de una cultura antaño tan importante, alguna vez, grandes multitudes se reunieron esperando ansiosamente la palabra de los dioses por boca de Ahau Can Mai.

Nuestra estancia en el pueblo de Comalcalco fue encantadora. La familia que nos alojó fue buena anfitriona. Nunca olvidaremos las tazas de espumoso chocolate, distinto al que conocemos en casa, hecho con los residuos después de la obtención de la manteca de cacao. La bebida se hacía directamente del grano fresco tostado. Nadie sabe su calidad hasta que lo prueba en Comalcalco. Ahora entendemos por qué los conquistadores españoles se aficionaron tanto a esta bebida nativa, en cambio desconocemos la razón que motivó a frailes a predicar tan enérgicamente contra ella. El profesor Taracena, el coronel Graniel González y el presidente municipal, Bosadá, hicieron nuestra visita sumamente agradable. Nadie podría haber tenido un equipo de trabajadores más animado que el que tuvimos allí. Durante el día limpiaban a machetazos la maleza que cubría las ruinas, siempre haciendo chistes y riendo. El clímax llegó cuando el trabajo estuvo terminado y cada hombre recibió su paga, incluyendo un puro y una copita como premios especiales.

Comalcalco comercia con café y cacao, pero como los caminos que van a la capital del estado son muy malos, todas las exportaciones e importaciones van por camión al pequeño puerto de Seiba, a una distancia aproximada de 8 km, de donde parten por barco a Puerto México: ruta que requiere cerca de 18 horas. De saber que podíamos viajar siguiendo esta ruta corta, nos hubiéramos ahorrado el largo viaje a través de Frontera y Villahermosa. El profesor Taracena, además de ayudarnos en el trabajo, nos mostró su escuela. Conocimos sus dos salones de clases donde los niños aprendían sus lecciones en voz baja. Nos enseñó su pequeña prensa de imprimir, que le ayudaba, junto con sus alumnos, a elaborar su pequeño periódico. Pero su orgullo eran los niños maestros. Cada niño mexicano tenía a un infante indígena como alumno. Con mucho placer estrechamos las manos de estos pequeños mentores y de sus alumnos y tomamos una fotografía de ellos (Figura 112).

Nos informaron que un tal Miguel Ceballos Sáenz alguna vez había sido dueño del terreno dentro del cual se encuentran las ruinas y que coleccionó muchos objetos de interés arqueológico. Pero falleció a principios del mes de marzo. Decían que su familia tenía las muestras. Naturalmente estábamos interesados en ver los objetos. Solicitamos el permiso por conducto de nuestros amigos pero la viuda se negó rotundamente a que nos acercáramos a su casa. Tratamos de persuadir a los hermanos de la dama, José y Santiago Fuentes, para que nos ayudaran, pero a pesar de nuestro acercamiento respetuoso nos trataron con el lenguaje más soez, como si intentáramos robarnos algo. Así que no vimos esta colección y dejamos Comalcalco con la impresión de no haber completado nuestro trabajo.

Los indígenas que trabajaron para nosotros y quienes a lo largo de los caminos nos brindaban sus saludos cariñosos, "buenos días señor, que le vaya bien", pertenecían a una rama del tronco maya. Hablaban un dialecto llamado chontal, muy

Figura 112. Niños maestros y sus alumnos (Comalcalco, Tab.).

similar al maya verdadero (véase el Apéndice III). Aquí en Comalcalco, sin embargo, la estatura alta, así como la estructura fuerte que presentaban nuestros trabajadores, son características, notablemente diferentes, de las de otras tribus del sur de México. Un individuo grande, con ojos risueños, mandíbula cuadrada cubierta por una tupida barba roja, se mantenía de pie encima del templo I bromeando acerca de la cerveza fría: mientras La Farge trataba con dificultad de ponerse a su nivel, nuestro jefe "don Juan" de barba y perfil de Otelo, piernas firmes y fuertes, balanceaba con una sola mano un machete que nosotros tendríamos que manejar como un sable. El mismo nos demostró que aquí había una mezcla de sangre diferente.

En realidad esta región fue alguna vez la aldea de piratas franceses e ingleses, quienes encontraron en el río Dos Bocas un buen sitio para ocultarse mientras reparaban sus barcos; o quizá llegaban para negociar con pieles o a saquear el lugar. Todos los marinos, hombres endurecidos, dejaron su huella en los indígenas con quienes sostenían relaciones amistosas. De los casi 40 hombres que trabajaron para nosotros durante nuestra estancia, tres o cuatro tenían ojos entre gris y café y dos de ellos con la barba roja, no obstante todos tenían el pelo característico del indígena: negro y lacio. Sólo algunos tenían el tipo maya común de baja estatura. Todos fueron buenos compañeros: extraordinariamente alegres y trabajadores. Sus casas están construidas con varas y techos de palma, ocasionalmente cubren las paredes con paja. El centro de la hoja se abre por la mitad para que sus lados cuelgen a ambos lados. Toda la hoja se pega a la pared paralela al suelo y se amarra con lianas. Las esquinas de las casas son redondeadas, los postes del techo van paralelos al tejado y doblados con cuidado para que sigan la curvatura. El techo es más bajo en la parte de atrás, para formar un cobertizo (Figura 113).

No es común el uso de ventanas, aunque se acostumbra tener dos puertas y una división en la parte interior para la cocina. El lugar para el fuego está hecho con una plataforma poco levantada, construida con piedras y barro. De regreso a Villahermosa no tuvimos necesidad de detenernos, pues el puente ya había sido reparado: así, fuimos directamente por el Camino Real. Cerca del pequeño rancho Santa Cruz vimos un pequeño grupo de monumentos dispuestos en escuadra: una de las casas del rancho estaba en lo alto de uno de ellos. Después de dos días a caballo regresamos a Villahermosa. Como pasamos por Nacajuca,

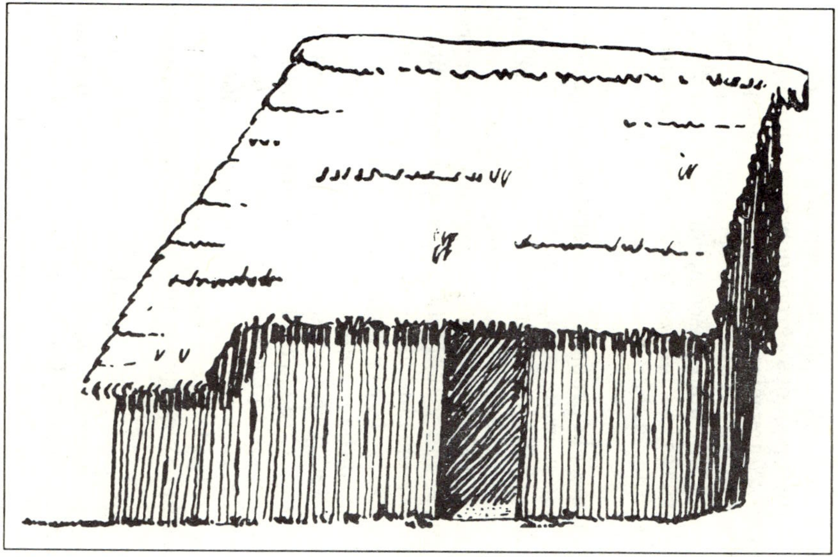

Figura 113. Casa Chontal.

dormimos nuevamente en casa de doña Teresa; esta vez nos recibieron sin ningún temor. De Villahermosa vinieron los animales por nosotros. Era una recua de brutos famélicos; a pesar de que habían descansado por varios días en Comalcalco difícilmente podríamos regresar con ellos. A propósito, yo tuve que cambiar de montura y La Farge hizo parte de la jornada a pie hasta llegar a Villahermosa, siempre jalando a su animal. Mientras Gates esperaba tener pláticas con el gobernador del estado relativas a investigaciones agrónomas manejadas por la Universidad, obtuvimos fotografías de Comalcalco y compramos sillas de montar y de carga para nuestro largo viaje a Guatemala, a punto de iniciarse. Tratamos de comprar mulas pero aquí, igual que en otras partes, se habían acabado con la última revolución. Las pocas que estaban a la venta tenían precios muy altos.

En el Instituto Juárez, la preparatoria estatal, inspeccionamos una pequeña colección de antigüedades procedentes de diferentes partes del estado. Varios de estos objetos mostraban la habilidad peculiar con que los antiguos mayas modelaban en barro. Entre ellos se encontraba una máscara de barro, representada en las Figuras 114 y 115. Ofrecimos una despedida a Gates, quien regresaba a la ciudad de México, rumbo a Tulane, así como a Haskell y Hartenbower. Abordamos un pequeño bote que se suponía iba para Jalapa por el río Tacotalpa; la embarcación saldría al mediodía, pero tuvimos tiempo suficiente para cenar en el pueblo a las siete de la noche. Oficialmente había un desperfecto en la maquinaria pero sospechamos que los dueños no tenían prisa por salir, ya que su barco había sido rentado para ir río arriba a traer a las bellezas locales a un baile oficial y calculaban que tendrían que esperar bastante antes de que les pagaran el viaje.

Por orden del gobernador, los caballos esperaron toda la noche en Jalapa para llevarnos a Macuspana, pero estaban tan débiles que rechazamos algunos de ellos y perdimos mucho tiempo en encontrar otros. Además, como nuestras sillas de carga estaban nuevas podían romperse. Después de mucho alegar y otro retraso por fin partimos. Dos indígenas a pie nos guiaron por un camino muy bueno. Aún estábamos en las planicies de Tabasco, pero cerca de la mitad del camino a Macuspana. Por primera vez vimos las montañas de Chiapas. Se veían en la distancia, como invitando a que nos acercáramos, con la advertencia de que trabajaríamos duro para conquistarlas.

Figura 114. Frente de la cabeza de barro del Instituto Juárez (Villahermosa, Tab.).

Figura 115. Perfil de la cabeza de la figura 114
(Villahermosa, Tab.).

VII
Al pie de las montañas de Chiapas

Macuspana es una larga calle de casas blancas lavadas, una plaza, surcada con trincheras cavadas por los rebeldes y federales, y una antigua iglesia española, invadida por la vegetación tanto en sus techos como en sus balcones. Aquí fue donde el francés Simón Sarlat, bien conocido en la historia de Tabasco, descubrió petróleo por primera vez. También trajo al lugar el primer barco de vapor, el "Pennsylvania", que llegó por el río en 1881. Era dueño del terreno donde la Compañía Petrolera El Aguila perforó durante un cuarto de siglo para extraer petróleo, aunque no en cantidades considerables. Pero ante todo, Macuspana es la tierra de José Rovirosa, estudioso infatigable y uno de los pocos científicos serios del estado de Tabasco. Aquí vivió y escribió sus folletos y libros sobre la historia y la botánica del estado. Uno de sus folletos llamado *Informe sobre la Isla de Priego,* impreso por la Secretaría de Fomento en una edición de 500 copias, se considera ahora entre los estudios más apreciados sobre Tabasco. En Macuspana comenzó lo que pretendía que fuera el trabajo de su vida, una historia del estado. Sólo pudo terminar 31 páginas antes de morir.

Dentro de nuestro programa estaba buscar información acerca de Rovirosa y por lo tanto visitamos a don Manuel, hermano del científico. De él obtuvimos datos sobre su familia. Supimos que su abuelo fue español, capitán general del estado, cuya Constitución escribió en 1824. El padre del actual secretario de Educación de México,[15] señor Puig, publicó en Macuspana un pequeño periódico llamado *Eco de la Sierra.* También Natividad Rosario, apodado Bato Rosati publicó otro periódico, aproximadamente en 1880, llamado *El Onze.*

En 1881 llegó el primer barco de vapor a Macuspana. Estuvimos presentes cuando la maravilla de las maravillas, el primer automóvil, un viejo y maltratado Ford, subía y bajaba la única calle del pueblo, para asombro de los mayores y alegría de los niños. Ese día Macuspana sintió que se situaba entre las grandes ciudades del mundo. Conseguimos alojamiento en la casa de don Limbano Ruiz, recaudador de impuestos y orgulloso padre de tres hermosas hijas.

Desde que salimos de Comalcalco con frecuencia tratamos de

[15] En la época de la presente investigación.

comprar animales para montar y de carga, pero sin éxito. Rentar animales se hacía muy costoso. Todas nuestras esperanzas de conseguir mulas se desvanecieron y comenzamos a comprar caballos. Cuando se supo en el pueblo que unos extranjeros deseaban comprar animales nos presentaron toda clase de viejos jamelgos y los precios subieron rápidamente. Simulamos no tener prisa en partir. Rechazamos varios caballos y ofrecimos una tercera parte del precio que nos pedían usando el lenguaje de los "muleros". Cómo nos divertimos. Por fin dispusimos de siete caballos más o menos aceptables. Había muchas otras cosas que atender. Necesitábamos hombres para trabajar en las ruinas de Tortuguero, cerca de Macuspana. Apareció el presidente de la Liga de Trabajadores. Dijo que debíamos contratar a los trabajadores a través de esta asociación. Todos sus miembros eran "muchachos" del pueblo, quienes ni siquiera sabían dónde estaban las ruinas; querían $3.00 diarios por hacer nada. Con amabilidad rehusamos su ayuda y en secreto enviamos a un mensajero para que informara a los indígenas de Tortuguero sobre nuestra llegada.

Tuvimos que asegurar un guía para el viaje, un hombre que pudiera hacerse cargo de los animales y del equipo y en quien pudiéramos confiar. Uno de ellos lo encontramos, era un mexicano llamado Eduardo, quien había trabajado como policía en un campo petrolero. Tenía fama de ser buen tirador y en parte mal hombre, siempre protector de su patrón, ya que las personas temen meterse con un tipo de esta clase. El otro era un indio viejo del pueblo de San Fernando, se llamaba Lázaro Hernández Guillermo, recomendado como muy confiable y juicioso, así que mandamos por él.

Aquí se presentó el Tata. Llegó caminando lentamente por la calle del pueblo. Era un hombre de anchos hombros, excelentes facciones indígenas, vestido con pantalones de algodón azules, camisa blanca, huaraches y sombrero mexicano de palma. Se le habló de nuestro proyectado viaje que lo llevaría a través de los Estados Unidos y de regreso a su casa y el cual duraría de tres a cinco meses. Que como prueba lo llevaríamos hasta Palenque y le pagaríamos $50.00 al mes. Respondió que le gustaba viajar. Tenía esposa y dos niños y que iría a su casa a despedirse de ellos. Después preguntó la fecha de partida. Al decirle "mañana" contestó "está bueno". El contrato estaba cerrado. A la mañana siguiente llegó Lázaro con su equipo de viaje y un pequeño petate, listo según él, para viajar alrededor del mundo.

Costumbres de San Fernando

Los indígenas de San Fernando, el pueblo de Lázaro, y sus vecinos de San Carlos han luchado por conservar muchas de sus viejas y raras costumbres, poco conocidas por la gente que los rodea y que hablan español. Los primeros se expresan en un dialecto del chontal, llamado yocotan (véase los Apéndices III y IV) muy relacionado con el maya. Desconocíamos lo anterior cuando contratamos a Lázaro para hacer el viaje con nosotros. Lentamente empezó a desenvolverse en cuanto le preguntamos acerca de los indígenas de Chiapas, su forma de vida y creencias. Finalmente, por su propia iniciativa dijo que podría decirnos una o dos cosas sobre el tema. De regreso a Nueva Orleáns, procedentes de Guatemala, compartí con él la misma cabina y tanto allí como en Tulane me dio la siguiente información.

La antigua costumbre indígena casi ha desaparecido en San Fernando, sólo permanece una banda blanca para los hombres, tejida por las mujeres. Ellos fabrican ollas negras, sencillas, en forma de jarra con una o dos asas. Lázaro admiraba mucho la alfarería de Amatenango en Chiapas e hizo un dibujo de una jarra grande para que fuera copiada por su hermana que era alfarera. Dijo que ella podría hacerla, pero no copiar la decoración. Las costumbres para atender un parto son las siguientes: cuando la madre empieza a sentir el dolor mandan buscar a la partera, una vieja mujer conocida por su habilidad. Dan a la madre una medicina preparada con una hierba,[16] aluzena, que se compra en las tiendas, una fruta llamada arumero, almuzcad, manzanilla (*Helenium autumnale*), piloncillo y miel. Por momentos la dejan descansar, pero tiene que moverse lo más posible para que el niño no se enrosque ("para que no se aplumbe la criatura"). Untan su estómago con aceite de una hierba llamada higuera (*¿Ricinus communis?*) calentado sobre un anafre de carbón. Al final permiten a la mujer que se acueste. Si la madre tiene dificultad para dar a luz, se muele una hierba verde denominada hormiguera, se fríe en aceite y se le pone como cataplasma.

Cuando nace el niño se le corta el cordón umbilical, se envuelve, y el extremo se quema con una vela de sebo. La partera baña al infante con aceite o agua caliente y limpia su boca con

[16] Debido a que carecemos de muestras de estas hierbas, solamente se identificaron algunas de ellas.

algodón y aceite fino. Después bien cobijado, se acuesta en la cama y se alimenta con un té de hierbas. El bautizo católico lo administra el cura.

Como en la mayoría de las tribus indígenas, el matrimonio tiene poco significado religioso. Cuando el joven piensa que su oportunidad con la muchacha es favorable busca la aprobación del padre mediante obsequios. Sin embargo, si el muchacho está muy apegado al hogar o está renuente a encontrar pareja, sus progenitores hacen la selección por él y el padre hará los obsequios al padre de la muchacha. Esto depende mucho del temperamento de los hijos. Después de unas cuantas visitas al posible suegro se habla de la finalidad de las atenciones. El padre de la novia, de acuerdo con la etiqueta, retarda la boda, alegando que la muchacha es muy joven, que debe escoger por sí misma, que es muy buena hija para él, etcétera. Todo esto indica el deseo de recibir más regalos. Pero nuevamente protesta diciendo que la hija no desea casarse. Todo este cortejo al padre de la novia dura dos o tres meses. Para entonces la pareja, que desde luego es la más interesada, ya habrá tomado sus acuerdos durante las noches, cerca del pozo del pueblo o en las orillas del río.

Finalmente la madre de la muchacha pregunta a la novia si le gusta el joven y se lo dice al padre. Aceptan el ofrecimiento y fijan la fecha del matrimonio para unos meses después. El novio compra los muebles y construye la casa. Adquiere los materiales para el ajuar de la novia que ella misma elabora. Se hacen más obsequios a la familia de ésta, como cacao, aguardiente, maíz y alimentos. La pareja se registra de acuerdo con las leyes mexicanas y después de la espera requerida, dos semanas, viven juntos en casa de los padres de ella hasta que la propia se termina de construir. Si el joven es pobre y la familia de la novia es rica tendrá que trabajar para sus suegros por algún tiempo.

Las ceremonias fúnebres son muy simples. El cadáver se viste con sus ropas y se envuelve en un petate. Por tres pesos se contrata un cantante, llamado *Ak'En'tesa'* para que cante en la tumba la noche del entierro. Sus familiares rezan por nueve días seguidos. Cuando muere un niño las oraciones se acompañan con música. El cura local celebra misas por el alma de los difuntos. Su mitología se extingue junto con sus ancianos. Lázaro ha oído muy poco de ella. Dijo que había siete cielos a los que se llegaba por una escalera y que el más alto era el lugar más santo. Esta es una vieja idea maya. Después de una gran inundación (*noh-lup*), dios hizo nuevos hombres, los primeros fueron aniquilados. El resto de los conocimientos de Lázaro eran cristianos.

La mayoría de sus centros religiosos están alrededor de la iglesia, su cristianismo es real. Rezan a los santos y a las almas de los difuntos *a-t cimé-lilva.* El procedimiento acostumbrado es arrodillarse en la iglesia, orar por un rato, descansar, rezar nuevamente y así "hasta que se aburren". Al mismo tiempo mantienen creencias de tiempos prehispánicos. Los indígenas más conservadores veneran al guardián de los campos de maíz, *oi-yum'kap.* A esto le llaman "pagar la cuenta" (*ya kE-subé kE-cuenta,* ahora pago mi cuenta). Ofrecen maíz, vino y aguardiente y queman incienso en un recipiente de barro. Cuando va a empezar la cosecha lo notifican al guardián y le rezan, ofreciéndole los primeros frutos llamados *tcux hilwa* o *atcumpon.* Si no obtienen permiso en esta forma, él puede apoderarse de sus almas.

Los curanderos o shamanes, *ah-tsak,* tienen grandes poderes, como médicos y magos. Para ser un shamán, el joven hace su solicitud a un viejo practicante, quien le toma el pulso para saber si es lo suficientemente fuerte, pues de no ser así, el profundo conocimiento le volvería loco. Después de que empieza su iniciación deberá permanecer célibe por 20 años, al final puede casarse. Al shamán se le paga solamente si cura. Deberá atender las solicitudes a cualquier hora. Sus honorarios dependen del tiempo que requiera el tratamiento. La mayoría de los hechiceros no cobran.

Cuando se le llama para curar a un enfermo el hechicero pide primero permiso al santo de la casa. Siempre invoca a los dioses cristianos. En el altar del hogar se colocan, aguardiente, balché (licor de maíz) y chocolate. Toma el pulso del hombre enfermo, sahúma con incienso todo su cuerpo y ora. Lázaro nos dijo las oraciones en español:

> Jesús, Jesús, en el nombre de Dios del Espíritu Santo, si es viento de los brujos, si es viento de los hechiceros voy a hojear (?) fuegos que tiene en la cabeza.

Después invocan a los diferentes santos y enumeran las diferentes causas de la enfermedad. "Si espantó de culebra, si espantó de perro..." Así continúan rezando "de largo". El principio de las oraciones hace que el dolor se avive y si se continúa rezando se calma. El curandero pica en el lugar dolorido con un pedacito de vidrio desprendido de una pieza más grande con la ayuda de un desgranador de maíz. Antes esto se hacía con astillas de obsidiana. Debe decirse que el vidrio artificial ha reemplazado a la obsidiana en todo el sur de México, donde el vidrio volcánico se importaba en grandes cantidades en épocas precolombinas. Si el hechicero corta una vena, colecta la sangre en un recipiente hecho de coco con un agujero en el fondo.

No pican la cabeza si el dolor está en esa parte del cuerpo. En cambio aplican una venda con una cataplasma de alcanfor con aceite o aguardiente. Si es necesario se hace un cocimiento de hierbas mezclado con aceite y se aplica caliente. Al enfermo se le da un té de hierba y un vasito de aguardiente dos veces al día. Si al terminar el tratamiento sobra alguna medicina se embotella con aguardiente para uso futuro.

Una vieja superstición maya que aún prevalece es la insistencia en beber durante el tratamiento y en todos los actos que realiza el hechicero; antes de que comience la cura debe tener un vasito de aguardiente. El shamán choca su vaso con cualquiera de los presentes y de ser necesario con el paciente, si es que éste "sabe cómo beber"; es decir, si aprendió cuando era joven. De no ser así sería peligroso que empezara tarde en su vida. Cuando reúnen sus medicinas los hechiceros van al bosque solos; llevan aguardiente en sus cantimploras en lugar de agua.

Esto es por lo que se refiere a sus curaciones. Pero tienen otros poderes más siniestros que usan contra sus enemigos. Si un hombre inesperadamente ve a una serpiente y se asusta, si al regresar a su casa por la noche un perro lo espanta y corretea durante su camino, si tiene sueños de terror, entonces sabe que el doctor brujo está en los bosques orando para atrapar su alma; por lo tanto necesita de otro hechicero que venga y rece a todos los santos que están de su lado.

El que está realizando el hechizo coloca tres cruces en los bosques, de las cuales la central es más grande. En un agujero enfrente de cada una, ofrece alimento, vino de maíz y aguardiente, con ollas de pozol ligeramente aguado. Después se arrodilla y reza llamando por su nombre a aquel cuya alma desea atrapar. Esto se repite durante ocho días. Posteriormente, parte del alimento se ofrece a cada una de las cuatro direcciones; riega el aguardiente con las hojas de maíz en el mismo sitio y sobre las cruces. Al final bebe el resto del aguardiente. Continúa una traducción libre de la parte principal de los anatemas. El hechicero invoca al "Gran Hombre" y a la "Gran Mujer" de todos los lugares que se le ocurren (véase el Apéndice IV, texto I).

> Voy a apoderarme de una alma, ahora dioses de la tierra y nuestra madre tierra, aquí, hoy, ahora, el alma de este hombre. Tengo mi caja aquí, vine aquí para eso, tráiganme su alma. He traído comida para ofrecerla a ustedes nuestros padres, el gran hombre dios del hechizo. Los grandes de San Cristóbal, las grandes mujeres de San Cristóbal, el gran hombre de Comitán, las grandes mujeres de Comitán, el gran hombre de las montañas, la gran mujer de las montañas, las grandes mujeres de los vientos del sureste, el gran hombre de los vientos del sureste; ahora los invocamos, vengan ahora, la gran mujer del encanto, el gran hombre del hechizo, los grandes espíritus mágicos de los vientos del sureste, los grandes espíritus mágicos del viento del norte. Aquí hay ofrendas, aquí está el ron, aquí está la comida, aquí está el vino, aquí la comida que traje. Acérquense a la gran mesa sagrada.

Para el mediodía ensillaron nuestros animales y con Eduardo y Lázaro como guías salió a Macuspana el primer paquete de equipo propiedad de la Universidad de Tulane. Con grandes dificultades llegamos al camino cuando comenzó un fuerte aguacero; al llegar a las riberas del río Macuspana la lluvia caía como si fuera la manguera de un bombero. Fue un trabajo sucio descargar a los animales. Nosotros, los guías y las cajas de empaque resbalamos por la orilla hasta el borde del río. Los indígenas nos pasaron de una orilla a la otra en una canoa larga. Cuando recibimos nuestro equipo en una choza al otro lado del torrente, estábamos cubiertos de lodo de la cabeza a los talones; por tanto, decidimos pasar la noche en ese lugar.

Colgamos las hamacas en el cuarto más grande de la choza, nos vestimos con ropa seca y con gusto aceptamos una copa de ron caliente que nos obsequiaron los anfitriones. Dos jovencitas indígenas muy bonitas espiaban nuestros movimientos a través de unos agujeros de la delgada pared. Se asombraron de ver a La Farge preparar un picadillo de carne en el brasero. Por la mañana la niebla invadió la montaña de Macuspana frente a nosotros, una de las más altas de la fila de montañas de Chiapas que corren del noroeste al sureste. La principal falla geológica va a través del estado en esta dirección. El río Usumacinta, que constituye el límite entre México y Guatemala, es una excepción, corre en ángulos rectos en su torrente principal.

La montaña Macuspana se levanta gradualmente en el noroeste, fuera de la planicie de Tabasco y termina cerca de Tortuguero en una roca vertical, que algunas veces se denomina Buena Vista o Gavilán Blanco. A la derecha, en el punto sureste de la montaña, se localizan las ruinas que visitaríamos. Antes de llegar a la colina pasamos a través de un pintoresco cañón, muy angosto, el cual corta la parte baja del frente de la hilera de picos, misma que forma un muro natural, detrás de la cual están las ruinas. Al llegar a una pequeña casa de rancho, encontramos que nuestro mensajero había juntado un grupo de indígenas listos para trabajar. Como teníamos hambre ordenamos que prepararan comida antes de visitar las ruinas. Tardó mucho y cuando al fin estuvo lista vimos que consistía en el consabido "pollo" que habíamos encontrado en todo nuestro viaje.

Se supo de las ruinas de Tortuguero por primera vez, gracias al general mexicano Ramírez Garrido[17] quien las visitó en 1915. En su libro da una breve descripción de ellas y lanza la teoría de que son vestigios del pueblo de Tepetitán, donde Cortés se detuvo durante su expedición a Honduras en 1524. El dato en que el general Garrido apoya su hipótesis es muy débil. Investigaciones posteriores han revelado que es más probable que Cortés haya pasado el pueblo a una distancia de cera de 20 millas al norte de Tortuguero y que ni siquiera oyó sobre las construcciones, las cuales en esa época deben haber estado abandonadas y en destrucción.

En mayo de 1922 yo estuve en Tortuguero y allí localicé una estela que ya Garrido había visto durante su visita. Se hizo un dibujo de la misma para enviarlo al doctor S.G. Morley, de la Institución Carnegie de Washington, quien descifró los dos jeroglíficos más altos como la fecha 1 Ahau 3 Kankin, fin Tun 13, o en la numeración maya completa 9-10-13-0-0, 1 Ahau 3 Kankin, o de acuerdo con la correlación del doctor H.J. Spinden de los calendarios maya y gregoriano, enero 21, 386. Entrar en una descripción más detallada de los sistemas numéricos y de calendario de los mayas nos llevaría a un campo más lejano, fuera del propósito de este ensayo. Sin embargo es conveniente una corta explicación para que el lector pueda tener una idea de la simplicidad de los números mayas y de la excelencia de sus observaciones astronómicas.

Los antiguos mayas estaban muy aventajados en astronomía

[17] Garrido, Ramírez, 1922; Blom, F., 1923; Blom, F., 1924.

y sólo recientemente, a través de las investigaciones de los doctores Spinden y Morley, supimos que los mayas eran los astrónomos más adelantados del mundo en su época.

Para darnos una idea comprensible resumiremos los siguientes hechos:

Para contar, los romanos usaban un sistema con muchos signos: I, V, X, L, D, C, M, carecían del cero lo que hacía que sus cuentan fueran muy fastidiosas.

El sistema arábigo decimal, ahora de uso universal, tiene diez signos: 1, 2, 3, 4, 5, 6, 7, 8, 9 y 0. Estos signos se agrupan juntos en diferentes posiciones y su valor depende de su posición, con relación con una y otra. Tomemos un ejemplo: 1 328 897. Empezando por la derecha y contando hacia la izquierda encontramos los siguientes valores de los números:

1 vez	1 000 000	igual a	1 000 000
3 veces	100 000	igual a	300 000
2 veces	10 000	igual a	20 000
8 veces	1 000	igual a	8 000
8 veces	100	igual a	800
9 veces	10	igual a	90
7 veces	1	igual a	7
			1 328 897

Notamos que los valores aumentan en el siguiente orden: 1, 10, 10 X 10, 10 X 100, 10 X 1 000 y así sucesivamente. El nuestro es un sistema decimal en el cual el valor de los números depende de la posición que ocupan de derecha a izquierda en línea horizontal.

Los números mayas sólo tienen dos signos: un punto para 1 y una barra para 5. Dos puntos son 2; tres puntos 3; una barra 5; dos barras 10, dos barras y dos puntos representan 12. Contaban en grupos de 20. El suyo era un sistema vigesimal. Como nosotros lo hacemos, daban valor a sus signos por su posición, pero en línea vertical, contando de abajo hacia arriba, con el valor más bajo en la base de la columna. El número que se explicó de acuerdo con nuestro sistema numérico sería escrito por los mayas como sigue:

...	igual a 8 veces	160 000	o	1 280 000
.	igual a 6 veces	8 000	o	48 000
..	igual a 2 veces	400	u	800
....	igual a 4 veces	20	u	80
..	igual a 17 veces	1	o	17
				1 328 897

Este sistema se usaba para contar objetos como cacao, frijol, cuentas de jade, etcétera. Posteriormente se modificó para usarlo en el calendario, dividiendo el año solar de 365 días en grupos de 20 días cada uno, tan aproximadamente como se podía hacer bajo las reglas del exacto sistema vigesimal. Esto dio como resultado la división del año en 18 meses de 20 días cada uno, con una semana de cinco días al final del mismo, lo que hace un total de 365 días. A esta semana de cinco días, los mayas la consideraban diabólica pues se pensaba que traía mala suerte.

La cuenta de nuestro calendario empieza con el nacimiento de Cristo. De este punto contamos hacia atrás y hacia adelante. La Biblia establece la creación del mundo 4004 años antes de Cristo. Para su cuenta del tiempo el punto de partida de los mayas fue una fecha mítica, correspondiente a 3373 antes de Cristo, probablemente la fecha que ellos consideran para la creación del mundo. Desde este punto contaban el tiempo en grupos de 400 años, llamado Baktun, en grupos más pequeños de 20 años, denominado Katun, en años (Tun), en meses (Uinal), y en días (Kin). A pesar de que el siguiente ejemplo no es estrictamente científico sirve para una explicación simple. Veamos la fecha maya encontrada en el templo de Dos Dinteles en Chichén Itzá, Yucatán.

Sólo resta una pregunta: ¿qué sistema de calendario usarían? Uno es tan simple como el otro. Sin duda los mayas seleccionaron el 20 como su primera unidad más alta porque ellos contaban con los dedos de los pies y de las manos. El 20 era un número que representaba a la persona completa.

Por ejemplo en la cuenta tzeltal el número Che Uinic equivale a 40. Che significa dos y Uinic hombre. Por lo tanto Che Uinic significa dos hombres o dos veces 20, es decir 40. Los sistemas decimal y vigesimal de contar por la posición se basan en la

Anotación maya	Correlación Spinden
11-7-12-16-18 9 Eznab 11 Kankin	Mayo 19, 1109, a.C.
(11 Baktun) 11 grupos de 400 años más	1 milenio más
(7 Katun) 7 grupos de 20 años más	1 siglo más
	0 decenios más
(12 Tun) 12 años más	9 años más
(16 Uinal) 16 meses más	5 meses más
(18 Kin) 18 días desde el punto de partida maya	19 días de nuestro punto de partida

misma idea y sólo difieren en su desarrollo. El cero es esencial en ambos sistemas al igual que lo es para cualquier clase de cálculo elaborado. El profesor Kroeber discute el cero en su libro *Antropología* (1923) y nos tomamos la libertad de citarlo:

> Es interesante que respecto a las dos invenciones del cero, los mayas fueron los primeros en emplearlo. El sistema aritmético y calendárico del cual formaba parte se desarrolló y estaba en uso al tiempo del nacimiento de Cristo. Podría ser más antiguo, sólo que se necesitaría tiempo para descubrirlo.
>
> Tal vez los indios poseían los prototipos de nuestros números tan antiguamente como el segundo siglo después de Cristo, pero aún sin el cero; el cual se agregó durante el sexto siglo, aunque algunos estudiosos afirman que no fue antes del siglo nueve.
>
> Esta originalidad de los mayas debilitaría los argumentos, algunas veces avanzados, de que los antiguos americanos heredaron de Asia su religión, el zodiaco, las artes o la escritura. ¿Si el cero fue de su invención por qué no fue la señal de su progreso? El único recurso consistiría en recurrir a la cándida emigración, entonces se tendrían que voltear los papeles y explicar que las civilizaciones egipcias y babilónicas se debieron a una invasión maya procedente de Yucatán.

Volvamos al calendario, la faceta más asombrosa de la ciencia maya. Con la combinación de nombres de días y números, y meses-hombres y números relacionados con la cuenta del tiempo desde el principio de su cálculo, podían designar un día de tal forma que no cabría el error, durante un periodo de más de casi 370 mil años. Los aztecas, quienes llegaron después, tomaron aspectos de lo más notable del calendario maya, pero como no entendían completamente el magnífico sistema, no podían fijar fechas con certeza, excepto dentro de su ciclo de 52 años. Esto los conducía a una completa confusión de la secuencia de su cronología.

El astrónomo maya no se conformaba con observar únicamente el sol. También tomaba observaciones minuciosas de la luna, así como de Venus y algunos otros cuerpos celestes. A los interesados en conocer los detalles de este sistema de calendario se les recomienda consultar el libro del doctor S.G. Morley llamado *Introducción a los jeroglíficos mayas* y al reciente trabajo del doctor Spinden *Las correlaciones de las fechas mayas.* En este último su autor explica la correlación entre las fechas mayas y el calendario gregoriano, la cual hemos seguido. Antes de resumir el relato de la expedición trataremos dos puntos más.

La astronomía está basada en las observaciones de los cuerpos celestes, mismas que deben efectuarse no solamente a lo largo de una vida sino a través de generaciones y aun de siglos. Las observaciones deben registrarse para que puedan ser corroboradas y corregidas. La astronomía exacta no es posible sin un sistema numérico y de referencias con los cuales inscribir las observaciones. El segundo punto que deseamos resaltar es que cuando los españoles llegaron a Yucatán, en 1527, usaban el calendario juliano incorrecto astronómicamente, ya que estaba diez días atrasado con respecto al verdadero tiempo solar.

Hasta 1582 se adoptó el calendario gregoriano, en uso por no más de 344 años. Los españoles no reconocieron las habilidades científicas del pueblo conquistado. Hasta hace unos cuantos años empezamos a comprender que los mayas, en el momento de su sometimiento, usaban un calendario muy superior al viejo calendario mundial, el cual habían consultado sin interrupción por más de dos mil años. ¡Dos mil años contra 344! Esta es ciertamente una evidencia asombrosa de la habilidad y destreza de las llamadas razas semicivilizadas. Vayamos más lejos. Tenemos registros de observaciones astronómicas de los europeos de una época anterior al nacimiento de Cristo y sólo hasta 1582 se perfeccionó el calendario. Podemos afirmar con seguridad que les tomó como dos mil años llegar al sistema de calendario actual.

En otra parte de este libro describimos nuestra expedición a través de la región Tuxtla y nos referimos a la Estatuilla Tuxtla y al hecho de que en ella está grabada la fecha más antigua que se haya encontrado en América: el año 98 a.C. Eso significa que en ese año los mayas ya habían perfeccionado su calendario. Si le asignamos a los europeos dos mil años para perfeccionar el suyo, ¿por qué no dar a los mayas el mismo tiempo? ¿No podríamos imaginarles tratando de obtener el logro de la más alta civilización aborigen americana, más de mil años antes de Cristo?

Sin embargo describiremos las ruinas de Tortuguero. Al pie del acantilado vertical del cerro de Macuspana, con vista hacia el noreste, se encuentra una hilera de terrazas y monumentos construidas con bloques de piedra caliza unidos sin mortero. Muchos de esos bloques han caído por el desfiladero y permanecen ahí junto con los monumentos artificiales. Los antiguos constructores aprovechaban los taludes de la montaña para construir sus terrazas, aparentemente sin ninguna atención de orientarlas a los puntos cardinales. El plano (Figura 116) muestra la porción principal de las ruinas. No hay construcciones de pie pero aún se ven algunos muros sobre varios monumentos. Hacia el norte se encuentra el monumento I, sobre el cual está una pared. Al pie de la esquina noroeste de esta construcción aparece una plancha cuadrada de piedra, de 1.94 m de largo, 85 cm de ancho y 15 cm de espesor, con una perforación circular en una esquina. Una escalera, que se supone iba del monumento al lado este de la plaza, tenía en la mitad una pequeña terraza en la cual se localizó un altar circular, sin decoración, de 1.16 m de diámetro y 25 cm de espesor.

En el monumento II hay muros destruidos, pero tiene indicios de que aquí estuvo una construcción, probablemente con muros de piedra y techo de palma. No hay suficientes escombros que indiquen si la construcción tenía bóveda de piedra. Los monumentos III y IV no muestran ninguna señal de estructura, pero encontramos muros detrás de los V y VI. Estos últimos monolitos se encuentran a los lados de una pequeña plaza y aquí hemos encontrado tres fragmentos de los monumentos 2, 3 y 4 que analizaremos más tarde.

En dirección noreste, desde la plaza antes citada, localizamos varias terrazas y escaleras muy maltratadas. Llegamos a un montículo sobre el cual está la estela 1. Es una columna de piedra de 2.30 m de altura y 65 cm de ancho, su parte trasera y los lados son lisos, pero en el frente tiene ocho divisiones con jeroglíficos. Bajo éstos está esculpido en bajo relieve un animal, probablemente un jaguar, con algunas características humanas. La lectura de los grabados es la siguiente: 1 Ahau, 3 Kankin, Fin Tun 13. Morley los lee como 9-10-13-0-0 1 Ahau 3

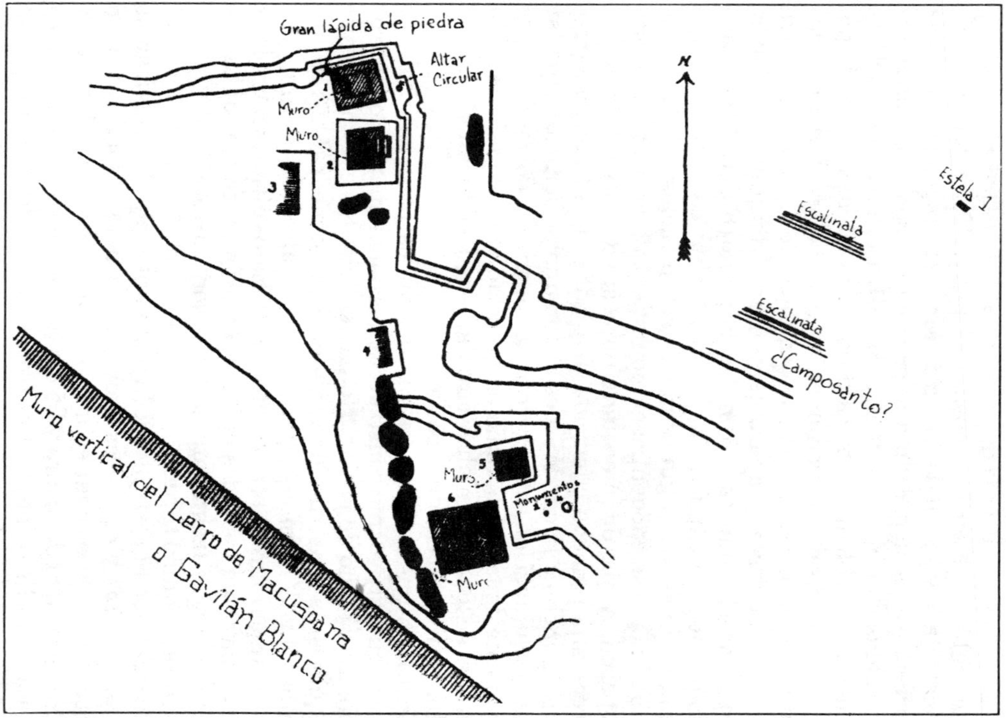

Figura 116. Mapa de las ruinas (Tortuguero, Tab.).

Kankin, que de acuerdo con la correlación de Spinden corresponde a 21 de enero de 386. Más abajo de la inscripción encontramos una adición de 1 Tun, 14 Uinal y 10 Kin, que nos lleva a la fecha 9-10-14-14-10, 1 Oc 3 Yax, 1 de noviembre de 387.

A1	1 Ahau
B1a	3 Kankin
B1b	13 Tun
A2a	?
A2b	terminan signo y mano
B2	?
A3	?
B3a	10 Kin, 14 Uinal
B3b	1 Tun
B3c	1 Oc
B3d	3 Kankin
A4	?
B4a	7 ?
B4b	12 ?
B4c	8 ?
B4d	?

9-10-13-0-0	1 Ahau 3 Kankin (enero 21, 386).		
1-14-10			
9-10-14-14-10	1 Oc	3 Yax	(noviembre 1, 387).

Los jeroglíficos son imperfectos en su forma, sin duda hechos en épocas muy anteriores. Entre la primera y segunda fecha hay exactamente 2 ½ Tzolkins, o 2 ½ vueltas del calendario ritual maya de 260 días. A través del centro del monumento hay una grieta que nos impidió voltearlo, solamente fotografiamos lo que se pudo. Se hizo al mismo tiempo un dibujo que aparece en la Figura 117. El monumento 2 era probablemente como una estela. Se encuentra sobre la pequeña plaza que está frente al monumento VI y está esculpida en forma de cuerpo de serpiente. Las partes alta y baja están rotas.

En la parte restante hay divisiones con jeroglíficos. En el

frente están cinco bloques con signos que contienen iniciales en serie. En la parte trasera hay otros cinco bloques con grabados y la mitad de un sexto. Los lados del monumento están esculpidos para representar los anillos del estómago y el dibujo de cuadros de una piel de serpiente. Este monolito mide 1.60 m de alto, 30 cm de ancho y 26 cm de espesor. Los jeroglíficos están muy destruidos. Está claro que el signo en A-1 es de introducción. En A2a hay un simple 9 Baktun. A2b muestra 9 0 14 Katun. A2c es Otun y A2d 0 Uinal. Este es seguido por A3a que es claramente 0 Kin y A2b muestra un 6 Ahau. Esto da dos posibles lecturas, 9-1-0-0-0 6 Ahau 13 Yaxkin, o 9-14-0-0-0 6 Ahau 13 Muan. La última de estas lecturas (3 de febrero, 452), es más o menos la misma que sugirió el doctor Morley cuando visitó la Universidad de Tulane, en octubre de 1925, para estudiar los resultados de la expedición (Figura 118).

El monumento 3 es una figura humana con la cabeza y piernas abajo de las rodillas. Alrededor de su cuello tiene un collar. Sus brazos están pegados al cuerpo. De su faja cuelga al frente una banda. En apariencia los jeroglíficos se esculpieron sobre la parte delantera de esta última, pero ahora se encuentran tan maltratados por el tiempo que ni siquiera pueden dibujarse. Los vestigios de esta figura miden 1.10 m de alto y 44 cm de ancho (Figura 119). El monumento 4 es una columna de piedra pulida, aproximadamente de un metro de alto que descansaba sobre una pequeña elevación localizada en la orilla este de la plaza. A pesar de la cuidadosa investigación no descubrimos más monumentos en las inmediaciones de las ruinas. Los que encontramos nos dieron dos fechas, como se muestra líneas arriba: 387 y 452. Esto prueba que Tortuguero es una vieja ciudad imperial contemporánea de Palenque. Es la ciudad maya más al occidente en la que se han encontrado monumentos fechados.

Al pie del lado de la montaña, sobre la cual se han localizado las principales construcciones, está una serie de campos para sembrar maíz. Allí encontramos varios monumentos menores agrupados alrededor de las plazas. En el suelo había gran cantidad de restos de alfarería. Todos eran del tipo del viejo imperio consistentes en fragmentos de ollas y de figuritas de barro (Figura 120). En un día de trabajo fatigante completamos un plano rústico de las ruinas apoyándonos en la orientación del sitio y midiendo las distancias con pasos. También realizamos un juego de dibujos de los monumentos. Después regresamos a

Figura 117. Estela I (Tortuguero, Tab.).

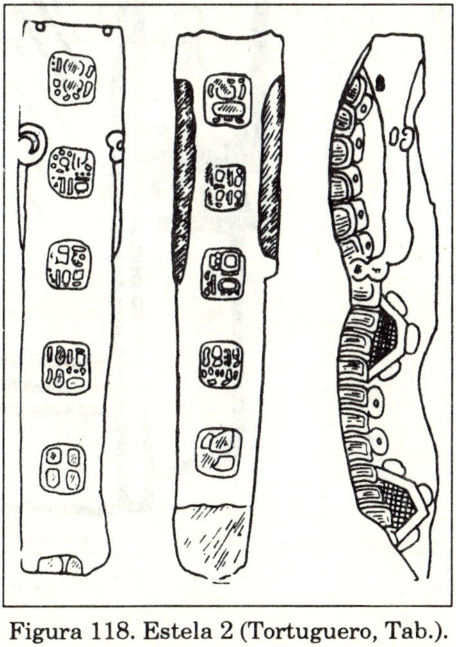

Figura 118. Estela 2 (Tortuguero, Tab.).

Figura 119. Estela 3 (Tortuguero, Tab.).

la aldea indígena para hacer los preparativos y continuar el viaje. La mañana del 6 de mayo tomamos el camino que va en dirección sureste hacia Salto del Agua, en el estado de Chiapas. Al principio caminamos al nivel del suelo. A la distancia pudimos ver la montaña de Macuspana y más adelante los picos de los grandes colinas. Los indígenas dijeron que había muchas cuevas en esas montañas, donde habían encontrado ídolos de barro y cacharros. La más importante es la Cueva del Zopo, hacia la cual nos dirigimos.

El camino seguía hacia arriba por una serie de colinas angostas. En un poblado llamado Buena Vista todos sus habitantes estaban en sus campos de maíz librando una batalla con un enjambre de langostas. Estas plagas eran abundantes, pero ahora los indígenas están aprendiendo del gobierno mexicano cómo destruirlas. En algunas partes vimos cultivos completamente arrasados por las langostas. Al llegar a la parte alta de una montaña en forma de piloncillo se nos dijo que la cueva buscada estaba cerca. En el poblado Rivera del Zopo contratamos otro guía que nos llevara al sitio deseado. Primero nos condujo a través de un espantoso terreno con maleza muy escasa hasta un lugar donde propuso que acampáramos, pero como no había agua proseguimos. Finalmente llegamos a un pequeño cobertizo para guardar maíz cerca de un pequeño arroyo, donde nos detuvimos. Nuestro guía tenía una pequeña choza cerca de allí y tratamos de comprarle huevos y maíz. El pobre hombre no tenía nada o por lo menos eso dijo. No parecía muy complacido de que nos hubiéramos detenido tan cerca de su jacal. Llegamos a este lugar alrededor del mediodía y tan pronto terminamos de comer fuimos a investigar la cueva. Seguimos por un camino muy escabroso hasta una pendiente casi vertical, bajo la cual había varias cuevas pequeñas, pero no la grande que buscábamos.

Caminamos una distancia considerable sin encontrar el sitio. Regresamos muy cansados con los zapatos deteriorados y las manos heridas por las filosas rocas. Habíamos acordado con el experto que le pagaríamos sólo si nos llevaba a la cueva. Así que se molestó cuando le dijimos "no hay cueva, no hay paga". Mandó a su pequeño hijo a buscar un nuevo guía para la mañana siguiente. Hace algunos años el inspector de ruinas del gobierno mexicano en Macuspana extrajo de la Cueva del Zopo varios ídolos grandes de barro, en forma cilíndrica, en cuyas superficies tenía moldeadas caras de dioses. También encontró gran cantidad de alfarería. La colección se envió a la ciudad de México. A pesar de carecer de información respecto a cómo se veía la cueva y bajo qué condiciones se localizó, la visita a la misma estaba planeada desde nuestro itinerario original.

El techo de nuestra pequeña choza tenía goteras, por tanto nos cubrimos con nuestras mangas de hule. Los muchachos se protegieron bajo las hamacas. En la mañana apareció el nuevo guía. Con él nos dirigimos a la colina de piedra visitada el día anterior. Encontramos una bajada muy pronunciada; al seguir su curso llegamos a una pequeña terraza natural y después a una pared vertical. Al pie de esta barda había un pequeño agujero, era el sitio buscado. Encendimos las linternas y nos arrastramos hacia adentro. De inmediato notamos que la entrada había sido alguna vez más grande y que en la antigüedad la habían cerrado con un muro.

En el interior había dos terrazas y un talud muy inclinado hacia el fondo de la caverna. En estas plataformas se encontraron los ídolos de barro. Los primeros investigadores se llevaron los objetos grandes, aunque dejaron fragmentos de alfarería a la entrada de la cueva. Encontramos cantidad de tiestos, todos con huellas de pintura azul, así como fragmentos de huesos y restos de conchas de tortuga. Había también esquirlas de huesos humanos. El hijo del primer explorador, de quien habíamos tenido la fortuna de estar cerca, nos enseñó dónde se habían encontrado los ídolos. Nos dijo también que descubrió parte de un cráneo humano con unos cuantos dientes, uno de ellos con una incrustación de jade (Figura 121). No es fácil decir si esta cueva se usó para fines sepulcrales o como santuario al dios de la montaña. La primera afirmación podría ser la más probable, pues parece que la entrada se clausuró. En fecha reciente, debido al deslave de algunas de las piedras del muro que la tapaba, la cueva quedó expuesta.

Es difícil imaginar cuántas cavernas clausuradas en esta forma se podrían hallar en el área maya, sería interesante encontrarlas a salvo de los buscadores de tesoros o de ollas. Los tres grandes cilindros de piedra arcillosa, encontrados en la Cueva del Zopo miden como 75 cm de alto, tienen un agujero circular en la mitad, son lisos en la parte de atrás con una cara en el frente. El número 1 representa una cara humana, con un rasgo típico del dios del número 7 o del séptimo ciclo (de acuerdo con Spinden) sobre su nariz. Los ojos son grandes y saltones y en su cabeza tiene un casco con dos caras grotescas de dioses de

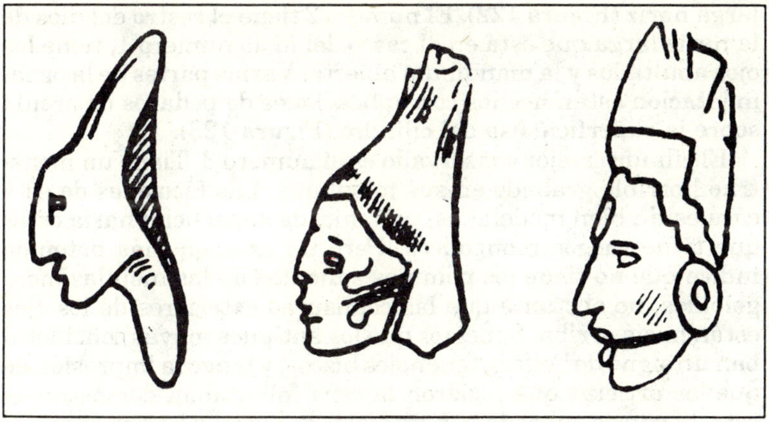

Figura 120. Cabecitas de barro encontradas en las ruinas (Tortuguero, Tab.).

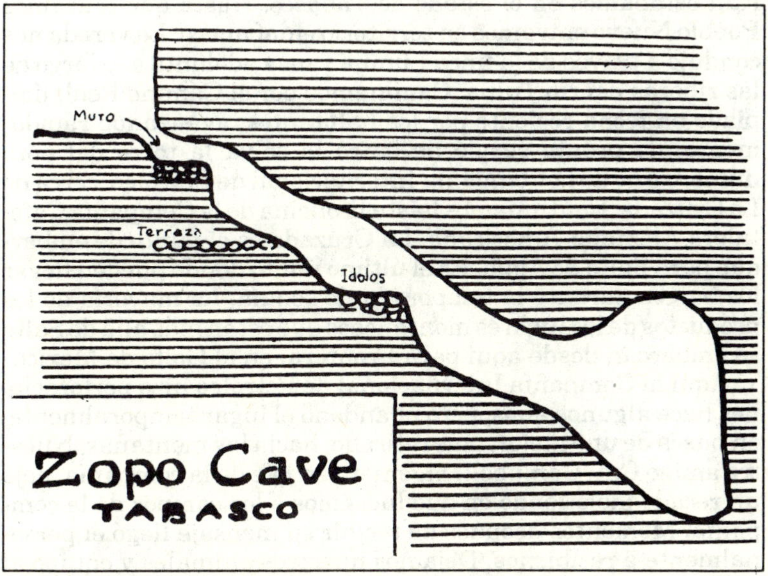

Figura 121. Zopo Cave, Tabasco.

larga nariz (Figura 122). El número 2 tiene el rostro del dios de la nariz larga que está en el casco del ídolo número 1, tiene los ojos abultados y la mandíbula abierta. Varias partes de la ornamentación están hechas con aplicaciones de pedazos de arcilla sobre la superficie lisa del cilindro (Figura 123).

El cilindro mejor conservado es el número 3. Tiene un monstruo horrible grabado en sus maxilares. Las facciones de esta cara están bien modeladas, una mirada superficial haría creer que tiene rasgos mongólicos. Pero un examen más detenido indica que no tiene los pómulos salientes de las mejillas mongoloides, no obstante que las comisuras exteriores de los ojos están hacia arriba. Sabemos que los antiguos mayas consideraban un signo de belleza tener ojos bizcos, y tengo la impresión de que los artistas que hicieron la cara intentaban demostrar el estrabismo de su modelo. Este efecto se lograba haciendo que el ojo abultado se dirigiera un poco hacia la nariz. Un segundo examen de esta cara muestra que rasgos mongólicos no existen. Sin embargo, no hay duda que el modelo era estrábico (Figura 124).

Cuando llegamos al campamento, cerca del mediodía, los hombres ya habían cargado a los animales. Después de un rápido alimento salimos por el camino principal para Salto de Agua. Aún estábamos en el estado de Tabasco. Hasta que cruzamos Pueblo Nuevo entramos en territorio chiapaneco. La vereda nos condujo a través de la finca Lumija y más adelante a lo largo de las riberas del río Tulija. Caminamos por el Camino Real, limpiado en fecha reciente por los habitantes, avanzando rápidamente, de pronto surgió de entre la selva la torre del pozo número uno de la Compañía Internacional de Petróleo, cerca de La Cruzada. Continuamos hasta la oficina de la Compañía Cafetalera Alemana-Americana. La Cruzada es el punto de embarque para Salto de Agua. Es el último punto donde pueden llegar los barcos durante la temporada de sequía. La mayoría de los productos de los lugares montañosos que están más allá de Salto se embarcan desde aquí para Frontera, en el Golfo de México.

Aquí la Compañía Internacional de Petróleo hizo perforaciones hace algunos años, pero abandonó el lugar temporalmente, en busca de uno mejor, más retirado, hacia las montañas. Nuestro amigo C.A. Campbell, ingeniero en jefe de la compañía, dejó un recado insistiendo en que fuésemos a los campos de la compañía. Momentos después de recibir su mensaje llegó él personalmente a recibirnos. Dejamos nuestros animales y equipo al cuidado de Lázaro y cabalgamos a través del pueblo del Salto y

Figura 122. Cilindro 1 (Zopo Cave, Tab.).
Figura 123. Cilindro 2 (Zopo Cave, Tab.).

Figura 124. Cilindro 3 (Zopo Cave, Tab.).

a lo largo de un buen camino construido por los petroleros de aquí. En esta parte sentimos nuevamente el contacto de las actividades modernas. Camiones y tractores se movían en las orillas de los montes como si fuera un orden de cosas normal y aceptado.

Al abandonar Salto encontramos a los primeros indígenas tenejapanecos, montañeses, vigorosos y sucios. Habían bajado de sus pueblos con cargas de alimentos transportados en huacales sobre sus espaldas. Nos interesamos mucho, pues sabíamos que en unas cuantas semanas viviríamos entre ellos. Una vez que llegamos al campo petrolero formamos cola para la regadera. Bañarse de esta manera era un lujo después de nadar en ríos sucios. Posteriormente tuvimos una espléndida comida y más tarde, mientras el sol se ocultaba, sentados en la terraza de una de las cabañas conversamos con nuestros amigos.

Abajo, a nuestra izquierda, están las tierras bajas de Tabasco, a la derecha y al frente la cordillera de Chiapas, la tierra prometida de indígenas y ruinas. Esa noche dormimos en camas cubiertas con sábanas de verdad. Fue necesario que sonara el gong tres veces y hacer mucho ruido para que decidiéramos abandonar un lecho tan confortable. Después de un abundante desayuno montamos una vez más. Bajamos a Salto de Agua para comprar algunas cosas con don Federico Martens, un comerciante alemán. Durante años tuvo una gran tienda en Salto y allí tratamos de reabastecer nuestras reducidas provisiones. Los animales necesitaban herraduras ya que caminaríamos por lugares montañosos. Don Federico es un hombre alto y jovial. De inmediato puso su casa y ron tabasqueño a nuestra disposición; no sabíamos cuál de estos ofrecimientos era el más importante.

En una sección nueva de su establecimiento nos asignaron un cuarto, cuyas paredes y muebles eran de tablas de caoba cortadas a mano. En la terraza había enormes tablas y sillas hechas de las raíces de los árboles de caoba. Se veían como si cada una pesara una tonelada o dos. Don Federico nos contó la historia del pueblo de Salto de Agua. El llegó a este lugar hace muchos años, cuando algunas compañías americanas dieron vida al lugar, aduciendo que era la tierra del hule más fino. Difícilmente se puede dudar que es una buena tierra para ese producto, pero las compañías que trabajaron entonces estaban más interesadas en vender sus acciones que en plantar hule. Millones de dólares, provenientes de personas crédulas que invirtieron esperando hacerse ricos de la noche a la mañana se perdieron en este lugar.

De esas esperanzas perdidas y de muchas lágrimas, sólo quedan los nombres de algunas plantaciones como Philadelphia, Iowa y otras.

Después de los "huleros" llegaron los "cafeticultores" quienes parecían tener más formalidad. Abrieron caminos y plantaron café, sólo para ver la mayor parte de su trabajo perdido con las revoluciones. No obstante las condiciones políticas inestables, estas compañías aún operan a pesar de no producir las cantidades esperadas del grano. Grandes filas de mulas cargadas con sacos de este precioso producto bajan constantemente por los caminos de las montañas. Salto de Agua descansa precisamente en el punto donde el río Tulija abandona las montañas. Justo arriba del pueblo el caudal forma rápidos y cascadas; por esta razón el pueblo tiene ese nombre.

En la región, atrás de la primera cadena de montañas, se encuentran grandes bosques de caoba y lejos, hacia arriba, está la finca Encanto, donde están las oficinas de la Esperanza Timber Co., un consorcio estadounidense. Teníamos que ir a ese lugar, pero por otro camino. Una de las principales rutas de Tabasco al interior de las tierras altas de Chiapas cruza por Salto de Agua y los viajeros constantemente pasan por este lugar. Nuestro anfitrión, don Federico, era un hombre interesante. Ha estado en México por más de 20 años; ha leído mucho, le gusta hablar de sus teorías y beber. Siempre tiene a la mano una copita de ron tabasqueño y carece de vasos pequeños en la casa. Por lo tanto, pensamos que era mejor para nuestra salud salir al día siguiente.

Campbell, nuestro amigo de la Internacional, estaba en viaje de inspección de los campos de la compañía en Salto y Palenque. Como íbamos por el mismo camino decidimos juntarnos. Cruzamos el río Tulija durante la mañana. Uno de nuestros animales dio un salto en la orilla y afortunadamente salió sin lastimarse. Por varias horas nuestro camino corrió paralelo a las montañas. Después salimos a una sabana abierta; finalmente llegamos a las casas en ruinas de la plantación Iowa. Arribamos en lo más animado de una celebración. El capataz de un rancho mexicano celebraba el día de su santo. Daba de beber a sus amigos con bastante frecuencia para demostrar que era un perfecto anfitrión, sin olvidarse de sí mismo. La casa estaba decorada con banderitas de papel de colores. Nos invitaron a sentirnos como de la casa, pero debido a la proximidad de la fiesta preferimos instalarnos en una bodega abandonada y medio destruida.

Como no deseaba herir los sentimientos del festejado tomamos algunas copitas de licor y comprobamos por qué a ciertas clases de ron se les llama "agualumbre".

Después de tomar posesión de nuestros cuartos y de algún alimento nos divertimos observando a nuestro amigo y a sus atontados huéspedes tratar de herrar a un caballo. Juraban pródigamente, golpeaban a la pobre bestia, ésta aventaba patadas para todos lados hasta que se dieron por vencidos. Por años circularon rumores de que una ciudad misteriosa permanecía sepultada en la selva, no lejos de la finca Iowa; éste era el motivo de nuestra visita. Gracias a la conversación, algo incoherente, del capataz del rancho supimos que años atrás él estuvo en una gran construcción de piedra a varios kilómetros de distancia de aquí, en la selva tropical que cubre los lados de la montaña al sur de donde estábamos. También nos dijo que había una plancha de piedra en la pared trasera de uno de los cuartos con signos semejantes a los de Palenque.

Más tarde un guía confirmó la información. Nuestras esperanzas aumentaron. A la mañana siguiente, cerca de las cinco de la mañana, desayunamos y partimos. Después de media hora llegamos a una aldea indígena, cerca de La Colmena. Allí dejamos las cabalgaduras y contratamos a algunos hombres para que cortaran la maleza de las ruinas. Recorrimos una corta distancia en canoa hasta Michol, un pequeño río que nace cerca de Palenque. Fluye al pie de la primera cadena de montañas y desemboca en el Tulija, un poco más abajo de Salto de Agua. Dejamos la canoa en Brinca Zoro y proseguimos a pie. Fue bastante difícil subir hasta la choza de un indígena llamado Florencio Ramírez. Estábamos ansiosos por llegar a la ciudad misteriosa, inquietos por comprobar si la leyenda de las inscripciones en la plancha de la piedra era cierta. En la choza tomamos agua y de nuevo nos dirigimos a la selva.

Alrededor de las ocho empezamos a ver señales de la mano del hombre, muros y terrazas desmoronados; después localizamos el extremo sur de la pared del templo. Como habíamos caminado muy de prisa, descansamos por un momento. Fueron segundos de gran tensión, allí estaba el templo. Pero, ¿encontraríamos la losa?

Nos abrimos paso a través de la maleza hacia el frente de la construcción. ¡Pero llegamos demasiado tarde! No hacía muchos meses que un gigantesco árbol de cedro cayó en el centro del templo. La puerta principal y toda la parte central del edificio se había desmoronado bajo el peso del enorme árbol y la losa estaba enterrada abajo de muchas toneladas de piedra y mortero. No tenía objeto llorar por ese accidente. Por lo tanto, inmediatamente sacamos compases y cintas de medir. Mientras Campbell, a quien habíamos traído para que participara de nuestra alegría y ahora se unía a nuestro disgusto, supervisaba el trabajo de los indígenas ocupados en quitar toda la maleza. Organizamos el trabajo para medir el templo y hacer un plano del basamento de las ruinas (Figura 125).

El grupo incluye sólo una construcción de pie que da al este. Se localiza en la parte superior de una terraza, de donde baja una escalera hacia el norte, a una explanada inferior. En tiempos antiguos la vista del templo daba hacia las tierras bajas, ahora completamente ocultas por la maleza. La plataforma inferior termina en el norte, en una gran pirámide truncada que da al sur, sobre la cual están las ruinas de otra estructura. El templo es del tipo común de la región. Sus paredes son muy gruesas. En la parte inferior hay dos terrazas paralelas orientadas de norte a sur. La fachada del edificio está dividida en tres puertas por dos pilares cuadrados sobre los cuales alguna vez hubo figuras de estuco en relieve. Dentro del cuarto trasero está una pequeña construcción separada, la cual es un santuario similar a los de Palenque. En su interior es donde vieron la plancha. Esta ocupaba el frente de un pequeño altar que describieron como un escritorio. Dicen que tenía dos hileras de signos.

Quitamos algunos bloques de piedra con el propósito de penetrar en el santuario, pero sin ningún éxito. Se abrió una pequeña puerta en el lado norte de este edificio; empero, de cualquier manera, la interior estaba bloqueada con escombros. La destrucción provocada por el árbol fue completa y se hubieran necesitado varios días de trabajo y más hombres de los que teníamos para descubrir todo el santuario. Al quitar algunos escombros encontramos dos metates y un triturador del tipo común de las ruinas mayas. El techo de los corredores formaba una bóveda y su espacio algo más grande que el usual, como se verá en los dibujos de la Figura 126. En el declive de la cúpula había unos huecos y los coronamientos muy anchos. Las paredes estaban cubiertas con estuco bien pulido.

Varios agujeros para aire o pequeñas ventanas perforaban las paredes exteriores. Todas éstas estaban cerradas por losas. Las que ahora estaban abiertas muestran señales de que alguna

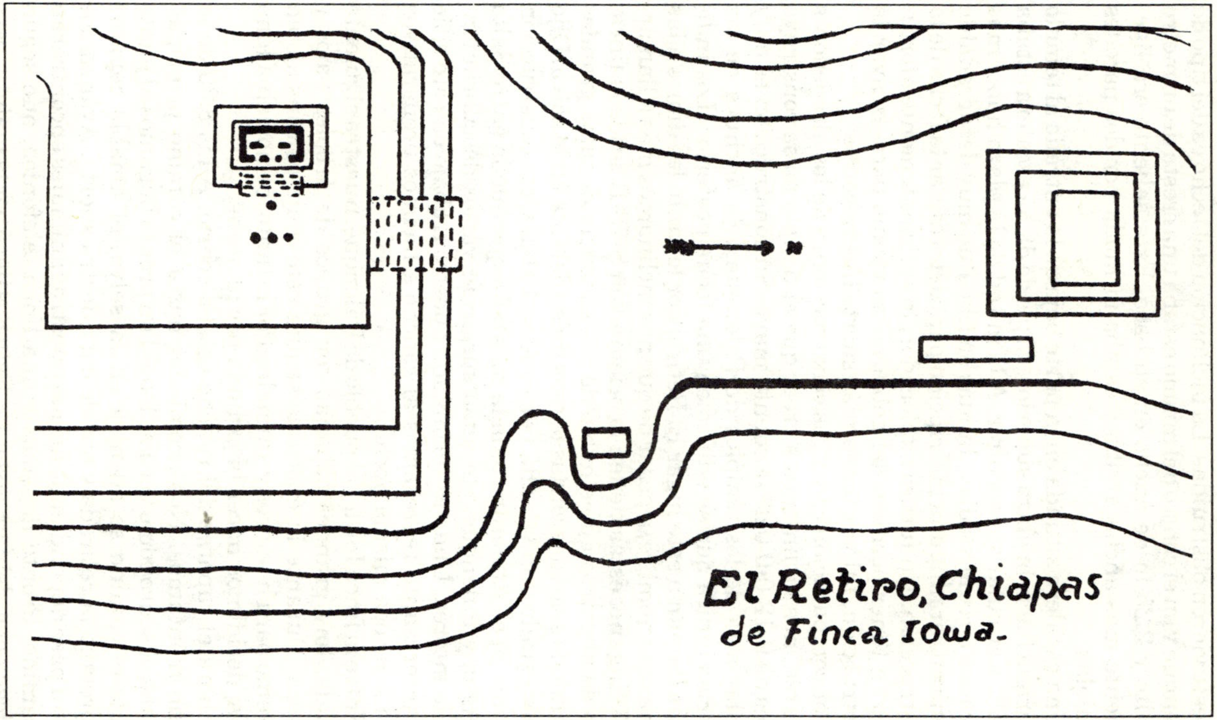

Figura 125. Mapa de las ruinas (El Retiro, Chis.).

vez estuvieron obstruidas. La inclinación del techo es del tipo de Palenque y en el centro del mismo estaba una cresta de un metro de alto y 2.25 m de ancho en su base. Esta saliente era ligeramente más ancha arriba y estaba formada por dos paredes paralelas.

Una escalera situada en la parte baja de la entrada al templo se dirigía hacia la plaza superior. Al pie de dicha escalera estaba un altar circular sin esculpir. A la mitad de la plaza había más entradas circulares distribuidas en fila. Fue muy desagradable no encontrar ninguna inscripción para determinar la fecha de la construcción. Un futuro explorador, lo suficientemente afortunado en tener permiso del gobierno mexicano para excavar la construcción, tal vez tenga más suerte que nosotros.

Por comparación con otras construcciones de los alrededores del área, nos inclinamos a creer que el templo no se construyó antes de 9-12-0-0-0 de la cuenta maya. Su construcción es muy similar a la de los templos de Palenque y la anchura de las galerías indica que se edificó en una fecha posterior. Los indígenas llaman a este lugar El Retiro; por lo tanto les dimos a las ruinas ese nombre, a pesar de que nos inclinamos más a llamarlo El Engaño; éstas tienen la orientación S-78-E desde la finca. Uno de nuestros guías habló de la existencia de unas grandes pirámides situadas varias leguas más adelante en la selva. Dijo haber estado una vez allí, pero que no había visto construcción alguna. Si se explorara toda la montaña que queda entre Salto de Agua y Palenque, sin duda surgirían varios descubrimientos de interés. Una vez terminado nuestro trabajo en este sitio tan interesante regresamos al rancho e hicimos preparativos para salir esa misma noche.

Entre la finca Iowa y el pueblo de Palenque, nuestra siguiente parada, hay grandes sabanas con grupos de árboles bajos y maleza. Durante la época de sequía este viaje es cansado en extremo para hombres y animales Por lo tanto, como había luna llena, decidimos hacer la jornada por la noche.

Ahora el capataz del rancho estaba sobrio. A las 8:30 de la noche montamos. Nos acompañó hasta el camino principal. Estaba obscuro como boca de lobo. Tan pronto llegamos al punto donde el camino se adentra en la selva, el amable capataz emprendió la retirada y nos dejó a nuestra suerte. Avanzamos paso a paso dependiendo de que nuestros animales encontraran el camino. Pronto llegamos a una línea telefónica, que según indicaciones, debíamos seguir. Esta nos llevó por la maleza, pero

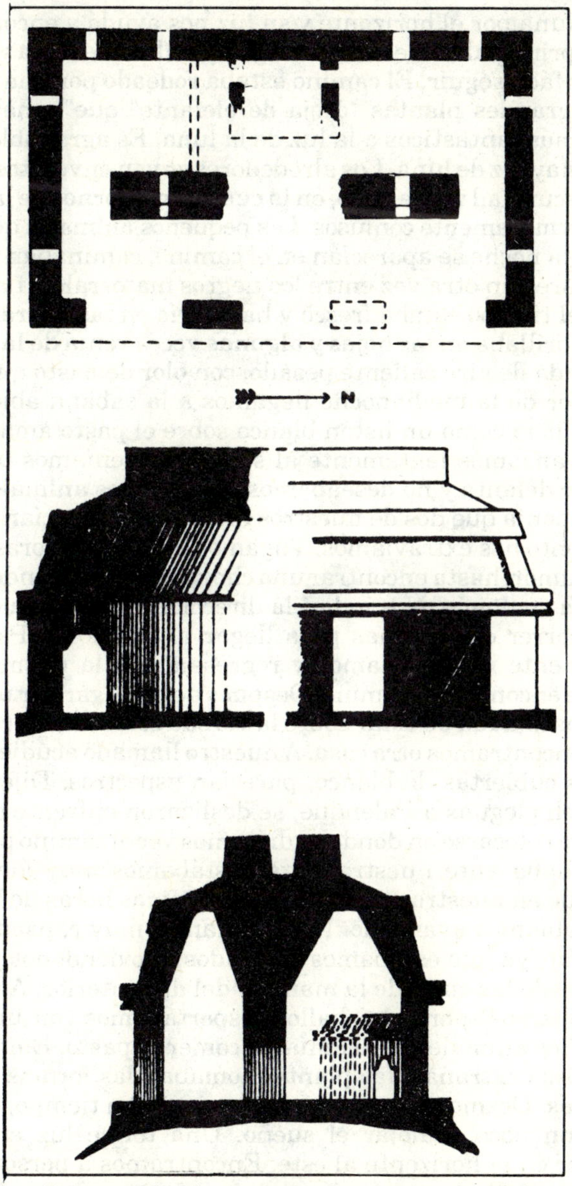

Figura 126. Planos general y seccionales del templo

salió la luna por el horizonte y su luz nos ayudó a encontrar el camino principal entre Salto de Agua y Palenque. Una vez en él era muy fácil seguir. El camino estaba rodeado por una maleza feraz y grandes plantas "oreja de elefante" que tomaban las formas más fantásticas a la luz de la luna. Es agradable viajar cuando hay luz de luna. Los alrededores se ven envueltos en una vaga obscuridad verde olivo, en la cual los contornos de las cosas lucen hermosamente confusos. Los pequeños animales que cazaban por la noche se aparecían en el camino, caminaban un poco y desaparecían otra vez entre los negros matorrales. La mayor parte del tiempo estaba fresco y hacía frío en las tierras bajas. El rocío brillaba en las hojas y algunas veces venía de la sabana una oleada de aire caliente pesado, con olor de pasto quemado. Alrededor de la medianoche llegamos a la sabana abierta. El camino lucía como un listón blanco sobre el pasto amarillo reseco. Avanzamos lentamente al saber que teníamos un largo viaje por delante y no deseábamos cansar a los animales.

Se suponía que dos de nuestros muchachos conocían la ruta, pero pronto nos extraviamos. Vagamos por varias horas, no del mejor humor, hasta encontrar una choza indígena, donde encontramos a su dueño. Nos indicó la dirección y precisó que debíamos recorrer ocho leguas para llegar al pueblo de Palenque. Nuevamente nos desviamos y regresamos a la misma choza antes de encontrar el camino. Después de cabalgar por una hora teníamos la duda de estar sobre la vereda correcta; afortunadamente encontramos otra casa. A nuestro llamado acudieron tres mujeres cubiertas de blanco, parecían espectros. Dijeron que había ocho leguas a Palenque, se deslizaron enfrente de nosotros para colocarse en donde pudiéramos ver el camino principal que brillaba ante nuestra vista. Estábamos muy alegres de saber que en nuestro recorrido de las últimas horas de la noche nada habíamos avanzado. Nos sentíamos muy cansados para continuar, ya que estábamos montados, moviéndonos y trabajando desde las cinco de la mañana del día anterior. A menudo cabeceábamos sobre el caballo, despertábamos con un brinco cuando los animales se detenían a comer el pasto. Empezamos a ver cosas extrañas, las plantas tomaban las formas más caprichosas. Desmontamos y caminamos por un tiempo, esto nos ayudó un poco a alejar el sueño. Una tenue luz empezó a aparecer en el horizonte al este. Encontramos a personas procedentes de Palenque, quienes nos informaron que faltaban siete leguas para llegar. ¿Todo lo caminado era nada?

La luna desapareció con la luz del día. La gran montaña Don Juan cambiaba maravillosamente de colores malva, violeta. Finalmente el dorado del sol de la mañana resaltó el verde profundo de la selva. El astro y el calor parecían infundir nueva vida dentro de nuestros maltrechos cuerpos y en los de los animales. De vez en vez podíamos ver un puntito blanco al este, sobre el lado de la montaña Don Juan. Era el templo de la Cruz de las ruinas de Palenque. El pueblo aún no se presentaba a nuestra vista. Empezamos a encontrar hombres que iban a trabajar a sus campos. Por fin, como a las nueve, vimos la iglesia de Palenque.

Caminamos directamente a la tienda de Ernest Ratcike. Vino hacia nosotros y lo saludamos entumecidos, no por falta de aprecio, pero en realidad no lo podíamos hacer mejor. Después de estar en acción por 28 horas, difícilmente podíamos enderezar nuestra espalda.

Desayunamos y dormimos. El alimento disponible consistía en una lata de salmón, algunas galletas y una botella de bebida gaseosa. Mientras los muchachos descargaban a los animales, La Farge durmió una siesta, en cuclillas sobre las puntas de sus espuelas.

Al anochecer volvimos a la vida, refrescados, pero rabiando de hambre. Recibimos noticias que nos hicieron olvidar todos los contratiempos de la noche anterior. Parece que cuando nos perdimos y reflexionábamos en lo tedioso que era encontrar el camino principal escapamos a un grave peligro. A corta distancia de nosotros los bandidos habían colgado a unos comerciantes y les habían robado su dinero y sus mulas. Como dice el viejo refrán “no hay mal que por bien no venga”.

Piezas maestras del arte maya.
La Tumba de Comalcalco en el estado
de Tabasco, México

Piezas maestras del arte maya. La Tumba de Comalcalco en el estado de Tabasco, México*

FRANS BLOM

No hace mucho, se publicó el informe de la primera expedición de la Universidad de Tulane[1] y entre la gran cantidad de novel material arqueológico y etnológico presentado, destaca, por su belleza artística, un descubrimiento en particular: las figuras de estuco sobre las paredes de una tumba en las ruinas de Comalcalco.

Estas ruinas fueron conocidas de tiempo atrás por los exploradores del área maya y descritas por primera vez, por el viajero francés Désiré Charnay, quien las visitó en 1880.

Charnay hace una elocuente descripción, hablando de templos de tres pisos de altura y usando la palabra "inmenso" en cada oportunidad.

Lo notable no es tanto el tamaño de las pirámides y los templos, sino el hecho de que todas estas estructuras están construidas de ladrillo: las únicas que aún se conservan en toda el área maya, por no decir que en todas las Américas; la del Norte, Sur y Central.

Estos ladrillos tienen aproximadamente 2 pulgadas de espesor, pero alcanzan entre 3 $^{4}/_{10}$ pies largo por 1 $^{7}/_{10}$ de ancho. Fueron cocidos al aire libre, no en hornos, ya que todos presentan una capa interior negra, indicando que no se alcanzó la cocción total.

* Tomado de: *Art and Archaeology*, 1927, vol. 24, núm. 6, pp. 222-227.

[1] *Tribus y templos*. Una memoria de la expedición a América Media dirigida por la Universidad de Tulane, Louisiana, 2 vols., 1926-27. Traducción: Flora L. Salazar Ledezma.

Subiendo a tropezones o deslizándose cuesta abajo por las pendientes laterales de las pirámides y montículos, a menudo se patea pedacería de ladrillo dispersa, tan a menudo como para descubrir un dibujo inciso en alguno de ellos, representando burdamente guerreros, la cabeza de una serpiente sagrada o imitaciones de jeroglíficos mayas.

Sólo podemos imaginar que los ladrilleros mayas sentían placer en imitar el trabajo de los grandes artistas de su tiempo, o que se divertían haciendo caricaturas de sus jefes. Los dibujos que presentan los ladrillos nos hacen pensar en los dibujos de nuestros niños en las paredes de la escuela: caricaturas de los maestros y cosas así.

En Comalcalco para construir la Acrópolis principal —de 115 pies de alto por 575 de largo en su base oriental— se encimaron ladrillo sobre ladrillo los que se unieron con mortero hecho de conchas de ostión calcinadas, pues a corta distancia, hacia el oriente de estas ruinas, hay una gran laguna llena de ostiones,[2] de donde los antiguos constructores obtuvieron la materia prima.

En la parte superior de la Acrópolis, hay muchos templos, todos fueron medios y fotografiados por los investigadores de la Universidad de Tulane. Otros templos y montículos sólo se dibujaron, entre ellos la planta del templo del norte, orientado hacia los cuatro puntos cardinales, con el frente al este, de manera que los sacerdotes mayas pudieron observar al sol naciente y rendirle el culto debido.

Cuando todo nuestro trabajo estaba terminado, habíamos dibujado el plano general del sitio y planos y secciones de templos, tomando notas del arte y la construcción, cuando ya pardeaba la tarde y estábamos listos para abandonar Comalcalco al día siguiente, sólo nos quedaba por situar en el plano general un pequeño cuarto en ruinas que permanecía oculto bajo la espesa maleza de la ladera oeste del montículo de El Palacio, cerca del templo 2. Era un cuarto pequeño, probablemente un lugar de enterramiento antiguo. Casi todo estaba derrumbado y lo expuesto no parecía tener gran interés.

El autor dice, en su cuaderno de notas, lo siguiente:

"Revestido de ladrillos con estuco. El techo del cuarto y parte

[2] Probablemente Blom se refiere a la Laguna de Mecoacán, ubicada al noroeste de Comalcalco (N. del C.).

de la pared este, expuestos, 1.75 metros de largo por 1 metro de ancho. No hay mucho que anotar."

El sol se ocultaba lentamente y sus rayos caían sobre la pared este del cuarto. ¿Qué había sobre las paredes? ¿Algunos ornamentos de estuco?

Con ansia quitamos una gran masa de hojas y suciedad y apareció el ornamento emplumado de un yelmo, luego una cara, todo ello modelado en bajo relieve de estuco. Más plumas y la parte de otra cara. Después de todo, aún no habíamos terminado nuestro trabajo en estas ruinas. Ante nosotros estaba una cámara sepulcral con figuras modeladas delicadamente sobre sus paredes. Teníamos que limpiar esto antes de irnos. Temblábamos de emoción ante lo que nos esperaba guardado. Regresamos al pueblo entre el escaso polvo tropical.

Temprano, a la mañana siguiente, estábamos listos. Habíamos empleado sólo cinco trabajadores, ya que no había mucho espacio dentro de la estrecha cámara. Nuestra excitación parecía comunicarse a nuestros trabajadores. Con el mayor cuidado fueron removidas basura y piedras y para el mediodía ya teníamos expuesta la parte superior de nueve figuras, tres en la pared sur, tres en la este y tres en la norte. La entrada a la cámara había sido por el oeste y de este lado encontramos la puerta bloqueada. Estas nueve figuras modeladas con delicadeza en bajo relieve son algunos de los más primorosos ejemplos de arte, encontrados hasta ahora en el área maya.

Para el mediodía del día siguiente, la pequeña cámara había sido despejada y alcanzado el piso de cemento rojo pulido. Sobre éste descansaban cuatro pilares bajos, construidos con ladrillos, y del escombro que estaba alrededor de ellos, sacamos gran cantidad de conchas en hilera, todas cuadradas y cada una con dos perforaciones para colgarse. Alguna vez formaron parte de un collar usado por un noble o un gran sacerdote, el que fue depositado en la cámara para su descanso. Todas estas conchas había sido pintadas con una tierra roja. También se encontraron algunos fragmentos de huesos humanos, y éstos, también estaban cubiertos con la misma sustancia roja. Si éste es un caso de entierro secundario con huesos pintados, o si el color rojo es producto de la gran cantidad de ornamentos de concha, hallados sobre todo el piso de la tumba, no estamos capacitados para juzgarlo.

Parecía como si un tablón de madera hubiera sido colocado sobre los pilares del piso de la cámara y el cuerpo depositado sobre esta tabla. Debido a la filtración de humedad a través de las paredes y el techo de la cámara, todo se había podrido, excepto los ornamentos de concha y unos cuantos trozos de hueso. Alrededor de la tabla mortuoria se yerguen las nueve figuras. Todas las caras son diferentes, cada una demuestra carácter. No hay duda de que son retratos. Pueden ser una representación del gobernante muerto, de sus asistentes cortesanos más cercanos y sus sirvientes. Resulta angustioso tener que referirse a ellos por medio de números. Uno está tentado a darles nombre y tratar de imaginar sus vidas. El obispo Landa narra que al tiempo de la conquista, los gobernantes de Yucatán, tenían como acompañantes a actores y bufones. ¿Estaba el jorobado retratado en la pared, apenado profundamente, ahora que su jefe había muerto? Los pies de todas las figuras fueron hechos en forma convencional, los taparrabos con más cuidado y las caras con una rara maestría en el modelado. No hay duda que los artistas mayas conocían todo el valor de las sombras que da el relieve y utilizaron esto para dar expresión a las figuras.

En esta pequeña cámara estamos ante el mejor trabajo en estuco, encontrado en el área maya hasta el momento. Todavía las figuras de fino estuco de Palenque no revelan tanta maestría, ni libertad en la línea. Las figuras y las paredes de la tumba también fueron pintadas del color rojo intenso del piso.

Una vez despejada la tumba, pasamos un día limpiando cuidadosamente estas magníficas figuras con brochas suaves y rellenando las grietas con cemento, para protegerlas contra la acción de los elementos. El presidente municipal de Comalcalco, don David Bosada, estaba consciente del valor artístico e histórico de nuestro descubrimiento y de inmediato ordenó construir un techo sobre la cámara para protegerla de las lluvias tropicales.

Nuevamente ya pardeaba la tarde. Los rayos del sol poniente caían sobre la figura central de la pared posterior, tal vez el retrato del jefe muerto. Dejemos por un momento a la imaginación volar y ver la tumba lista para recibir al gobernante sin vida. Su carrera había terminado y cuando el sol, venerado por él y su gente, estaba en el ocaso y sus rayos caían sobre su pintura en la pared posterior de la tumba, fue depositado para que descansara sobre la tabla de madera, sobre el piso de la cámara. Alrededor de él estaban sus amigos y sirvientes enlutados, tal como los vemos ahora retratados en las paredes.

Y cuando los últimos rayos del sol cayeron sobre la pintura del jefe que había muerto hace 1 400 años, cuya semejanza habíamos traído de nuevo a la luz, dejamos las ruinas para continuar nuestro recorrido a través del país, en donde su raza floreció hace mucho tiempo.

América Media

América Media*

TATIANA PROSKOURIAKOFF

Area maya

Gordon Ekholm en compañía de Paul Tolstoy y su esposa, de Robert Rands y de Carlos Navarrete llevó a cabo, de marzo a principios de junio una agradable y gratificante temporada de excavaciones en Comalcalco. Posteriormente, Ekholm y Rands se unieron con Ruz Lhuillier en Palenque. Comalcalco es al parecer un sitio del Clásico tardío con filiaciones puramente mayas, con un conjunto cerámico relacionado con el de Palenque y el de la zona este de Tabasco. Los templos tienen la misma planta que los de Palenque y los techos se asemejan en forma a los de ese sitio y es abundante la decoración de estuco. Están abovedados y construidos con ladrillo cocido.

Se realizaron 11 excavaciones de diferentes tamaños en distintas construcciones para obtener información estratigráfica. La más extensa fue en un gran palacio de la Acrópolis, un edificio largo dividido por un muro medianero en una serie de cuartos sobre la zona este y una larga galería abierta al oeste. El muro medianero tiene dos pórticos unidos por bóvedas escalonadas, poco comunes, una de ellas de 5.30 m de ancho. Una pequeña estructura de un templo fue minuciosamente investigada, la que reveló una serie de reconstrucciones. Aquí como en todas partes del sitio la secuencia presenta estructuras de tierra cubiertas con argamasa, seguidas por construcciones de ladrillo cocido.

* Tomado de: *American Antiquity,* 1956, vol. 22, núm. 2, p. 233. Traducción, Flora L. Salazar Ledezma.

América Media*

TATIANA PROSKOURIAKOFF

Tabasco

Gordon Ekholm, del Museo de Historia Natural regresó en junio, después de una segunda temporada en Comalcalco, Tabasco, donde por más de dos meses, asistido por Charles Brush y Bernard Golden de la Universidad de Columbia y por Víctor Segovia de la Escuela Nacional de Antropología e Historia de México, continuó sus investigaciones en el sitio.

Prosiguió el trabajo de limpieza de la estructura de El Palacio, iniciado la temporada anterior, para disponer de un plano completo de este importante edificio. Una construcción interesante es un santuario dentro de El Palacio, con una parte del techo abovedado preservada. Este santuario es muy semejante a los templos de Palenque y es uno de los que con más claridad indican que este edificio y gran parte de las arquitecturas de Comalcalco, está estrechamente relacionada con la de Palenque. Otro trabajo, en la Acrópolis fue la exploración de un edificio que es, o bien, un pequeño "palacio" o un "templo" grande, pues presenta elementos de ambos tipos de edificio. Se elaboraron planos completos y secciones de los dos templos con tumbas, previamente abiertas que están extensamente sobre el suelo. Asimismo se exploraron, en varios puntos, las laderas de la Acrópolis revelando la existencia de una escalera y una sección del frente de las paredes cubiertas de estuco, en ambos casos con

* Tomado de: *American Antiquity*, 1957, vol. 23, núm. 2, p. 218. Traducción, Flora L. Salazar Ledezma.

varias sobreposiciones. En uno de estos cortes se localizó un desagüe hecho con largos tubos de cerámica.

Durante la temporada de 1957, se investigó bastante bien la estructura de un templo pequeño en la plaza norte, así como un montículo al sur de la Acrópolis que presentaba una plataforma cubierta de enlucido, sin ninguna construcción de ladrillo. Se hicieron varias excavaciones estratigráficas posteriores en distintas secciones y se completó el mapa iniciado el año anterior.

Las dos temporadas de trabajo en Comalcalco muestran al sitio como de ocupación intensiva predominante si no es que completamente durante el Clásico tardío. El uso de ladrillo cocido para la construcción es tardía en la historia del sitio, sustituyendo las plataformas de tierra cubiertas de mortero a base de cal y rematadas con estructuras de materiales perecederos. Las estructuras de ladrillo se hallan sólo superficialmente como las últimas adiciones a estos edificios tempranos, probablemente hacia finales del periodo Clásico. En una estructura quedan vestigios de paredes de adobe, encontrados entre las estructuras tempranas de tierra y aquellas de ladrillo cocido.

Poco puede decirse aún de la cerámica de Comalcalco, pero las principales y más obvias relaciones son con los sitios del periodo Clásico del oriente de Tabasco, Campeche y la región de Palenque. La cerámica y otros materiales reunidos dan un limitado indicio de que Comalcalco jugó un papel importante como centro de comercio durante el Clásico, como lo jugó aparentemente durante el Postclásico la región en la cual se encuentra.

Morteros, enlucidos y estucos antiguos mesoamericanos. Comalcalco, primera parte

Morteros, enlucidos y estucos antiguos mesoamericanos. Comalcalco, primera parte*

Edwin R. Littmann

El uso de mortero calizo en el Nuevo Mundo parece confinado al área mesoamericana. Es, de hecho, uno de los rasgos más característicos, que han dado relevancia al concepto de Mesoamérica como una unidad cultural distintiva. El uso extensivo del mortero calizo jugó, probablemente, un papel significativo en el desarrollo de formas de arquitectura más avanzadas en esta área que en otras partes del Nuevo Mundo, en especial desde que se empleó tanto para ornamento como estructuralmente.

Suponiendo que el uso de caliza en forma de mortero como elemento de construcción es una invención mesoamericana, dicha invención más el desarrollo de sus variados usos, representa un logro técnico complejo, acerca del cual se conoce muy poco. El presente escrito es el primero de una serie relativa a los morteros y a elementos de construcción similares en Mesoamérica. Por último, esperamos describir y caracterizar las técnicas de los principales grupos culturales y tal vez proporcionar la evidencia de la difusión de este conocimiento a su interior y entre ellos.

Los informes de investigaciones arqueológicas en sitios mexicanos antiguos, con frecuencia hacen referencia a morteros, enlucidos o estucos usados en la construcción de estructuras. Más allá de estas observaciones, poca o ninguna atención se les ha dado a los aspectos técnicos de estos elementos constructivos.

* Tomado de: *American Antiquity,* 1957, vol. 23, núm. 2, pp. 172-176. Traducción, Flora L. Salazar Ledezma.

La información disponible de los morteros, enlucidos y estucos mexicanos parece ser bastante escasa y en general se ha referido, incidentalmente a otras investigaciones. Morris, Charlot y Morris (1931, núm. 1, pp. 220-224) informan que el mortero calizo se hacía con el juego del árbol chocom (chucum), (*Agave ixtli, Agave silvestris* o *Pithicolobium albicans*) y E.H. Thompson (1932, p. 174) registra el uso de sascab en lugar de arena en la preparación del mortero (el sascab es una forma no consolidada de carbonato de calcio encontrada en bolsas dentro de la piedra caliza). J.E. Thompson (1954, p. 75), describe brevemente el uso de adobe para la construcción de pirámides y de un acabado de pómez agregado al lodo.

El uso del sascab también lo reportan E.H. Thompson (1897, p. 18) y Vilal R. (1934). De las pocas referencias halladas sobre este aspecto, sólo dos indican las composiciones actuales del mortero o del enlucido. Ruppert, Thompson y Proskouriakoff (1955, p. 67), señalan que no había evidencia del uso de arena o caliza triturada en los morteros de Bonampak. Por otro lado, Foster (1935, p. 577) presenta el análisis químico de un mortero procedente del Complejo de Las Monjas en Chichén Itzá, el que por sí mismo, no da indicaciones sobre la composición original o de la técnica usada en su manufactura.

Puesto que las prácticas corrientes a menudo se basan en métodos tradicionales, los vestigios sobre los procedimientos antiguos fueron investigados preguntando a los trabajadores quienes bajo la dirección de Alberto Ruz L., estaban encargados de la tarea de restauración en Uxmal. Estos hombres informan que tradicionalmente la miel se mezclaba con un extracto de corteza de chucum para humedecer el enlucido antes de emparejar, procedimiento también mencionado por E.S. Thompson (1954, p. 75). Preguntas semejantes en Chichén Itzá llevaron a la conclusión de que en las comunidades pequeñas todavía se mezcla un extracto de corteza de árbol de chacte (*Caesalpiniaplatyloba*) con el enlucido para darle fuerza adicional. Ya que los morteros, enlucidos y estucos son realmente elementos de construcción parece ser que su examen sistemático puede arrojar algo de luz sobre técnicas de construcción antiguas.

Para el estudio de los morteros, enlucidos y estucos antiguos es necesario primero, definir los términos que se utilizarán a lo largo de esta investigación. Las definiciones se basan en la probable función del material y las que se dan en lo sucesivo se utilizarán hasta que otras mejores sean desarrolladas.

Mortero. Material adhesivo usualmente encontrado entre las hiladas de piedra o ladrillo, como matriz para el agregado de piedras o como una capa niveladora en el exterior de un cuerpo, donde se usa como base para un enlucido decorativo o de protección. A menudo es suave, de color blanco o gris, y generalmente tiene apariencia caliza. Puede contener también un agregado, como arena, tierra, gravilla o sascab, concha o fragmentos de piedra caliza. El término mortero, como se usa en este escrito, es comparable con el de cemento, utilizado en descripciones anteriores.

Enlucido. Es esencialmente una capa exterior, plana que cubre un cuerpo monolítico; fue utilizado inicialmente como un medio de protección o como superficie para una pintura mural. Es a menudo más denso que el mortero y contiene menos fragmentos de concha o de piedra caliza visible. También puede contener un agregado.

Estuco. Es una plancha o una superficie modelada utilizada únicamente para propósitos decorativos o simbólicos a menudo semejante al enlucido en densidad y apariencia.

Agregado de caliza. Mezcla de caliza y de arenisca silificada usada para erigir un cuerpo monolítico sin el uso del ladrillo o piedra. Mientras está húmedo, puede tener la apariencia de terrones, cuando está seco es más duro que los terrones, con ligera o nula tendencia a desmoronarse en la mano. Este material se describe a continuación y fue utilizado en las estructuras más tempranas de Comalcalco, aquéllas sin ladrillo.

Baño. Capa de enlucido, que debido a su delgadez, se aplicó probablemente en forma diferente al emparejado. El baño puede ser aplicado a brochazos en superficies verticales u horizontales o mediante el vaciamiento de una suspensión delgada de enlucido sobre superficies horizontales. Estas capas tienen usualmente menos de 1 mm de grosor.

Los elementos estructurales definidos corresponden a estratos singulares de material y por sí mismos no proporcionan información que muestre los métodos de uso en la construcción de una estructura. Esta información puede obtenerse solamente a través de un estudio del perfil de varios elementos *in situ.* Este punto se ilustrará con los resultados obtenidos del estudio de Comalcalco que a continuación se describe. Las técnicas de uso de los elementos de construcción tal como se definieron, incluyen también el proceso mediante el cual fueron preparados los materiales. Por lo tanto, el objetivo del estudio es desarrollar los siguientes puntos, tal como se aplicaron a las estructuras mesoamericanas antiguas:

1. Tipo de elementos de construcción.
2. Función de cada tipo de elemento.
3. Composición de cada tipo de elemento y fuente de las materias primas, incluyendo:
   a) Fuente de origen de la caliza
   b) Tipo y fuente del agregado o de la arenisca silificada.
   c) Proporción de la caliza y el agregado, o de la arenisca silificada
   d) Tipo de aditivo orgánico (extracto de plantas usado o cualquier otro)

Exceptuando las observaciones realizadas en el sitio, la aproximación a las características de los morteros, enlucidos y estucos será por medio de un examen químico y físico, el que se considera, proporcionará información con suficiente precisión para reducir la especulación en torno a interpretaciones con base a la simple observación.

Comalcalco

Gracias a la gentileza de G.F. Ekholm, el autor fue invitado (1956) a visitar el sitio de Comalcalco, Tabasco, México, donde el Museo Americano de Historia Natural llevaba a cabo investigaciones extensivas Este trabajo hace referencia sólo a algunos aspectos de la composición y posibles usos de varios elementos de construcción con base en la caliza. Las muestras de material para examen se obtuvieron de los escalones y del santuario del templo IV y de El Palacio. Este escrito presenta los resultados obtenidos en el sitio y en las investigaciones de laboratorio, de los escalones del templo IV, los que en un examen preliminar, parecían haber sido construidos de capas en terrones y cada una de ellas cubierta por una de enlucido calizo. Aparentemente se hicieron posteriores añadiduras a los escalones originales aplicando capas de terrones cubiertas a su vez con enlucido.

Observaciones y toma de muestras en el sitio*

Los escalones excavados recientemente formaron parte de las escaleras sobrepuestas del periodo pre-ladrillo. Estaban cubiertas con una capa casi íntegra de enlucido bastante pulido, la cual parecía ser la cubierta final. La muestra para análisis se tomó a un costado de la rampa del escalón inferior en el punto que muestra la ilustración (Figura 1). Se intentó remover una porción cuadrangular de aproximadamente 5 por 5 cm en dirección paralela al peralte del escalón mediante un cuidadoso corte de navaja. Mientras se avanzaba en el corte, se vio que era imposible obtener una porción completa o un perfil de la construcción debido a una tendencia del cuerpo húmedo a desmoronarse. En cambio, cada capa de composición aparentemente diferente fue separada en lo posible y su posición anotada con referencia a la capa exterior del enlucido referido. Todas las secciones removidas estaban bastante húmedas, condición que resultó ser de lo más afortunado, ya que la delimitación entre las secciones fue fácilmente diferenciada. Después se encontró que los colores de las secciones separadas eran bastante parecidos cuando estaban secos, de manera que su presencia pudo haber pasado fácilmente desapercibida.

Se continuó el corte del perfil hasta que no se presentaron separaciones o aparecían capas posteriores, o hasta una profundidad de cerca de 15 cm. En términos de la clasificación funcional del elemento de construcción, descrito anteriormente se observó la siguiente secuencia de capas comenzando por la exterior.

Los números que se presentan son los asignados a las muestras analíticas que a continuación se describen detalladamente.

Muestra núm. 1. Agregado calizo conteniendo fragmentos de concha que fueron casi totalmente removidos antes del análisis químico. El baño era tan delgado y frágil que no pudo removerse aun cuando la muestra se sumergió en agua. La muestra para el análisis químico excluyó el baño.

Muestra núm. 2. Enlucido conteniendo una cantidad bastante grande de concha y madera carbonizada. No toda la concha pudo removerse.

* Para los aspectos arqueológicos del sitio el lector deberá recurrir a las próximas publicaciones de Ekholm y colaboradores. Notas preliminares sobre las excavaciones en Comalcalco han aparecido en *American Antiquity,* vol. 22, núm. 2, p. 223, y vol. 23, núm. 2, p. 218. (N. del E.).

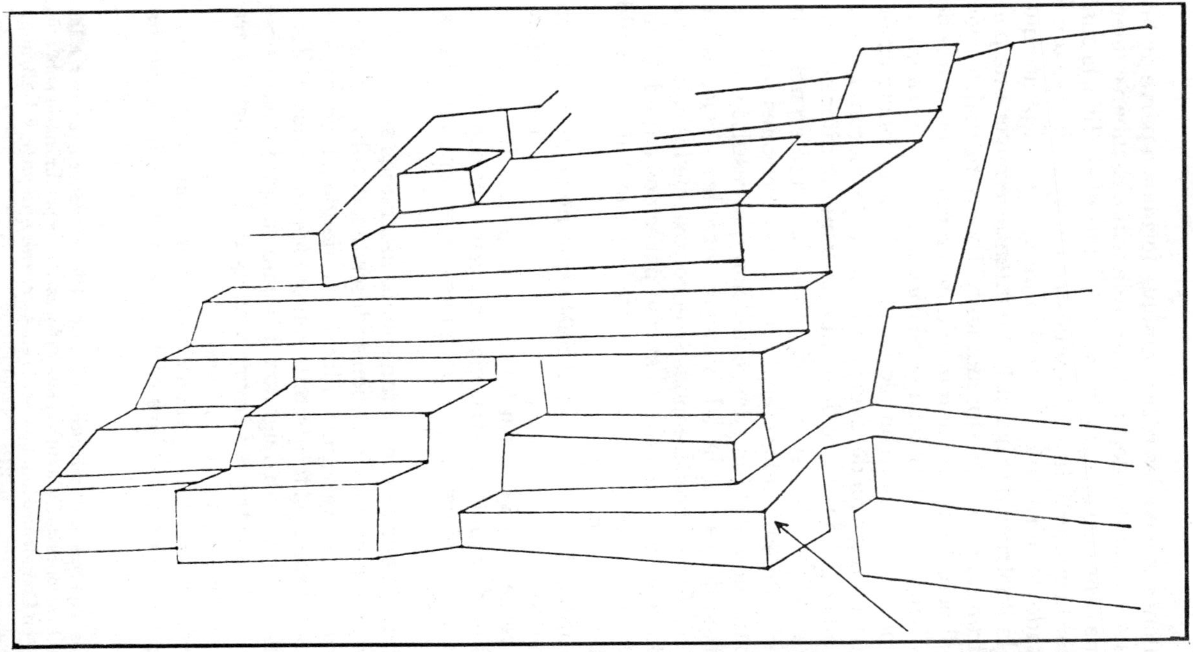

Figura 1. La flecha indica el escalón de donde se sacó la muestra del templo IV, del periodo anterior al uso de ladrillo en Comalcalco.

	Muestra No.
Baño	—
Agregado calizo	1
Enlucido	2
Baño	3
Agregado calizo	4
Enlucido	5
Baño	—
Agregado calizo	6
Enlucido	7
Baño	8.9
Enlucido	10

Muestra núm. 3. Baño que no presenta evidencia de concha, ni de madera carbonizada.

Muestra núm. 4. Agregado calizo conteniendo algo de concha pero en menor cantidad que la muestra 1. El cemento también apareció más blando que en la muestra citada.

Muestra núm. 5. Enlucido conteniendo concha similar a la muestra 2.

Muestra núm. 6. Agregado calizo conteniendo algo de concha. El baño no pudo separarse y se excluyó del análisis.

Muestra núm. 7. Enlucido presentando una gran cantidad de concha y algo de madera carbonizada. Semejante a la muestra 2.

Muestra núm. 8. Baño que muestra evidencia de concha.

Muestra núm. 9. Baño conteniendo una pequeña cantidad de concha. La muestra 8 puede ser una capa "final" sobre la 9, ya que la escamación era bastante evidente.

Muestra núm. 10. Enlucido conteniendo algo de concha, parte de la cual estaba en fragmentos bastante grandes.

Un examen posterior del perfil de los escalones, mostró que los grosores de las distintas capas no eran uniformes. En general, los agregados calizos eran de 2 a 5 cm de grueso, considerando que los baños que los cubrían eran de 0.5 a 1.0 mm de espesor. Los emplastos parecían ser del mismo grosor que los revestimientos de cemento, aunque esto no puede ser una situación generalizada.

Análisis de laboratorio

Tomando en consideración los objetivos de esta investigación, se cree que la información adecuada relativa a las composiciones, fuentes y posible función del elemento de construcción basado en la caliza, puede obtenerse mediante el análisis de calcio, magnesio y del material insoluble en ácido clorhídrico y la identificación de éste. En este trabajo, el calcio y el magnesio se determinaron volumétricamente por titulación con una solución de Versne estándar. El material insoluble lo fue en ácido clorhídrico al 10%. La identificación del material insoluble en ácido clorhídrico se hizo mediante examen al microscopio e infrarrojo. Para aquellos interesados en las técnicas en detalle, el autor proporcionará, a solicitud, los métodos empleados.

Los resultados del análisis se presentan en la tabla 1, en la cual los guiones indican aquellas capas que no pudieron separase claramente.

Tabla 1.
Resultados analíticos, escalones del templo IV de Comalcalco

Muestra No.	Descripción	Insoluble %	Ca %	Mg %	Ca/mg proporc. molar
—	Baño	—	—	—	—
1	Agregado calizo	42.0	19.0	0.63	15.1
2	Enlucido	17.3	30.7	0.51	36.2
3	Baño	13.5	32.1	0.77	25.0
4	Agregado calizo	66.4	11.6	0.51	13.2
5	Enlucido	10.0	33.8	0.38	53.5
—	Baño	—	—	—	—
6	Agregado calizo	58.2	14.0	1.00	8.40
7	Enlucido	14.1	32.2	0.52	37.0
8	Baño	19.1	30.0	0.38	47.5
9	Baño	19.6	29.8	0.90	19.8
10	Enlucido	28.2	26.2	0.76	20.6

El material insoluble en ácido se identificó como una mezcla compleja de cuarzo y silicatos y puede considerarse representativa del suelo arenoso.

Discusión de los resultados

La ausencia de piedra caliza en los alrededores del sitio y las altas proporciones de calcio a magnesio triturados pueden tender a confirmar el uso de conchas como una fuente caliza para la construcción de los escalones. La gran cantidad de material insoluble en ácido en los agregados calizos llevó a la conclusión que estos elementos consistían en mezclas de caliza y en suelo arenoso disponible en una proporción de partes casi iguales en la última capa, y en la proporción de cerca de dos partes de sedimento por una de caliza en las más tempranas. Con la excepción del enlucido más temprano (núm. 10), los baños y los enlucidos produjeron menos del 20% de material insoluble en ácido y, con una excepción (núm. 5), la cantidad varió de cerca de 14 y 19%. La relativa uniformidad sugiere que la inclusión de sedimento fue probablemente accidental en el acopio de la concha en las aguas cercanas. Por lo visto parece que los agregados fueron mediante la adición deliberada de un compuesto en forma de sedimento arenoso mientras los enlucidos y los baños se hicieron sólo de concha, aunque estaba contaminada.

El uso de un agregado con caliza para formar una masa fuerte no fue evidente durante la recolección de la muestra, ya que los agregados calizos estaban húmedos y suaves y parecían ser sólo terrones. Sin embargo, cuando los agregados calizos están secos, son bastante duros y pueden soportar grandes pesos. Podrían ser también estables, aun en secciones gruesas. Puede notarse que el uso de agregados ya sea de caliza o de cemento Portland, es una práctica aceptada hoy día para la preparación de morteros y en cuerpos monolíticos para el soporte de cargas.

Un estudio de la secuencia de las capas, como se observó mientras se colectaba la muestra, revela un tipo repetitivo de elementos constructivos como se muestra con los guiones. Si asumimos que el enlucido más temprano pudo ser un agregado calizo, entonces encontramos tres unidades completas de construcción consistentes en: agregado calizo, baño y enlucido aplicados en el mismo orden. Si sólo se considera la secuencia agregado calizo-baño se verá que el patrón se repite cuatro veces. La repetición de este patrón en todo el periodo de uso del templo IV, podría ser difícilmente accidental. El uso del término "tipo unificado de construcción" no está encaminado a implicar que los escalones originalmente fueron construidos en su totalidad tal como se encontraron. Es más probable que se hicieran sucesivas reconstrucciones aplicando la unidad de agregado calizo-baño y enlucido, y que el agregado calizo era una forma "económica" de dar volumen. La adición de una gran cantidad de agregado a los agregados calizos, mediante el mismo razonamiento, también demuestra una acción deliberada. Debe también observarse el efecto del agua en los agregados calizos que rápidamente causan su reblandecimiento y colapso y la resistencia de una capa no porosa tal como un baño libre de concha, el cual debido a su delgadez seca rápidamente. A la luz de la información presentada, parece que los constructores de los escalones del templo IV usaron una forma de construcción bien adaptada a las condiciones climáticas locales y capaz de soportar cargas pesadas, y que esa unidad consistía en un agregado calizo protegido por una delgada capa de enlucido.

Es posible que el tipo de construcción antes descrito sea típico de un área que se extiende más allá de los confines inmediatos de Comalcalco. Ekholm (1944, p. 386) en la descripción del montículo A de Las Flores, Tampico, reporta una estructura con el mismo tipo de construcción que el de los escalones del templo IV de Comalcalco, como se puede ver a continuación:

> Una estructura estaba cubierta con un delgado enlucido de concha el cual, igual que el núcleo de tierra, pudo haberse agrietado muy pronto, después de que se terminó... También, se sobrepusieron capas nuevas sobre las viejas de una manera curiosa. Siempre excepto en el caso de un piso, una capa de tierra se ponía sobre la construcción más antigua antes de que una nueva se aplicara.

Si los tipos de construcción de Las Flores y Comalcalco son en verdad similares o idénticos, un segundo uso de este tipo podrá añadirse al registrado por Ekholm.

Reconocimientos

El autor expresa su más sincero agradecimiento a Alberto Ruz L. por las gentilezas brindadas y a G.F. Ekholm por sus consejos y asistencia en la preparación de este artículo y en particular por su estímulo en este estudio.

Bibliografía

EKHOLM, G.F.
1944 "Excavations at Tampico and Panuco in the Huasteca, Mexico", *Anthropological Papers of the American Museum of Natural History,* 38, Pt. 5. New York.

FOSTER, W.J.
1935 "Further Applications of Chemistry to Archaeology", *Journal of Chemical Educations,* núm. 12, pp. 557-559, Easton.

MORRIS, E.H., J. CHARLOT AND A. A. MORRIS
1931 "The Temple of the Warriors at Chichen Itza, Yucatan", *Carnegie Institution of Washington,* 406, Washington.

RUPPERT, KARL, J. E.S. THOMPSON, AND TATIANA PROSKOURIAKOFF
1955 "Bonampak, Chiapas, Mexico", *Carnegie Institution of Washington,* 602, Washington.

THOMPSON, E. DH.
1897 The Chultunes of Labna, Yucatan. Report of Explorations by the Museum, 1888-89 y 91, *Memoirs of the Peabody Museum, Harvard University,* vol. 1, núm. 3, Cambridge.
1932 *People of the Serpent,* Houghton Mifflin, New York.

THOMPSON, J.E.S.
1954 *The Rise and Fall of Maya Civilization,* University of Oklahoma Press, Norman.

VILLA R., ALFONSO
1934 "The Yaxuna-Coba Causeway", Contributions to American Archaeology, núm. 9, Carnegie Institution of Washington, 436, pp. 187-208, Washington.

Un edificio de Comalcalco, Tabasco

Un edificio de Comalcalco, Tabasco*

Román Piña Chán

El conocimiento de las ruinas de Comalcalco (Tabasco), cuyo nombre significa "lugar de comales" en lengua náhuatl, está relacionado en cierto sentido a la época de los grandes viajeros que vinieron a México atraídos por las culturas prehispánicas, especialmente la maya. Entre ellos podemos mencionar a Désiré Charnay, el cual la visitó en 1882, y Franz Blom y Oliver La Farge, quienes publicaron algunos datos sobre el sitio en 1920.

Charnay nos relata que Comalcalco fue un antiguo centro tolteca, que sus edificios y pirámides tenían elementos arquitectónicos semejantes a los de Uxmal y Palenque, que estaban decorados con una rica ornamentación de estuco, y que utilizaron en la construcción ladrillos con mezcla de cal, algunos de los cuales tenían curiosos dibujos; mientras que Blom y La Farge nos dejaron dibujos y fotografías de algunos edificios y estucos de una tumba, que muestran las condiciones en que se hallaban

* Tomado de: *Melange de prehistoire d'archaeolo-civilisation et d'etnologie offerts a André Varagnac,* Ecole Practique des Hautes Etudes VI, Paris, 1972.

Durante 1960 se efectúan nuevas exploraciones por parte de un equipo de investigadores del INAH, encabezados por el Arqlgo. Román Piña Chán y con el apoyo del Gobierno del Estado de Tabasco. En estos trabajos participan los arqueólogos: Agustín Delgado, César Sáenz, Víctor Segovia y Héctor Gálvez, así como los entonces pasantes: Marcia Castro Leal, Jorge Gussinyer, Eduardo Matos y Angelina Macías, publicándose una pequeña nota sobre estas investigaciones en el *Boletín del INAH,* así como el trabajo presentado por el Arqlgo. Piña Chán en el *Homenaje a André Varagnac* en Francia, durante 1972, referente a los resultados de sus exploraciones en el edificio del Mascarón o templo VI de este sitio. (N. del E.).

las construcciones, y también levantaron un plano o croquis del lugar, en el que numeraron a varias de las estructuras visibles.

En realidad, por aquellos tiempos los edificios de Comalcalco estaban cubiertos por la vegetación, las bóvedas y techos de las construcciones se habían derrumbado, el escombro no permitía conocer con exactitud las dimensiones ni características arquitectónicas de las estructuras, y también algunas tumbas habían sido saqueadas, mostrando sólo los estucos que decoraban sus paredes interiores; por lo cual son de gran utilidad los datos aportados por Charnay, Blom y La Farge, quienes, podría decirse así, abrieron el camino a las exploraciones siguientes, que por cierto han sido muy contadas.

De ellas pueden mencionarse las realizadas en 1956 por Gordon F. Ekholm, el cual concentró sus trabajos en la exploración y restauración de un basamento del Sistema Este, decorado con figuras sedentes modeladas en estuco; a la vez que practicó una cala central en el basamento anexo, encontrando un gran mascarón de estuco que servía de decoración a la estructura. Por premura del tiempo, esta exploración no pudo continuarse, y dicho investigador cubrió todo de nuevo, con objeto de protegerlo.

En 1960, el Instituto Nacional de Antropología e Historia, por medio de su Departamento de Monumentos Prehispánicos y en colaboración con el Gobierno del Estado de Tabasco, realizó una primera temporada de exploraciones arqueológicas, tendientes al conocimiento y restauración de algunas construcciones de la zona, la cual podía convertirse en un atrayente sitio turístico, pero sin olvidar la aplicación de otros estudios que permitieran llegar a conocer algo de la historia cultural del lugar; y así se exploraron y reconstruyeron varios edificios, se recogió cerámica para fechar tanto al sitio como a las estructuras trabajadas, se impermeabilizaron los estucos que decoran los basamentos y tumbas, se exploraron algunos entierros, y se llevó a cabo una buena labor de desescombro, que permitió tener una idea más precisa de ese importante lugar.

De esos trabajos damos aquí los pormenores de la exploración y reconstrucción parcial del llamado "Basamento del Mascarón" o estructura 4 del plano de Blom, en forma concisa y despojada de detalles técnicos que harían una descripción aburrida para los no especializados en estos menesteres; pero con la intención de mostrar en parte cómo trabajan los arqueólogos y cómo contribuyen al conocimiento del pasado, aunque de hecho el ejemplo no sea nada espectacular.

La exploración y restauración

Al iniciarse los trabajos el basamento afectaba la forma de un montículo cubierto de vegetación, de la cual fue desprovisto; y mediante calas de aproximación, por dos de sus lados, se llegó al piso y arranque de los muros inferiores de la estructura. A continuación se intensificó el trabajo de desescombro y limpieza del frente del edificio, y allí aparecieron las alfardas y restos de gradas de una escalinata, en cuya parte central estaba el mascarón estucado descubierto por Ekholm (Figuras 1 y 2).

En el curso de las exploraciones se fueron encontrando datos acerca de los cuerpos, de los escalones, alfardas, etc., lo cual permitió la reconstrucción parcial del basamento; y puesto que los cuerpos estaban destruidos, y se componían de un relleno de tierra con revestimiento de estuco muy delgado, la restauración se hizo completando lo deteriorado o faltante con adobe, para distinguir lo reconstruido de lo original. Sin embargo, y para evitar que las lluvias afectasen seriamente a la estructura, a lo último se le cubrió con un ligero aplanado de cal y cemento (Figuras 3 y 4).

De igual manera se procedió con el edificio superior del basamento, el cual fue un templo con dos aposentos, techado con bóveda y construido con ladrillos; o sea que se consolidó y restauró hasta donde los datos lo permitieron, siguiendo en este caso su estilo y técnica constructiva (Figura 4).

Descripción del basamento

En términos generales, la estructura 4 o "Basamento del Mascarón" se compone de tres cuerpos superpuestos, hechos con relleno de tierra y recubiertos con una delgada capa de estuco; y tiene al centro una escalinata limitada por alfardas, la cual sobresale ligeramente del paño del edifico. A su vez, la escalinata tiene ocho escalones, con los peraltes de altura variable, pero con huellas de 45 cm como promedio; y ostenta un gran mascarón en el centro del primer cuerpo, bellamente modelado en estuco. La altura total del basamento es de 2.80 m.

Por su parte, la construcción del edificio superior o templo es radicalmente distinta a la del basamento, puesto que los muros, bóvedas y pilastras se hicieron con ladrillos recubiertos de estuco; y la técnica fue la del cuatrapeado, especialmente en las esquinas de los muros.

Figura. 1 El basamento del mascarón al iniciarse los trabajos.

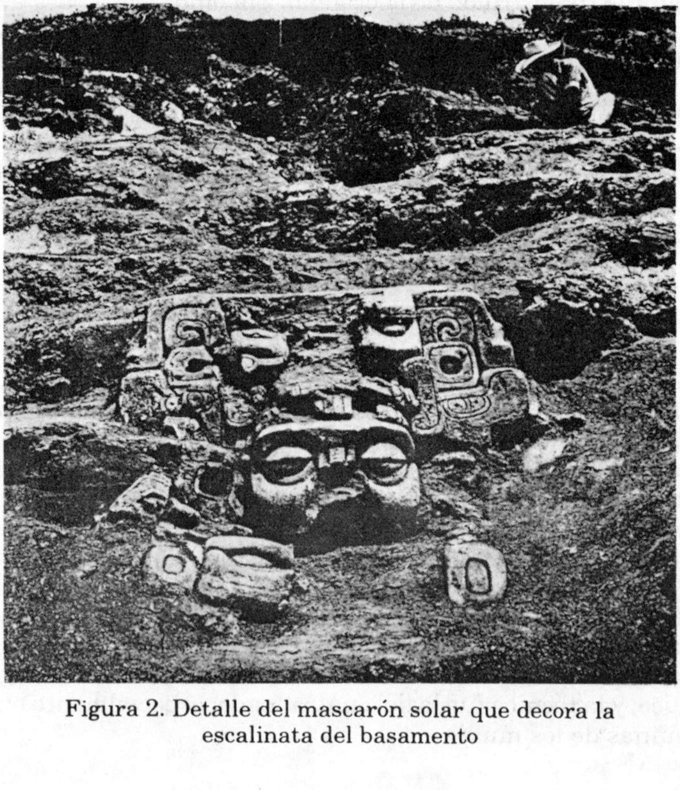

Figura 2. Detalle del mascarón solar que decora la escalinata del basamento

Figura 3. Reconstrucción parcial del basamento del mascarón.

Figura 4. Estado actual del basamento y templo después de la reconstrucción parcial.

El templo se componía de dos cuartos angostos y de plantas rectangulares, divididos por un muro central. El cuarto del frente es una especie de vestíbulo, con entradas o claros formados por dos pilastras cuadradas; en tanto que el cuarto posterior tenía dos pilares rectangulares y un adoratorio adosado al muro trasero. Dicho templo se asentaba sobre una plataforma de baja altura, construida también con ladrillos, la cual descansaba directamente sobre el basamento, es decir, que en general el templo no tuvo cimentación.

Toda la estructura 4 es perfectamente simétrica a un eje norte-sur, el cual pasa por el centro del mascarón, la escalera y el adoratorio; sus techos fueron de bóveda sin piedra clave para el cerramiento y construidos con ladrillos; y por lo general se empleó en la construcción una mezcla de conchas de ostión convertidas en cal, tanto para los aplanados como para las junturas de los ladrillos.

Los estucos

Además del aplanado de los muros y pisos de la estructura, que como hemos dicho era una mezcla de cal o estuco, el basamento estuvo decorado con un gran mascarón central, el cual dio el nombre al edificio; y éste representa la efigie del dios solar (Kinich Ahau), ataviado con un tocado de ave mítica y con orejeras preciosas a los lados de la cara.

Entre el escombro del interior del templo se encontró también una cabeza bellamente modelada, la cual ha de haber pertenecido a una escultura que decoraría el friso del edificio; y ésta lleva una banda frontal o turbante con borlas colgantes, tiene los ojos almendrados, y muestra el uso de una pequeña barba en punta, y escarificación o tatuaje en la mejilla (Figura 5).

Discusión general

Sobre la planicie costera de Tabasco, y a escasos 2 km del pueblo de Comalcalco, se encuentran los restos de un centro ceremonial de los mayas antiguos, cuyos monumentos comienzan a explorarse y reconstruirse. El centro principal se compone de tres sistemas o conjuntos de estructuras, distribuidas alrededor de plazas y patios, por lo regular asentadas sobre plataformas

Figura 5. Cabeza modelada en estuco, encontrada en el templo del Basamento del Mascarón.

artificiales a distintos niveles; y el basamento descrito en este breve trabajo corresponde al Grupo Este, situado a continuación del basamento de las "figuras sedentes".

El Sistema del Este es al parecer el más importante de la zona, pues está constituido por una serie de plataformas de considerables dimensiones y alturas, las cuales van formando amplias terrazas sobre las que descansan los monumentos; y en una terraza inferior, que forma una plaza abierta hacia el oeste, es donde se encuentran tres basamentos con decoración estucada, uno de ellos no explorado y los otros dos denominados con los nombres de Basamento de las Figuras Sedentes y Basamentos del Mascarón. En otra terraza superior se encuentra el edificio llamado El Palacio, descrito por Charnay, y otras estructuras cerrando un patio.

De acuerdo con la técnica constructiva, el Basamento del Mascarón muestra dos épocas bien definidas: en la primera se construyó el basamento de cuerpos escalonados, hechos con relleno de tierra y revestimiento de estuco, y con su gran mascarón central, sobre el cual debió de existir un templo-choza de materiales perecederos; y en la segunda se construyó el templo de dos aposentos, con muros, pilastras y bóvedas de ladrillos.

La primera época corresponde al horizonte Clásico, especialmente por la forma del basamento que recuerda a las antiguas estructuras de Uaxactún y Piedras Negras en Guatemala, lo mismo que por la decoración de estuco que se asemeja a la de Palenque, Chiapas; y la segunda etapa puede colocarse en un Clásico tardío, ya que el templo tenía bóveda maya, aunque hecha de ladrillo, y esculturas modeladas en estuco, dentro del estilo propio de los centros mayas clásicos. Ello, y la cerámica recogida durante la exploración de la estructura, permite fechar al edificio y en parte al sitio arqueológico, entre 600 y 1100 d.C.

Durante este tiempo, la carencia de piedra en la llanura de Tabasco obligó a los pobladores de Comalcalco a construir sus edificios y plataformas con rellenos de tierra y recubrimientos de cal, que obtenían de conchas y ostras calcinadas; pero más tarde descubrieron la propiedad del adobe asoleado y del ladrillo cocido, lo cual les permitió mejores construcciones y más duraderas.

Respecto a la obtención de cal, hacia el este de la zona se encuentra la laguna de Mecoacán, rica en ostiones y con restos de cerámica contemporánea a Comalcalco, por lo cual puede suponerse que de allí se llevaban grandes cantidades de ellos, cuyas conchas o valvas se convertían en ese material de construcción; mientras que en relación con los ladrillos puede decirse que éstos fueron de tamaños y grosores variables, pues los hay de 1.02 m de largo por 50 cm de ancho y 5 cm de espesor, aunque por lo común miden 25 cm de largo, 19 cm de ancho y 4 cm de grueso. Muchos de ellos tienen motivos grabados antes del cocimiento, entre los que sobresalen jeroglíficos, figuras humanas, perfiles de personajes, animales, juegos, serpientes, templos o casas, y aun motivos geométricos.

El estilo arquitectónico no fue diferente al de otros grupos mayas, pues sus edificios se levantaban sobre plataformas artificiales, formando conjuntos distribuidos alrededor de plazas y patios, aunque a distintos niveles; y ellos se componían de basamentos escalonados o piramidales, de alturas variables, sobre los que se asentaban los templos y habitaciones o palacios, con pilastras para las entradas y techos de bóveda o arco falso.

Los templos con sus santuarios indican el sentido teocrático de esos centros ceremoniales, gobernados por una casta sacerdotal que se encargaba de los cultos y festividades a sus dioses, de la administración y del progreso de los conocimientos de la época; y así vemos cómo el mascarón de estuco mencionado representa al sol, tal como se ve en los soportes de braseros de Palenque, aunque también adoraban al dios Chac o de la lluvia, y tenían un elaborado culto a los muertos.

Al parecer, durante la época en que las estructuras se hacían de ladrillos, los personajes importantes eran enterrados en tumbas, construidas por debajo de los templos o en montículos especiales, y con acompañamiento de ofrendas; y hubo algunas decoradas con figuras de estuco y jeroglíficos, como la descubierta por Blom, en la cual hay nueve señores, tal vez relacionados con los "señores de la noche" o Bolontikús, semejantes en número a los de la Cámara Funeraria del templo de las Inscripciones de Palenque.

Al través de los fragmentos de estuco encontrados, y de algunos completos, uno puede observar el sentido artístico del grupo, el estilo sobrio y delicado de la representación humana, realista y minucioso en el detalle y la ornamentación, a veces no exento de cierto toque religioso; y otro tanto sucede con la alfarería y figurillas, cuyo estudio detallado no cabría aquí, pero sobre las cuales puede decirse que es semejante a las de otros centros clásicos mayas, y sus figurillas son del estilo de Jonuta,

Tabasco, o Jaina, Campeche, aunque pudieron llegar por comercio.

También intuimos, por la observación de los estucos, el arte del tejido y el conocimiento de fibras vegetales como el algodón; el uso de barbas entre los personajes importantes; y la práctica de la escarificación o tatuaje entre señores y sacerdotes principales; a la vez que puede decirse que vivían fundamentalmente de la agricultura del maíz, frijol y calabaza; de los productos de la caza y pesca, y de la recolección de vegetales y moluscos, últimos de cuyas conchas obtenían la cal para sus construcciones.

En resumen, Comalcalco fue ocupado por un grupo maya del Clásico de Mesoamérica, muy relacionado con los palencanos, por la predilección de la ornamentación en estuco; y allí vivieron fundamentalmente de 600 a 1200 d.C., periodo de tiempo en el que construyeron un centro ceremonial de regulares dimensiones, y tal vez el más importante en esa región de Tabasco.

De hecho, también fue el sitio más norteño del área maya, una avanzada que recibía el impacto de otros grupos y culturas, clásicas y postclásicas; de modo que allí pudieron realizarse mezclas de grupos, especialmente con los chontales, los cuales se distribuyeron tardíamente por Tabasco y sobrevivieron hasta la conquista española.

Los ladrillos grabados de Comalcalco, Tabasco

Los ladrillos grabados de Comalcalco, Tabasco*

CARLOS NAVARRETE

A pesar de la importancia del antiguo centro maya de Comalcalco, el conocimiento que tenemos de su arqueología es sumamente reducido, pues no contamos con descripciones modernas y los resultados de las exploraciones que se hicieron allí en la última década se encuentran inéditos.

Charnay, en el siglo pasado (1885, pp. 163-177, 159-160 y 335), aparte de señalar la presencia de ladrillos en el sistema de construcción, expuso algunas ideas respecto a la historia del sitio. El naturalista José N. Rovirosa (1897) las rebatió, junto con las del historiador Gil y Sáenz (1892), en lo concerniente a la identificación que hacían de Comalcalco con la legendaria Centla, donde batallara Hernán Cortés; esta discusión volvió a tener vigencia en un pequeño folleto de Francisco J. Santamaría (1949).

La más importante descripción arqueológica se la debemos a Frans Blom (1926, pp. 105-135), quien publicó un plan general y fotografías del sitio, describió una tumba comparable —en escala reducida— a la famosa "cámara secreta" de Palenque y nos dejó constancia gráfica del tipo de cerramiento que coronaba la falsa bóveda del palacio, hoy derruida. Otra descripción, muy general y mínima para la importancia del lugar, se la debemos a Stirling (1957, pp. 213-240).

Uno de los aspectos más sobresalientes de Comalcalco es el relativo a su material de construcción, pues sin que sepamos en qué momento hacen su aparición, las construcciones más visi-

* El presente artículo está tomado literalmente del *Boletín del INAH*, núm. 27, pp. 19-24, donde falta la figura 1.

bles —lógicamente las más recientes— son de ladrillo cocido, lo que motivó que por muchos años únicamente se mencionara este centro ceremonial como ejemplo atípico dentro de la arquitectura prehispánica de México. No solamente los ladrillos de Comalcalco permanecieron en esta especie de discreto olvido, sino también su empleo en otros lugares de México, a pesar que desde 1928 el profesor Eduardo Noguera (pp. 64-68) había resumido toda la información publicada sobre este material, adelantando algunas ideas acerca de su origen.

Cronológicamente los ladrillos más antiguos que conozco son los de Comalcalco y sus vecinos de la costa de Tabasco, quienes durante el Clásico tardío, por la imposibilidad geográfica de contar con canteras cercanas de donde extraer material de construcción, se vieron en la necesidad de substituir la piedra por otro material que fuera más durable que el adobe de barro apisonado, que ya era conocido en la región desde épocas más tempranas.

Los ladrillos de Comalcalco carecen de una medida uniforme. Los hay desde 1.20 m de largo hasta pequeños de 8 cm, clara indicación de que no fueron formados en molde, sino cortados de una plancha de barro extendida en el suelo —casi siempre una cara de los ladrillos tiene señales de haber estado en contacto con la tierra—, sin que les preocupara buscar una medida determinada. Otra característica es que siempre tienen el núcleo negro, debido al mal cocimiento por la carencia de hornos y al empleo de la forma tradicional prehispánica de cocer la cerámica al aire libre.

Un gran porcentaje de ladrillos tiene una cara dibujada con diseños bastante libres y espontáneos, trazados cuando el barro estaba todavía fresco; algunos dibujos aparecen descontinuados en las orillas, por los cortes que separaron las unidades. El grabado se presenta profundo o sumamente fino, y en algunos casos el motivo fue excavado (Figura 2, b y Figura 8).

Los primeros ejemplos de ladrillos dibujados fueron dados a conocer por Frans Blom (*op. cit.*), quien los depositó en las bodegas del viejo Museo Nacional de Antropología, en donde se extraviaron; otro ladrillo, con la impresión de un pie humano, fue publicado con gran derroche de imaginación, por el pastor evangélico y aficionado a la arqueología José Coffin (1940), en un diario local.

La más importante colección de ladrillos grabados se encuentra en el Museo de Historia Natural de Nueva York, a donde

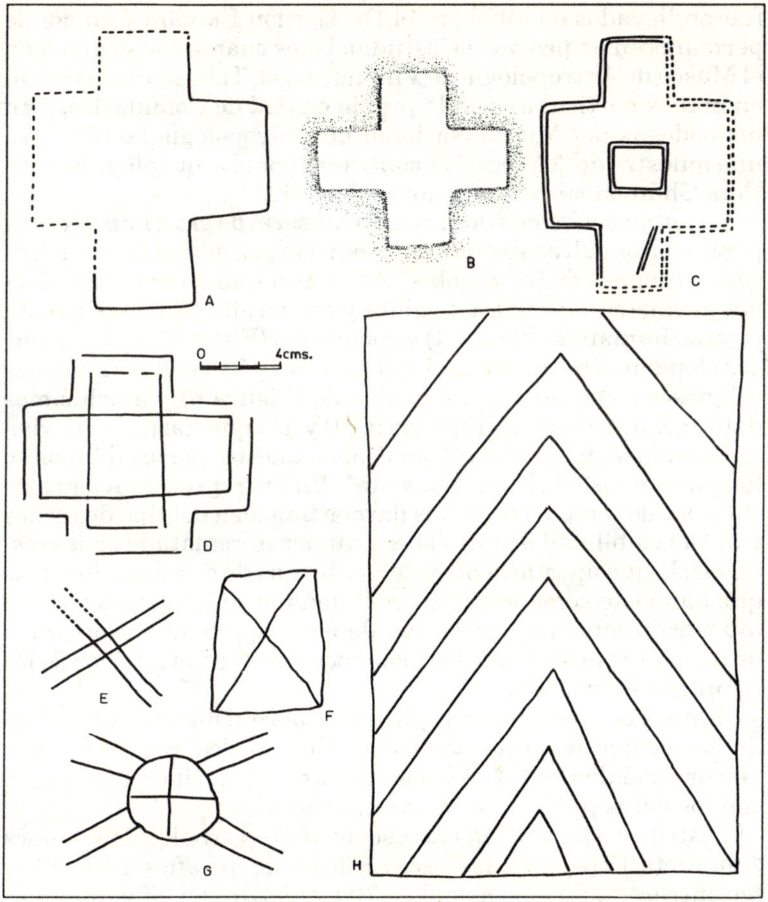

Figura 2. Comalcalco, Tab. Grabados en los ladrillos.

fueron llevados en 1956 por el Dr. Gordon Ekholm y en donde permanecen en proceso de estudio. Unos cuantos se exhiben en el Museo de Antropología de Villahermosa, Tabasco, otros están en manos particulares en la propia ciudad de Comalcalco, y en las bodegas del Museo Nacional de Antropología se conserva una muestra de 20 piezas, encontradas por el arqueólogo Román Piña Chán en sus exploraciones de 1960.

La publicación de todos los motivos sería de gran importancia por los datos culturales que guardan. Hay en ellos dibujos infantiles a manera de "monigotes", escenas de carácter ritual, diseños geométricos (Figura 2), glifos y numerales (Figuras 3, a, b), figuras humanas (Figura 4) y zoomorfas (Figura 5, a, b), diversos elementos no identificados (Figuras 6 y 7), posibles símbolos religiosos como un caracol estilizado (Figura 8) y muchísimos datos arquitectónicos (Figuras 9, 10 y 11) que harían más viva nuestra idea del antiguo Comalcalco, puesto que los dibujos se hacían con los edificios "a la vista". En las representaciones de chozas y de templos podemos darnos una idea del tipo de techos y de la posibilidad de que éstos estuvieran rematados por cresterías, lo que aportaría otro elemento más de comparación a los que han visto semejanzas entre Palenque y Comalcalco; se nos muestra también la colocación de una especie de incensario o brasero y la posición que los ídolos ocupaban en el interior de los templos (Figura 10).

Junto a esta pequeña información sobre el más característico de los elementos arqueológicos de Comalcalco, me parece útil volver a señalar los lugares donde aparecen ladrillos, de acuerdo con los datos publicados en los últimos años:

Distrito Federal: *Tlatelolco,* según datos verbales de la señora Antonieta Espejo, en las excavaciones de los años 1948-49 se encontraron ladrillos aislados; *Tenochtitlan,* en citas tomadas por Noguera (*op. cit.*) de algunas fuentes históricas.

Puebla: *Cholula,* según datos verbales del arqueólogo Eduardo Matos M., en las excavaciones del presente año se han encontrado pisos y elementos arquitectónicos hechos de ladrillo.

México: *Texcoco y Coatlinchan,* datos verbales de la señora Antonieta Espejo; *Chiconautla,* breve mención en un informe de George Vaillant al Departamento de Monumentos Prehispánicos del INAH; *Xico,* según Dupuaix (citado por Noguera, *op. cit.*) los ladrillos eran de forma cuadrada y de diverso grosor.

Hidalgo: *Tula,* mencionado por Noguera, quien tomó el dato de otros autores; me parece que se trata de una equivocación

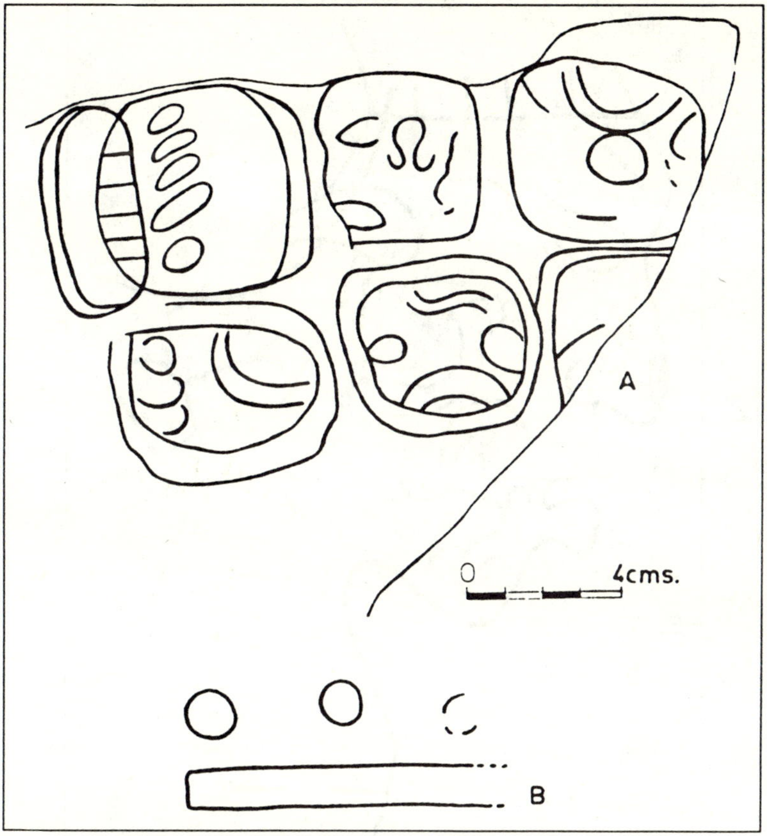

Figura 3. Comalcalco, Tab. Grabados en los ladrillos.

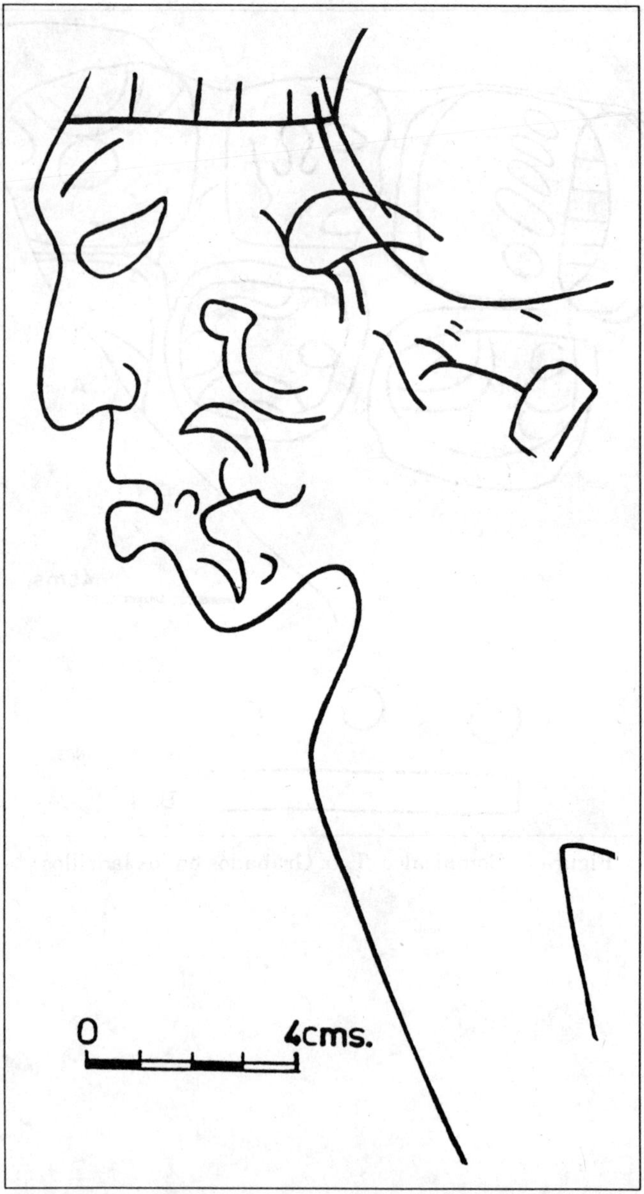

Figura 4. Comalcalco, Tab. Grabados en los ladrillos.

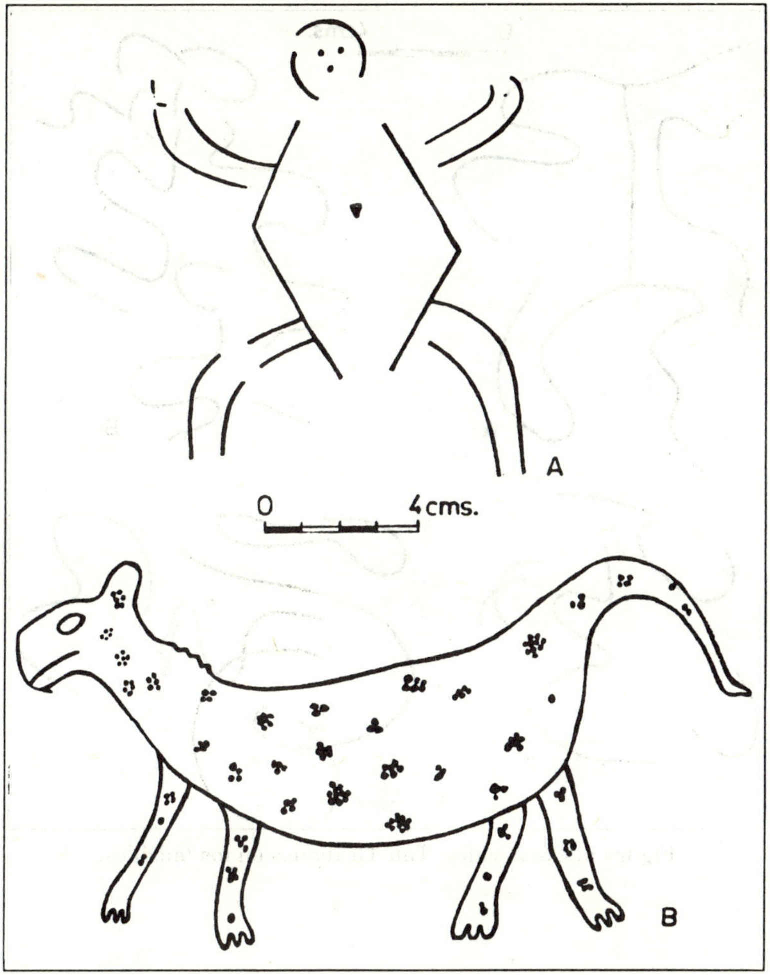

Figura 5. Comalcalco, Tab. Grabados en los ladrillos.

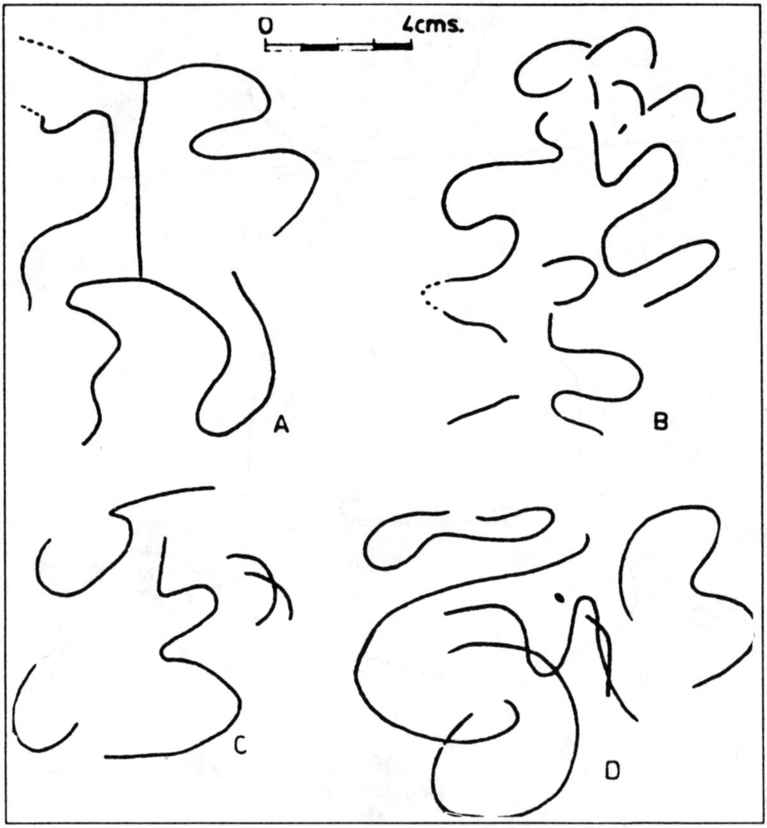

Figura 6. Comalcalco, Tab. Grabados en los ladrillos.

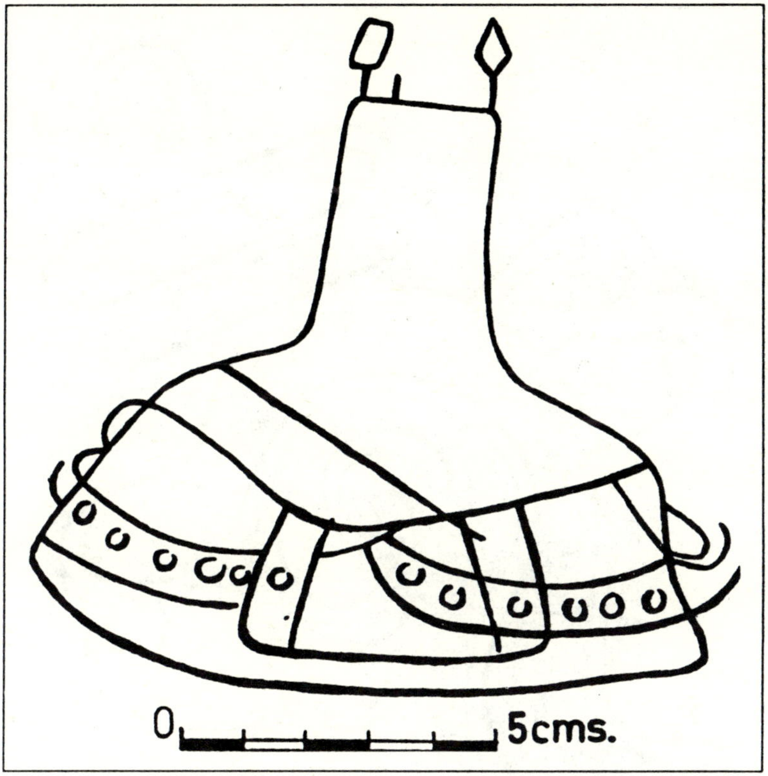

Figura 7. Comalcalco, Tab. Grabados en los ladrillos.

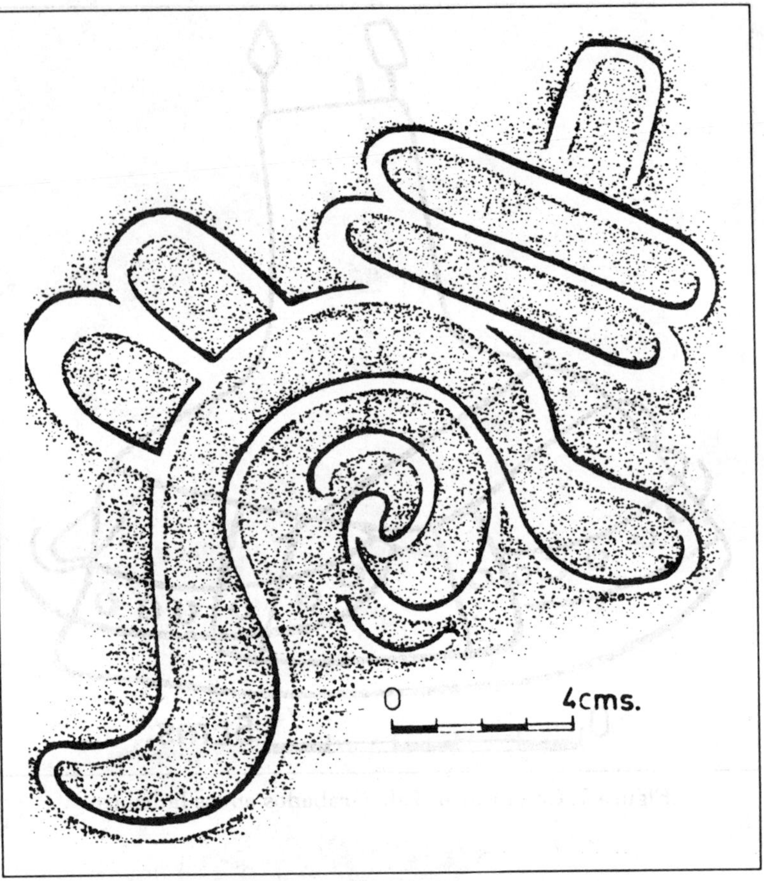

Figura 8. Comalcalco, Tab. Grabados en los ladrillos.

Figura 9. Comalcalco, Tab. Grabados en los ladrillos.

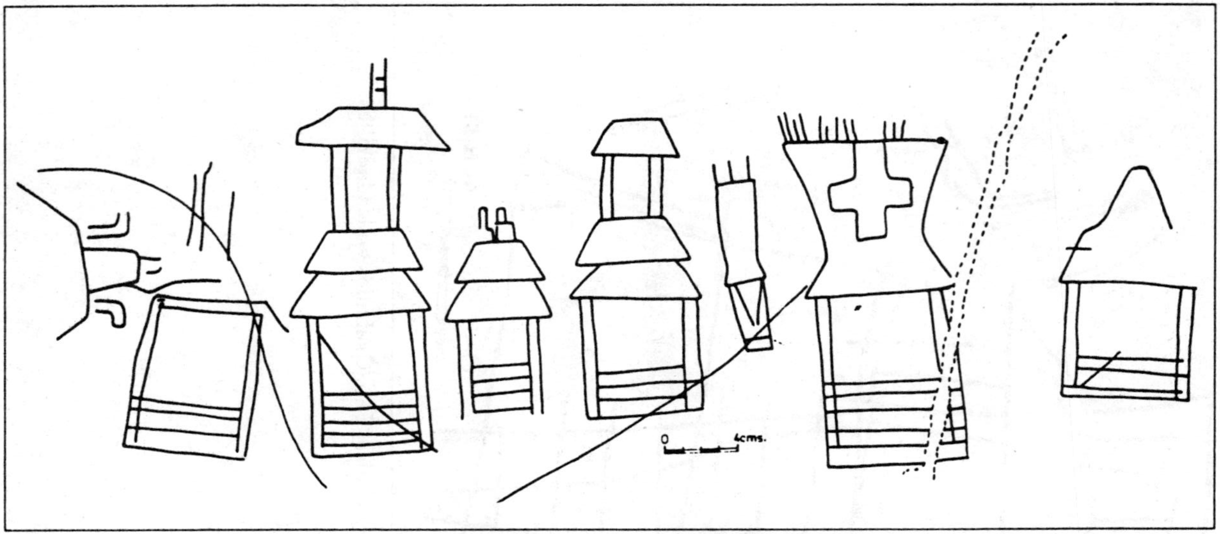

Figura 10. Comalcalco, Tab. Grabados en los ladrillos.

Figura 11. Comalcalco, Tab. Grabados en los ladrillos.

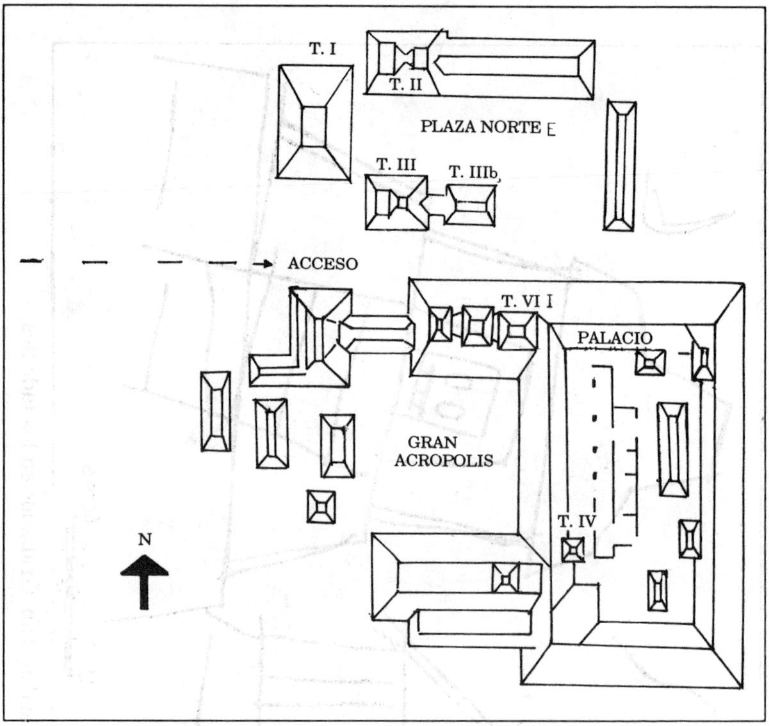

Croquis propuesto, Comalcalco, Tabasco.

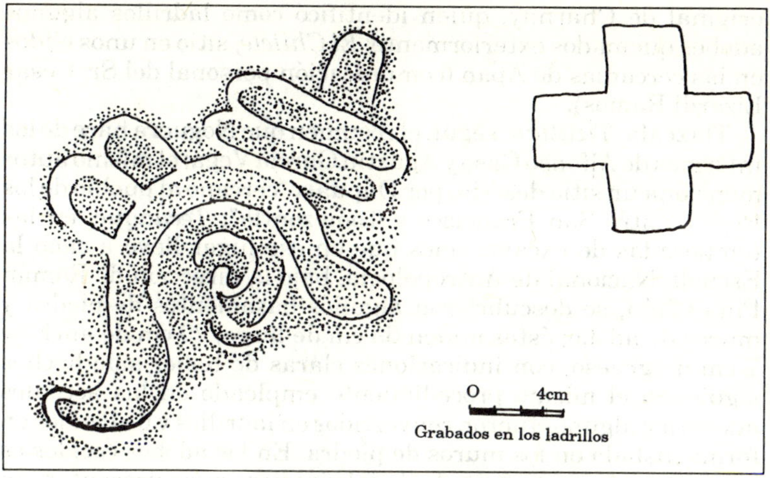

Grabados en los ladrillos. Figuras propuestas.

original de Charnay, quien identificó como ladrillos algunos adobes quemados exteriormente; *El Chilete*, sitio en unos ejidos en las cercanías de Apan (comunicación personal del Sr. César Lizardi Ramos).

Tlaxcala: *Tizatlán*, según el resumen que Noguera hace de los informes de Alfonso Caso y Agustín García Vega; el mismo autor menciona un sitio descrito por Dupuaix "cercano al pueblo de los Reyes, entre San Francisco y Tomezontla"; *Tecuaque*, en las temporadas de excavaciones que en ese lugar llevó a cabo la Escuela Nacional de Antropología, bajo la dirección de Román Piña Chán, se descubrieron algunos basamentos de piedra y muros de adobe; éstos miden 39 cm de largo, 20 cm de ancho y 7 cm de grueso, con indicaciones claras de haber sido hechos siguiendo el mismo procedimiento empleado en las actuales adoberas; algunos fueron convertidos en ladrillos y utilizados en forma aislada en los muros de piedra. En los adobes cocidos es bastante notorio su método de fabricación, pues presentan un reborde en la cara que estuvo en contacto con el suelo, debido a la presión del apisonado que obligó a una porción del barro a salirse de la caja de moldear. La otra cara conserva las huellas del aislamiento en forma de espiral, para el que pudo haberse empleado una regla o un aplanador como el que usan actualmente los albañiles.

Guerrero: *Texmilincan*, según el dato verbal del arqueólogo Carlos Margáin, quien me ha indicado que fueron fabricados en molde.

Oaxaca: *Coixtlahuaca*, se encontraron un muro y unas alfardas con ladrillos que midieron "16 x 4" (Bernal, 1948-49, pp. 5-76).

Tabasco (aparte de Comalcalco): *Rancho San Joaquín* (Berlin, 1953, pp. 105) en la carretera Comalcalco-Jalpa; *Bellota* (Berlin, 1957, p. 107) y frente a este sitio la isla de *Francisco Chablé* (p. 110); *Juárez* (Berlin, 1953, p. 112; 1956, pp. 108-109); *Jonuta* (Berlin, 1956, p. 115; 1956, p. 106 y Figura 7a); *Tecolpá* (Berlin, 1956, Figura 13 f); *El Encanto* (Berlin, 1953, pp. 112-113), donde también hay ladrillos grabados semejantes a los de Comalcalco; *Oaxaca* (Berlin, 1953, p. 128), en el bajo Usumacinta. Resultan también interesantes las citas que Berlin (1953, p. 113) hace de López de Gómara y Diego Quijada, en relación a antiguas referencias sobre el uso de ladrillos en Tabasco.

Tomando en cuenta la información anterior tenemos que concluir con la trillada frase: "es todavía inútil intentar conclusiones valederas, por la falta de mayores elementos de juicio"; en efecto, desde que Noguera publicó su resumen sobre los ladrillos de Mesoamérica poco hemos avanzado en el conocimiento arqueológico de este material de construcción.

Lo que sí podemos adelantar, como premisa para futuras discusiones, es la diferencia en la intención de su factura de acuerdo con las regiones geográficas donde aparece: la costa del Golfo —cuyos ladrillos podemos fechar tentativamente dentro del Clásico tardío—, donde la escasez de canteras obligó a buscar un substituto, y el interior de México, donde en fechas más cercanas a la conquista se debió de estar experimentando con un nuevo material que substituyera el lento y costoso trabajo de cantería. En la mayoría de los sitios del interior ninguna estructura es totalmente de ladrillo, cuando más algunos muros o simples detalles arquitectónicos que se alternan con los elementos tradicionales, como si se intentara probar la calidad y la resistencia del nuevo material.

Bibliografía

BERLIN, HEINRICH

1953 "Archaeological Reconnaissance in Tabasco", *Current Reports,* núm. 7, Carnegie Institution of Washington, Department of Archaeology, Washington.

1956 "Late Pottery of Tabasco, Mexico", *Contributions to American Anthropology and History,* núm. 59 Pub. 606, pp. 95-153, Carnegie Institution of Washington.

BERNAL, IGNACIO

1948-1949 "Exploraciones en Coixtlahuaca, Oaxaca", *Revista Mexicana de Estudios Antropológicos,* tomo X, México.

BLOM, FRANS Y O. LA FARGE

1926-1927 *Tribes and Temples: a Record of the Expedition to Middle America Conducted by the Tulane University of Louisiana in 1925,* vol. I, New Orleans.

CHARNAY, DÉSIRÉ

1885 *Les Anciannes Villes du Nouveau Monde: voyages d'Explorations au Mexique et dans l'Amerique Centrale,* Librairie Hachette, Paris.

COFFIN, JOSÉ
1940 "Las huellas de un hombre prehistórico en las ruinas del cerro de Moctezuma", Periódico *El Chontal,* núm. 3, p. 2, Comalcalco.

NOGUERA, EDUARDO
1928 "El ladrillo como elemento de construcción entre los pueblos nahuas", *Revista Mexicana de Estudios Históricos,* tomo 2, México.

GIL Y SÁENZ, MANUEL
1892 *Historia de Tabasco,* 2a. edición (la primera fue publicada en 1872), editada por José María Avalos, San Juan Bautista.

ROVIROSA, JOSÉ N.
1897 *Ensayo histórico sobre el Río Grijalva,* Oficina Tipográfica de la Secretaría de Fomento, México. (Una segunda edición fue publicada por el Gobierno del Estado de Tabasco, en el núm. 7 de su serie "Contribución de Tabasco a la Cultura Nacional, 1946.)

SANTAMARÍA, FRANCISCO J.
1949 *El verdadero Grijalva,* 2a. edición refundida, corregida y aumentada. Publicaciones del Gobierno del Estado, "Serie de Escritores Tabasqueños", núm. 43, Villahermosa, Tabasco. (La primera edición fue publicada en Villahermosa en 1916.)

STIRLING, MATTHEW W.
1957 "An Archaeological Reconnaissance in Southeastern Mexico", *Anthropological Papers,* núm. 53, Smithsonian Institution, Bureau of American Ethnology, Bulletin 164, Washington.

Nota: Las ilustraciones corresponden a piezas pertenecientes a la colección del Museo Nacional de Antropología, menos las presentadas en las Figuras 4 b, 8 y 9, que son de propiedad particular en la ciudad de Comalcalco.

Los ladrillos decorados de Comalcalco, Tabasco

Los ladrillos decorados de Comalcalco, Tabasco*

LUIS FERNANDO ALVAREZ AGUILAR
MARÍA GUADALUPE LANDA LANDA
JOSÉ LUIS ROMERO RIVERA

Introducción

En agosto y septiembre de 1986 iniciamos los trabajos que han dado como resultado este artículo. Además de esto, se presentó una ponencia en la mesa redonda: La Investigación Social en Tabasco, bajo el título "El sitio arqueológico de Comalcalco". Ambos manuscritos son ensayos preliminares de un volumen en el que se incluirá un catálogo de temas y técnicas usadas en la decoración de algunos ladrillos de Comalcalco, la recopilación historiográfica relativa al sitio, la descripción de éste y sus principales edificios, entre otros temas. Esto, por supuesto, no pretende ser un trabajo exhaustivo, aunque sí lo más completo posible en cuanto a este tópico tan específico.

Los aspectos más sobresalientes en la escasa historiografía de Comalcalco se inician con la visita de Désiré Charnay en 1886. Posteriormente el sitio arqueológico fue explorado por Frans Blom y Oliver La Farge en 1925 y por Gordon F. Ekholm en 1955. El Instituto Nacional de Antropología e Historia inició poco después un programa de exploración y consolidación que estuvo a cargo de Román Piña Chán en 1960. George F. Andrews realizó un reconocimiento arqueológico y un levantamiento topográfico en la zona central del sitio, en tanto que Robert Rands trabajó en un reconocimiento cerámico por la región de Palenque y zona adyacente de Tabasco durante 1964 y 1965. Además de estos trabajos, en 1967 Carlos Navarrete escribió un

* Tomado de: *Antropológicas*, núm. 2, UNAM, México, 1988, pp. 5-12.

artículo específico acerca de los ladrillos decorados en Comalcalco; sitio que vuelve a ser trabajado en 1972. En esta fecha se inician simultáneamente tres proyectos: un programa de excavación de pozos estratigráficos que da como resultado dos tesis presentadas a la Universidad de Yucatán: *Comalcalco, Tabasco; su cerámica, artefactos y entierros,* de Piedad Peniche Rivero y *Poblamiento, arquitectura y ornamentación* de María de Lourdes Guzmán.

El proyecto de Miguel Medina del Centro de Estudios Mayas de la UNAM, que excavó tres pozos estratigráficos en el noreste de la Acrópolis, quedó inconcluso. En cambio, el programa de exploración, consolidación y restauración del INAH, bajo la dirección de Ponciano Salazar Ortegón, se llevó a cabo por temporadas anuales de 1972 a 1981. Durante esta exploración, Salazar Ortegón logró reunir un considerable número de ladrillos decorados.

Las colecciones, cronología y características arquitectónicas

De las investigaciones realizadas hasta hoy en Comalcalco ha logrado saber que la historia de ocupación del sitio abarca desde el año 800 a.C. hasta cuando menos 1350 d.C., con un hiato de unos 600 o 700 años. La cronología del sitio se ha dividido en cuatro fases, con base en los cambios observados en la cerámica.

La ocupación más antigua llamada Los Pinos comprende del año 800 a.C. a 100 d.C. localizada en un sector a 2 km al noreste del centro cívico-ceremonial. Las construcciones pertenecientes a cada fase están hechas exclusivamente de tierra y recubiertas de estuco. Dos de ellas parecen delimitar una plaza. El material cerámico recuperado allí tiene semejanzas en estilo con materiales tanto de Petén como del área olmeca.

La siguiente fase conocida en Comalcalco ha sido llamada Río Mezcalapa I y abarca los años 750-800 a 1000 de esta era. Durante este periodo la cerámica de Comalcalco se relaciona con la alfarería de la costa de Campeche. Una fase más tardía es la llamada Río Mezcalapa II (1000-1250), en la que se advierten nexos con el área de Jonuta-Tecolpan. Finalmente la fase Cintla I, que abarca de 1250 a 1350 d.C. posee además de la cerámica elaborada localmente, materiales provenientes de Veracruz. Entre éstos destacan la alfarería Isla de Sacrificios. Asimismo, se ha recuperado una de las conocidas "hachas" de Veracruz central que acaso pertenezca a la fase Río Mezcalapa I.

Dentro del desarrollo arquitectónico de Comalcalco pueden observarse dos etapas con diferentes técnicas constructivas. La primera consiste en basamentos construidos íntegramente con tierra apisonada y recubrimientos de estuco. La acción del clima sobre tales construcciones obligaba a darle un mantenimiento constante, lo cual se hacía mediante la superposición de varias capas de estuco para recubrir un basamento de tierra. Los templos, con toda seguridad, se construyeron de bajareque y techo de palma.

La segunda técnica, más tardía, consiste en la utilización del ladrillo como material de construcción. Los basamentos se formaban entonces con un núcleo de tierra apisonada, sostenidos por muros de contención, construidos con ladrillos pegados con argamasa de cal, arena y conchas de ostión quemadas y trituradas. Asimismo, las paredes, pilares y bóvedas de los templos y palacios se construían con el mismo material y se recubrían de estuco.

Generalmente los edificios principales muestran ambas técnicas constructivas; la primera a modo de subestructura cubierta por construcciones elaboradas con ladrillos.

Otro rasgo importante de Comalcalco es la ornamentación modelada de estuco que forma parte de los edificios. Este rasgo es comparable al modelado en estuco encontrado en Palenque. Las similitudes entre ambos sitios las encontramos también en la arquitectura, particularmente en la planta de los templos y de El Palacio. La tumba de los Nueve Personajes, se ha comparado con la célebre tumba de Palenque, sin embargo, la cronología de uno y otro sitio no corresponde al mismo momento, pues mientras Palenque se encontraba en plena decadencia, Comalcalco iniciaba apenas su desarrollo y actividad constructiva, alrededor de los años 750-800 d.C.

En Tabasco, el ladrillo, como material de construcción, se usó ampliamente en Comalcalco y en varios sitios cercanos a la costa, como en El Bellote, Jonuta, Juárez, El Encanto y Rancho San Joaquín, entre otros.

El proyecto: Los ladrillos decorados de Comalcalco

Las actividades relacionadas con nuestros trabajos de campo se iniciaron en la zona arqueológica de Comalcalco y consistieron primero en la localización e inspección ocular de los ladrillos, recuperados durante las exploraciones realizadas en los edificios del mismo sitio; principalmente las dirigidas por el arqueólogo Ponciano Salazar entre 1972 y 1981. Posteriormente nos dimos a la tarea de dibujar todos y cada uno de los motivos decorados.

Estos ladrillos actualmente se encuentran en la delegación del INAH en el mismo sitio de Comalcalco, en la bodega del campamento y en su museo. Paralelamente y aun después del paso anterior, se hizo el estudio de la distribución de los edificios, así como la descripción y fotografía de éstos, a partir de los trabajos de Andrews, Piña Chán, Lourdes Guzmán y de Ponciano Salazar quien, en 1981, levantó una poligonal de todo lo que se considera el sitio de Comalcalco. Lo anterior, pensamos, nos permitirá conocer mejor la arquitectura y el patrón de asentamiento de este centro maya de la época más tardía del periodo Clásico.

Ahora bien, para la realización de la parte medular del trabajo, como primer paso, seleccionamos una escala conveniente para la ejecución de los dibujos. Después de varios ensayos decidimos utilizar la escala 1:4, ya que ofrecía proporciones que permiten apreciar todos los detalles. Los dibujos se ejecutaron en papel milimétrico. Además de la cara decorada, se tomó el perfil de cada pieza con el propósito de mostrar sus irregularidades.

Los motivos plasmados en los ladrillos, se hicieron con diferentes técnicas; una de las más frecuentes fue la incisión (Figura 1). Esta técnica la presentamos en los dibujos, mediante líneas sencillas de grosor diferente, de acuerdo con la profundidad y anchura de las incisiones. A menudo, éstas se usaron combinadas con punzonado (Figura 2), mismo que representamos por medio de puntos.

Algunos ladrillos poseen motivos pintados a manera de cruces, bandas, círculos en el centro del ladrillo o una serie de círculos en una sola línea. Además, existen algunas piezas con numerales sencillos, motivos zoomorfos y otros (Figura 3).

En pocas ocasiones aparecieron ladrillos con motivos incisos y pintados, aunque se halló un ladrillo con un rostro de perfil inciso, con elementos muy elaborados, combinado con líneas de pintura. Se usó más frecuentemente la pintura roja oscura, y en muy pocas ocasiones, la negra. En nuestros dibujos, los motivos pintados los representamos con sombreado a lápiz, y la indicación a un lado, de la técnica usada y el color de la pintura (ejemplo: "pintado-rojo" o bien "pintura roja"). En el caso de las

Figura 1. Templo I, interior del santuario superior.

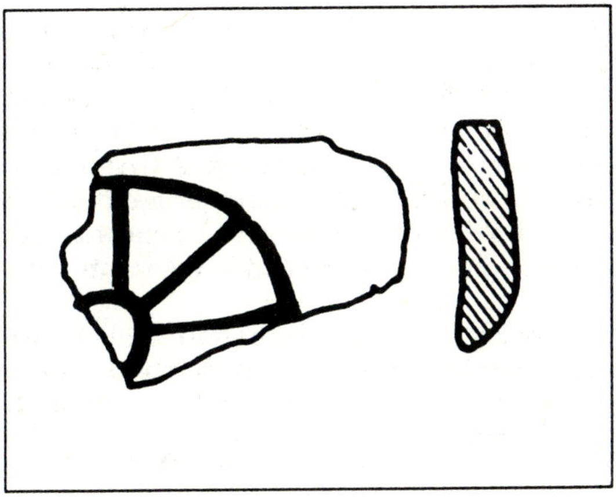

Figura 2. Templo I, lado sur, plaza norte.

piezas incisas y pintadas, las líneas de las incisiones se efectuaron con mayor intensidad que el sombreado.

La impresión fue otra técnica utilizada por la gente de Comalcalco para plasmar motivos en sus ladrillos. De esta técnica, el tema más frecuente es el "petate", que puede ocupar toda o sólo parte de la cara de la pieza. También se encontraron impresiones de fibras textiles, de manos o dedos humanos y huellas de animales; además de una impresión de concha y otra de olote (Figura 4). Estas impresiones las representamos en las hojas milimétricas mediante líneas y se indicó a un lado del dibujo, el tipo de técnica empleada.

Otra técnica que encontramos fue el modelado, de la que existen diferentes motivos y acabados, aunque son más comunes las representaciones de lagartos, tortugas, personajes de perfil (Figura 5) y algunos glifos. El modelado se hizo directamente durante la elaboración del ladrillo, en ocasiones mediante "pastillaje", al agregar bandas y bolitas de barro al ladrillo fresco. A veces se combinaron varias formas de modelado, sin faltar el modelado en alto y bajorrelieves.

El acanalado se utilizó también para diseñar motivos. Aparentemente las acanaladuras se realizaron con los dedos de las manos o con algún objeto del mismo ancho del dedo. En los dibujos a escala representamos el acanalado mediante líneas paralelas que marcan los bordes de las acanaladuras (Figura 6).

Muchos ladrillos estaban fracturados en varias de sus partes. Algunos ya se restauraron y otros tienen fracturas recientes. En este caso tratamos de reunirlos con el propósito de dibujarlos juntos. Representamos estas fracturas con líneas quebradas.

Finalmente, la técnica usada con menos frecuencia fue la perforación, que consistía en practicar agujeros circulares que traspasaran el ladrillo de una cara a otra. Se encontró, en ladrillos de gran tamaño, dos hoyos colocados hacia un extremo de la pieza (Figura 7).

Aunque no se ha realizado el cómputo de la cantidad de ladrillos que representa cada técnica, podemos decir que una lista de las técnicas usadas, ordenadas de mayor a menor frecuencia, quedaría como sigue:

a) Inciso
b) Pintado
c) Impreso
d) Modelado
e) Pastillaje
f) Acanalado
g) Punzonado
h) Perforado

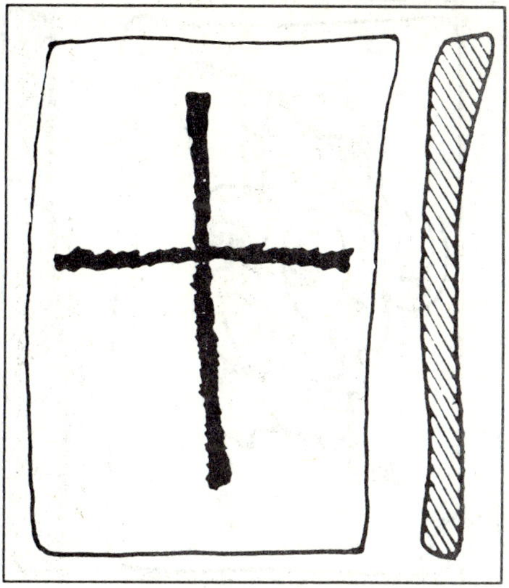

Figura 3. Templo I, santuario superior,
escombro núm. 1297.

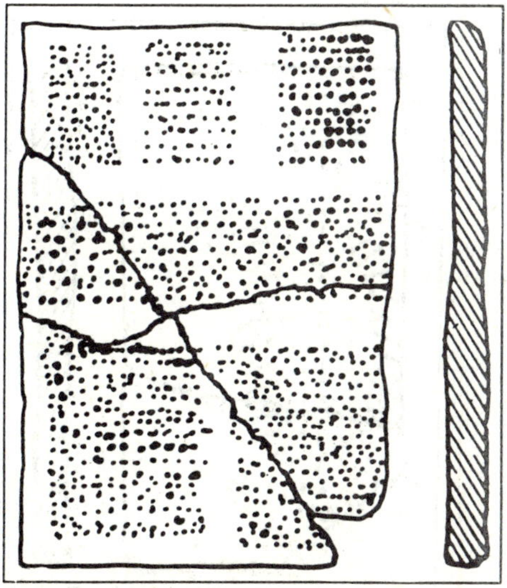

Figura 4. Plaza norte, lado oeste,
escombro núm. 151.

Figura 5. Plaza norte, templo III, santuario superior A, lado oeste, altar central sobre el piso de estuco, núm. 427.

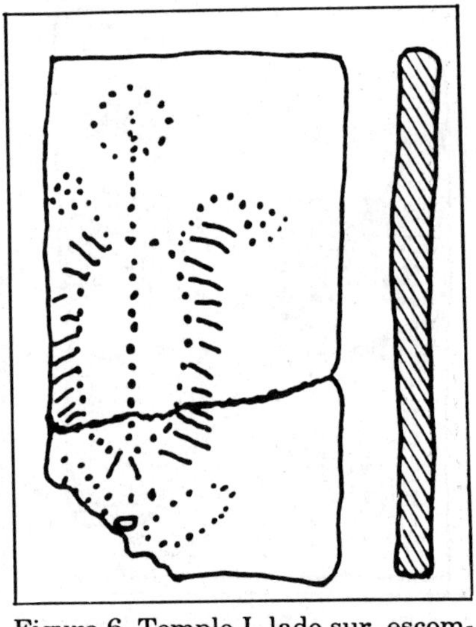

Figura 6. Templo I, lado sur, escombro núm. 2102.

En ocasiones, los ladrillos muestran combinaciones de varias técnicas en un mismo motivo.

En cuanto a los temas, podemos adelantar algunos puntos de vista, a partir de las observaciones realizadas durante la elaboración de los dibujos a escala. El cuadro de mayor a menor frecuencia con que estos temas aparecen es por lo pronto preliminar, pero será reafirmado o modificado, a medida que avancemos en esta parte del análisis. Por la temática, de manera tentativa, los ladrillos pueden agruparse en las siguientes categorías.

a) Personajes	d) Glifos
b) Animales	e) Geométricos
c) Arquitectura	f) Miscelánea

El tema de personajes es muy variado, a pesar de que la forma de representarlos tiene cierta uniformidad. Existen representaciones de rostros (Figura 1), así como personajes de cuerpo entero. En muchos casos están plasmados de perfil y pueden verse de pie o sentados con las piernas cruzadas. Los elementos de su vestimenta son muy variados, aun cuando comúnmente predominan el máxtlatl y las orejeras. Algunas cabezas muestran el cráneo deformado y en ocasiones portan tocados muy elaborados; otros, los menos, llevan máscaras.

Los trabajos con motivos de animales se refieren a los que en la época prehispánica eran comunes en el entorno de Comalcalco. Hay representaciones de lagartos (Figura 8), ranas, venados, tortugas, serpientes, tlacuaches y aves diversas.

En el tema de arquitectura (Figura 9), la decoración son motivos de templos con crestería, basamentos, techos aislados, casas o algunas otras construcciones asociadas a representaciones humanas, animales o a diversos motivos de decoración. La técnica de ejecución más frecuente fue la incisión que ocasionalmente se combinó con pintura roja.

Los glifos representados aparecen en su mayoría aislados, sin correspondencia con verdaderos textos (Figura 10). En general, en un ladrillo aparece un solo glifo, que representa el nombre de un día, acompañado de un numeral, el cual a veces está mal escrito por la ubicación errónea del mismo.

Los motivos geométricos hallados pueden subdividirse según el espacio que ocupan en los ladrillos. En muchos casos la decoración aparece junto al borde, en un extremo o alrededor de

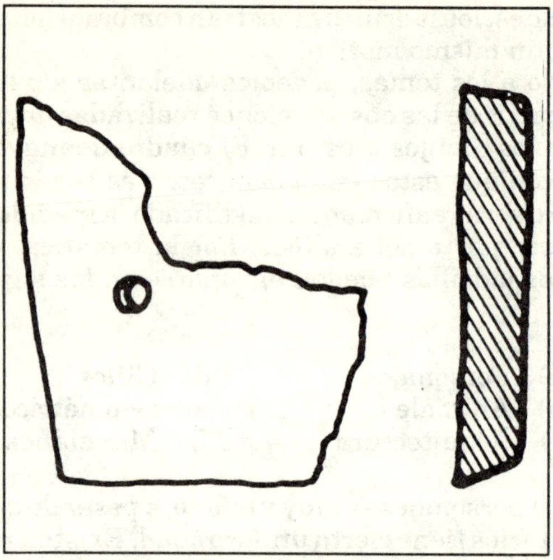

Figura 7. Templo VI, mascarón.

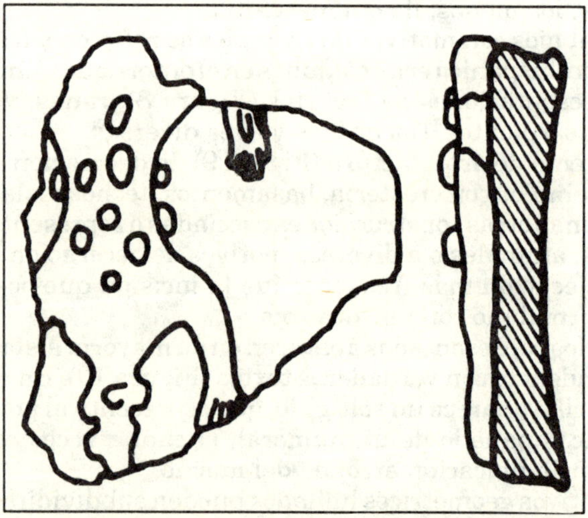

Figura 8. Plaza norte, lado sur, templo I, núm. 2720.

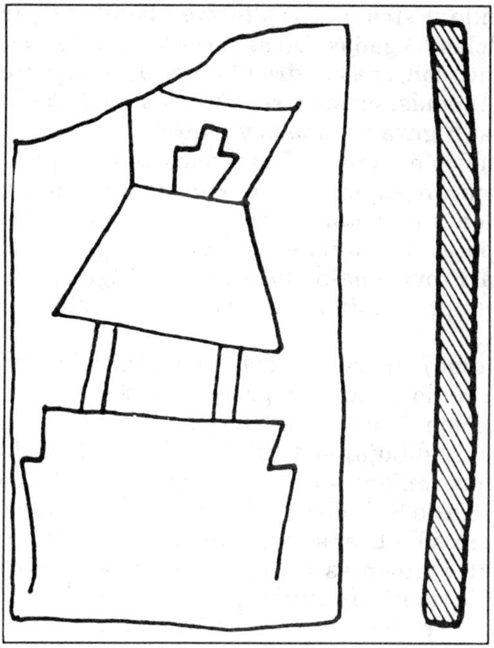

Figura 9. Templo I, escombro núm. 5.

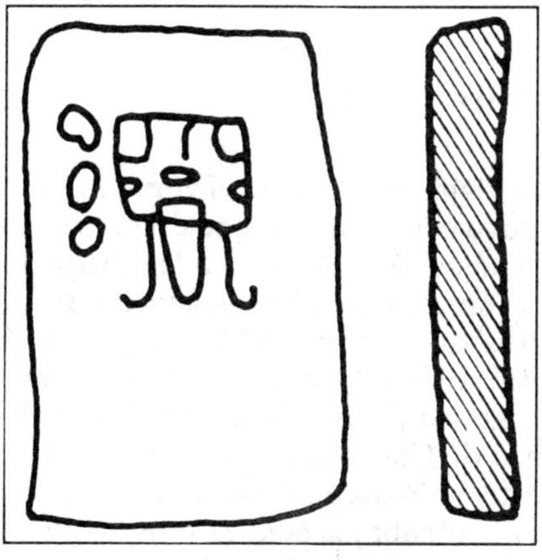

Figura 10. Plaza norte, templo I,
lado oeste, escombro núm. 2123.

todo el ladrillo. Estos motivos forman bandas de triángulos o líneas paralelas sesgadas. Otras veces los ladrillos están cubiertos totalmente con una cuadrícula incisa, semejante a la de un molcajete. Además, existen rectángulos o cuadrados, círculos concéntricos (Figura 6), líneas y puntos.

Otros diseños no han podido separarse aún, pero por su frecuencia formarán pequeños grupos de un solo tema. Estos incluyen impresiones de petate, diseños de manos y pies humanos, huellas de patas de animales, abanicos, seres fantásticos, cruces, etcétera. Provisionalmente muchos o algunos quedan enlistados en la imprescindible *miscelánea* de cualquier trabajo de arqueología.

Junto al dibujo de cada ladrillo anotamos los datos de localización, así como el número progresivo correspondiente al orden de aparición. Por ejemplo: templo I, lado este, escombro n. 582. En total se dibujaron 4 601 ladrillos en la bodega del sitio y el museo, provenientes de los templos I, II, III, IIIa, IV, V, VI y VII, así como de El Palacio o del interior de la plaza norte. En el Museo Carlos Pellicer se dibujaron seis ladrillos procedentes de Comalcalco. Además de lo anterior, se fotografiaron las muestras más representativas, en cuanto a técnicas de elaboración y temas se refiere. El material que presentó evidencias de huellas dactilares no es muy significativo y tal vez su número sea insuficiente para aplicar un estudio de dermatoglifos, si bien no somos los más indicados para juzgar este hecho.

Agradecimientos

Después de esta visión general aquí vertida, sólo nos resta decir que la idea y apoyo a esta investigación provienen del Gobierno del estado de Tabasco, a través de su Instituto de Cultura. Para el objeto hemos contado con la asesoría del arqueólogo Lorenzo Ochoa del Instituto de Investigaciones Antropológicas de la UNAM, quien también nos ayudó a planear el trabajo desde su inicio. La autorización para dibujar y tomar los datos de las piezas en el sitio de Comalcalco fue concedida por el Instituto Nacional de Antropología e Historia. Además de los suscritos, participaron en los trabajos seis dibujantes y dos técnicos manuales. Finalmente, agradecemos al restaurador Arturo Solano, entonces Director de la Delegación del INAH en Tabasco, con sede en Comalcalco, las facilidades y el apoyo que nos brindó para realizar este trabajo.

Bibliografía

ANDREWS, GEORGE F.
1967 *Comalcalco, Tabasco, Mexico; An Architectonic Survey,* Eugene, Oregon, Universidad de Oregon.

BERLIN, HEINRICH
1953 "Archaeological Reconnaissanse in Tabasco", *Current Reports,* núm. 7, Washington, Carnegie Institution of Washington.

BLOM, FRANS Y OLIVER LA FARGE
1926-1927 *Tribes and Temples,* New Orleans, Middle American Research Institute, 2 vols., Pub. núm. I.

CHARNAY, DÉSIRÉ
1885 *Les anciennes villes du Nouveau Monde. Voyage d'exploration au Mexique et dans l'Amerique Central. De 1857-1882,* París.

GUZMÁN, LOURDES
1973 *Comalcalco, Tabasco. Poblamiento, arquitectura y ornamentación,* Tesis Profesional, Universidad de Yucatán, Escuela de Ciencias Antropológicas.

NAVARRETE, CARLOS
1967 "Los ladrillos grabados de Comalcalco", *Boletín INAH,* núm. 27, marzo, pp. 19-25.

OCHOA, LORENZO (Coordinador)
1985 *Olmecas y mayas en Tabasco; cinco acercamientos,* Villahermosa, Gobierno del Estado de Tabasco (Serie Arqueología).

PENICHE ROMERO, PIEDAD
1973 *Comalcalco, Tabasco. Su cerámica, artefactos y enterramientos,* Tesis Profesional, Universidad de Yucatán, Escuela de Ciencias Antropológicas.

SERRANO, CARLOS
1978 *Dermatoglyphics in Medical Disorders* por Schaumann, B. y M. Alter. Reseña en *Anales de Antropología,* vol. XV, pp. 380-381.

Tres tablillas de barro con inscripciones glíficas de Comalcalco, Tabasco

Tres tablillas de barro con inscripciones glíficas de Comalcalco, Tabasco*

José Luis Romero Rivera

En 1986, iniciamos la catalogación de un grupo de 4 600 ladrillos grabados provenientes del sitio arqueológico de Comalcalco. Esa investigación, que culminó con la publicación de *Los ladrillos de Comalcalco* (1988), sacó a la luz algunas consideraciones respecto de la finalidad con que éstos fueron elaborados, así como una descripción de los temas y técnicas utilizados.

Los temas plasmados por medio de incisiones, acanaladuras, pinturas y esgrafiados entre otras técnicas usadas incluyen representaciones humanas, de animales, de seres fantásticos y de estructuras arquitectónicas, así como glifos, motivos geométricos, cruces, abanicos, petates y fibras entrelazadas.

De esa colección de piezas destacaron tres tablillas de barro cocido semejante a los ladrillos en cuanto a forma y materia prima se refiere, pero diferentes con respecto de los fines con que fueron elaborados. Esta razón nos condujo a descartarlos del estudio realizado sobre los ladrillos, no obstante, son piezas que bien merecen un estudio detallado.

La primera diferencia notable en estas tablillas, con respecto de los ladrillos, es que aquéllas no fueron utilizadas en la construcción de edificios y, al parecer, su única función fue la de contener inscripciones. Los contextos en que fueron encontradas y la ausencia de argamasa en cualquiera de sus caras en el momento de hallazgo confirman lo dicho arriba. Esta misma razón nos condujo a asignarle el nombre de "tablillas".

* Tomado de: *Tierra y agua. La antropología en Tabasco*, núm. 1, 1990, pp. 7-14.

Otra diferencia notable es la complejidad de las inscripciones que aparecen en la cara anterior de las tablillas. En efecto, de los 217 ladrillos con glifos examinados en la investigación de 1986, ninguno de ellos muestra una complejidad similar. En tanto que en los ladrillos vemos glifos aislados (esto es, un glifo en cada ladrillo), glifos en pares, o una serie del mismo glifo repetida varias veces, o también caricaturas de monumentos con inscripciones en las que sólo se dibujan los cuadretes de cada glifo, en las tablillas nos encontramos con inscripciones que parecen verdaderos textos.

Las tablillas fueron encontradas en tres temporadas de excavaciones dirigidas por Ponciano Salazar en el templo I de Comalcalco, el de mayor volumen que se encuentra en ese sitio arqueológico. Una se localizó en 1973 en el lado este del templo y estaba asociada, por su proximidad, con el entierro I; otra apareció en 1974 sobre el piso del santuario superior del mismo edificio y fue considerada como una ofrenda. La última tablilla fue hallada entre los escombros del primer cuerpo, cerca de la esquina sureste. Las tres fueron restauradas en 1979 por Joaquín García Vázquez, restaurador adscrito a la Delegación Regional del INAH en Tabasco y, actualmente se exhiben en el museo de sitio de Comalcalco.

Lamentablemente no pudo obtenerse mayor información acerca del contexto en que se hallaron; la información aquí vertida se encuentra marcada en el reverso de las tablillas mismas.

Lo que más llama la atención del observador son las inscripciones jeroglíficas que cubren totalmente la cara anterior de las tres piezas, ejecutadas mediante incisiones de diferentes profundidades y anchura, en menor medida de porciones excavadas, mismas que están plasmadas con mayor cuidado que en la mayoría de los ladrillos. Las inscripciones están distribuidas en dos columnas verticales en los tres casos, y en todas muestran elementos suficientes para ensayar una interpretación.

Con el propósito de describirlas, adjudicaremos el número 1 a la pieza descubierta en 1974, el número 2 a la hallada en 1973 y el número 3 a la tablilla encontrada en 1975.

La tablilla 1 es una pieza de cerámica en forma de prisma rectangular cuyas medidas son 18 cm de altura, 12 cm de ancho y 2 cm de espesor. A juzgar por la uniformidad de sus bordes se trata de una pieza completa, sin embargo, en su cara anterior muestra la restauración de una fractura en diagonal que afecta

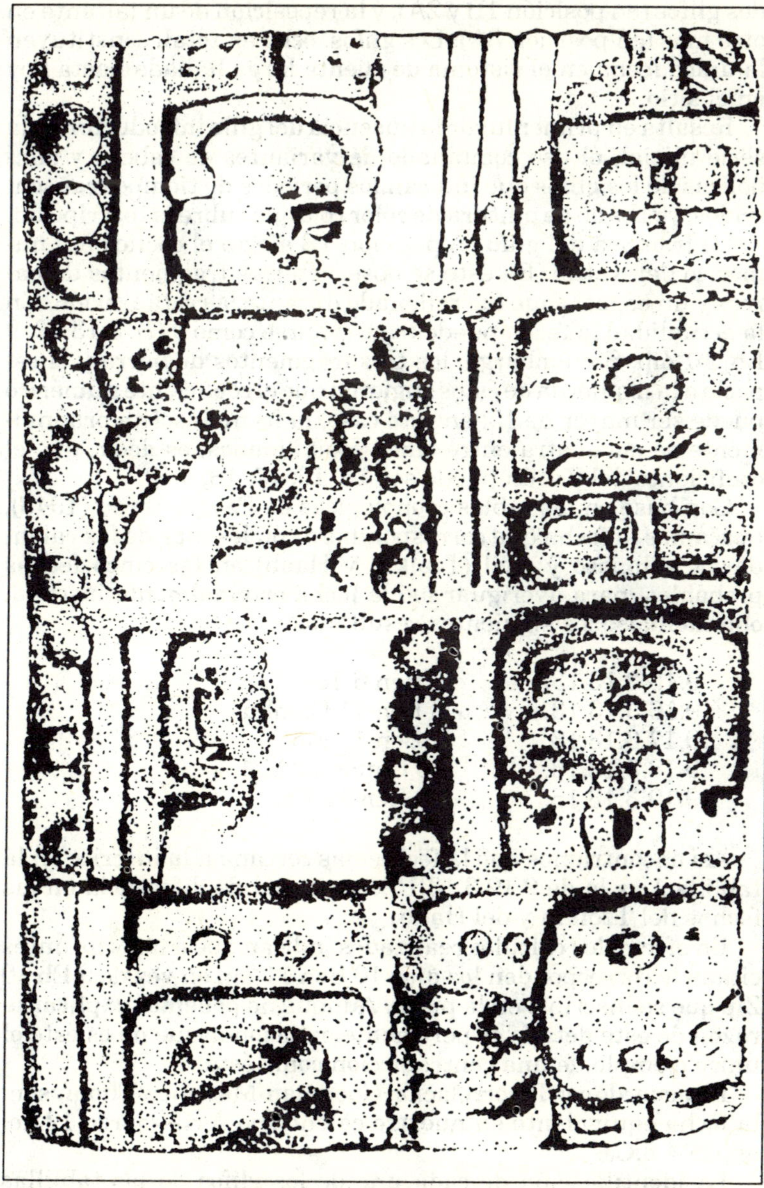

Figura 1. Tablilla núm. 1.

dos glifos (en posición 1B y 2A), y la reposición de un faltante en otro más (en posición 3A). Los glifos, ocho en total, constituyen la única fecha en el sistema de cuenta larga hallada hasta hoy en el sitio.

Resalta en primer lugar la ausencia del glifo introductor de la serie inicial, el uso combinado de variantes de cabeza y simbólicas de los glifos que indican los periodos de tiempo transcurridos, y el baño de pintura de color rojo que cubre la inscripción.

La fractura del glifo en posición 1B afectó el coeficiente numérico del Katún. De éste se observan tres fragmentos de barras y un espacio que fue rellenado durante la restauración. En la actualidad la fecha puede transcribirse como 9 (?). 3.13.13. 9 Eb, 10 Zip. Sin embargo, los tres fragmentos de barra y el espacio a la izquierda de éstos sugieren que el coeficiente numérico puede ser mayor de 15; en este caso, la fecha inscrita originalmente se encuentra entre cinco posibilidades, es decir, que el coeficiente del Katún puede ser 15, 16, 17, 18, o 19.

Con base en las tablas cronológicas de Pavón Abreu (1943), buscamos la fecha que correspondiera con los días de los calendarios religioso y civil (Tzolkín y Haab) en las cinco fechas probables, para averiguar así la fecha originalmente inscrita, obteniéndose los siguientes resultados:

9.15.3.13.13.	5 Ben 6 Tzec
9.16.3.13.13.	3 Ben 11 Cambú
9.17.3.13.13.	1 Ben 11 Mac
9.18.3.13.13.	10 Cauac 11 Mol
9.19.3.13.13.	10 Ben 11 Zip

Así encontramos que la fecha más cercana a la inscrita en la tablilla 1 es la de 9.19.3.13.13 con un día de diferencia en las fechas del Tzolkín y del Haab.

En efecto, los cálculos realizados indican que a la fecha antes citada le corresponden los días 10 Ben 11 Zip en vez de 9 Eb 10 Zip que se inscribió en la pieza. Aunque no podemos explicar la razón de este detalle es pertinente mencionar que no es éste el único ejemplo de una contradicción como ésta.

De acuerdo con la correlación Goodman-Martínez-Thompson, la fecha equivalente en nuestro calendario sería marzo 12 del año 814 d.C.

La identificación de cada uno de los glifos de las tablillas quedaría como sigue:

Tablilla 1

Posición	Glifos	Explicación
A1	IX.T?:528	9 Baktunes. Expresado con un glifo Cauac sencillo. En otras representaciones aparece este símbolo duplicado. Lleva un superfijo de dos elementos rectangulares no identificados.
B1	XIX.T?:639	19 Katunes. Plasmado con un rostro esquemático. Lleva un superfijo de tres elementos rectangulares, no identificados.
A2	III.T?	3 Tunes. Plasmado con la cabeza de un ser con la mandíbula descarnada.
B2	XIII.T 743:103	13 Uinales. Representado con la cabeza de una tortuga, en lugar de la cabeza de una rana, más frecuente en las inscripciones mayas.
A3	XIII.T 544:?	13 Kines. Representado aquí con la variante simbólica, una flor de cuatro pétalos; parcialmente destruida.
B3	IX.T	9 Eb. Expresado con la variante simbólica del nombre del día consistente en un cráneo estilizado sin el maxilar inferior.
A4	X.T 109:552	10 Zip. Aparece en variante simbólica usando las bandas como símbolo principal y el signo del color rojo somo superfijo.
B4	T?.501	Glifo Imix, que en este caso indica el final de la inscripción (Thompson 1962).

Tablilla 2

La tablilla número 2 es el fragmento inferior de una pieza de barro café sin engobe ni pintura que mide 21 cm de alto, 12 cm de ancho y 2 cm de grosor. Muestra en su cara anterior ocho cuadretes distribuidos en dos columnas, ejecutadas mediante incisiones. Se advierte claramente que el borde superior fue originado por una fractura. La restauración repuso el faltante en el glifo en posición 3A. Otros dos glifos (B1 y A4) están parcialmente erosionados. El fragmento muestra lo que parece ser el último glifo de una fecha de serie inicial y su correspondiente serie lunar.

El glifo en posición 1A muestra la misma fecha en el calendario civil (Haab) que la tablilla 1, esto es 10 Zip, inmediatamente después se suceden los glifos E, D y C de la serie lunar, el último de los cuales tiene un coeficiente numérico de 6, indicando en conjunto que en el día 10 Zip han transcurrido 20 días (o noches) del sexto periodo lunar.

Los glifos en posición A3 y B3 interrumpen la serie lunar y pasan a indicar un suceso cuyo posible significado discutiremos más adelante. Son, respectivamente, un rostro zoomorfo parcialmente erosionado y un Ahau invertido. También interesantes son los dos cuadretes restantes (A4 y B4), en los que se dibujaron glifos en apretada sucesión y de formato más pequeño.

En A4 tenemos un símbolo principal erosionado, la parte visible muestra la mitad de un círculo con una muesca en el lado derecho que rompe su continuidad y un círculo pequeño en el centro; en A4 el signo principal es un glifo "Cauac doble".

Por su parte, en B4 tenemos el grupo de afijos que forman un título de honor y respeto reservado a las cabezas de linaje y gobernante identificado fonéticamente por Lounsbury como "Mah K'ína" (Ayala 1985:59), que en algunos casos, incluido éste, aparece sólo como "K'ína" (Shele y Mathews 1979). En B4 último glifo de la tablilla, el signo principal es el mismo que identifica a la segunda de las nueve deidades del inframundo representadas en los glifos G de la serie suplementaria (G.2). Los afijos que lo acompañan revelan su función como glifo emblema, con las características que Heinrich Berlin definió: un símbolo principal que varía según cada ciudad con dos grupos de afijos constantes, el superfijo Ben-Ich y un prefijo del grupo del agua (Berlin 1958, p. 111). Como el mismo Berlin apunta, los glifos emblema parecen referirse al nombre de una localidad, de una deidad tutelar.

Figura 2. Tablilla núm. 2.

La presencia de un glifo emblema en el área es una novedad. Nosotros no encontramos noticias de un elemento similar en la costa tabasqueña, siendo Tortuguero y Jonuta los sitios más cercanos que muestran un emblema en sus inscripciones, y en ambos casos se trata de emblemas de Palenque (Marcus 1974, pp. 14-15).

El glifo inscrito en nuestra tablilla es diferente a todos los reportados con anterioridad por lo que debe considerársele un emblema "nuevo".

Tablilla 3

La tablilla número 3 es también una pieza de forma rectangular que contiene 12 glifos elaborados por medio de incisiones. Su estilo difiere un poco de las anteriores en cuanto a la factura de sus rasgos.

Aunque sus bordes laterales e inferior son uniformes, el borde superior muestra algunas irregularidades, producto de una fractura; esto nos hace pensar que faltan los primeros glifos de la inscripción, siendo por lo tanto un texto incompleto.

Aparentemente, la tablilla 3 contiene la misma inscripción que la tablilla 2, debido a la elevada proporción de glifos similares que aparecen en ambas, no obstante, esta pieza proporciona algunas variantes y tal vez, glifos diferentes con el mismo significado.

La inscripción comienza con el dibujo en perfil de un rostro de aspecto humano pero con ojo cuadrangular, atributo de una deidad. En seguida, presenta una fecha abreviada señalando 12 Ik, 10 Zip (posición A1, B1, A2).

El cuarto glifo es poco frecuente, únicamente encontré uno similar en la inscripción que acompaña a un dios N y dos dioses danzantes excavados en la superficie exterior de un vaso cuya procedencia no es bien conocida aunque puede ser originario de la Alta Verapaz, Guatemala, al decir de Michael Coe (1973, pp. 132-133). Este glifo parece ser el rostro esquemático, visto de frente, de un ser con ojos cuadrados y nariz larga, que lleva como tocado un elemento en forma de U.

El glifo en posición A3 es un rostro en perfil de una deidad de ojo rectangular, nariz larga y grandes colmillos que lleva el mismo tocado de la figura anterior; y el glifo en posición B3 muestra como símbolo principal lo que parece ser la cabeza en perfil de

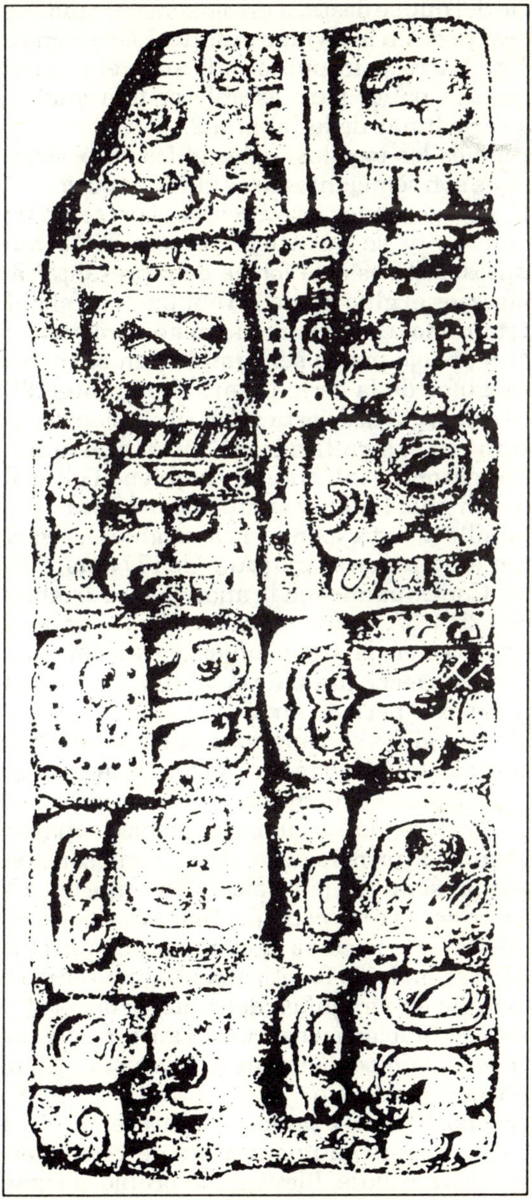

Figura 3. Tablilla núm. 3.

un individuo del que se destaca un ojo semicerrado, significando con esto el rostro de un individuo muerto. Lleva como coeficiente numérico una barra y un punto indicando el número 6. Estos datos nos dan la pauta para establecer una analogía con los glifos de la serie lunar de la tablilla 2.

Si observamos los tocados de los glifos en posición 2B y 3A notaremos que son semejantes a los glifos en posición 1B y 2A de la tablilla 2, aunque en los primeros, se representa únicamente la mitad inferior y se sustituye la sección "achurada" con algunos puntos. Esta es otra forma de representar a la luna.

Si comparamos el glifo B2 de la tablilla 2 con el glifo B3 de la tablilla 3, tendremos como único elemento en común el numeral 6, no obstante, el ojo puede ser también un elemento sobresaliente de los glifos de la serie lunar. Thompson (1962, p. 238) plantea que en los glifos de esta serie, el ojo siempre representa un ojo muerto con el significado de "muerte de la luna".

Podríamos entonces interpretar también al glifo 3B de la tablilla 3 como un glifo lunar, y siguiendo la lógica de la distribución de la tablilla 2, correspondería a un glifo C, el cual indica el periodo lunar en curso en el año lunar de 177 días, siendo en este caso el sexto. Continuando con la analogía tendríamos entonces que los glifos 2B y 3A serían los glifos E y D, respectivamente, los que completarían la serie lunar; y estarían indicando en conjunto la misma fecha lunar de la tablilla 2 —esto es— 20 días (o noches) del sexto periodo lunar.

Los siguientes glifos son aún más difíciles de interpretar. El que está en posición A4 tiene un símbolo principal que no aparece en el catálogo de Thompson y está acompañado por dos postfijos (T 512:219), de los cuales el primero aparece normalmente como símbolo principal. De éste, Thompson (1962, p. 112) supone que representa un paralelo de la "carga del año" o de periodo de tiempo de los códices, y que tiene un significado general como: "la cuenta de la jornada del tiempo". El que aparece como subfijo (T 219) se ha leído fonéticamente como chí, o tí, a partir de la representación jeroglífica del símbolo del oeste (Chik'in). Ignoro cuál es su función en este cuadrante, no obstante, el significado general dado por Thompson se ajusta bien al contexto en que se encuentra el glifo.

El glifo en posición B4 tampoco aparece en el catálogo de Thompson; es un rostro humano visto de perfil con el ojo entrecerrado y nariz grande. Lleva como prefijo el signo T 238 no interpretado todavía.

El siguiente (A5) es el mismo glifo que se encuentra en posición B3 de la tablilla 2: consiste en un rostro invertido (T 534), prefijo con el T 265 y con sufijo T 25.

Tanto el símbolo principal como los afijos han sido leídos por David Kelley como partículas con valor fonético al descifrar el nombre de un gobernante de Chichén Itzá: Kak u Pakal. A partir de éste también se identificó el nombre del personaje enterrado en la tumba del templo de las Inscripciones: Pakal. El glifo T 265, fue leído como "u", el T 534 como "la" y el T 25 se lee "ca". Por su posición en las tablillas, la lectura del glifo sería "u-la-ca" o también "u-lac", su plato, su tazón, su cerámica.

Otra interpretación válida para el T 534, es, en muchos casos "lah" con significado de terminar, fin —y por extensión— morir, muerte. Los glifos que indican muerte llevan este símbolo ya sea como elemento principal o como afijo (T 178).

En el catálogo de verbos de Linda Schele (1982, p. 357) aparece el T 534 seis veces, dos de ellas con prefijo lunar y valor fonético de "laah" o "lah" (terminar) y dos con superfijos T 25 con traducción desconocida.

Supongo que siendo éste el verbo de un enunciado el glifo anterior debe ser el sujeto.

El glifo en la siguiente posición es un Cauac (T 528) con afijo T 238 y subfijo T 62. Varios autores han leído estos signos como "a-ku le", siendo partículas con valor fonético. No obstante, el glifo Cauac es un símbolo que se utiliza en varios contextos con significados diferentes y en otros se usa aún sin un significado particular como es el caso de los meses Chen, Yax, Zac, y Ceh.

El glifo en posición A6 es una cabeza de un ser con atributos antropozoomorfos y con un afijo desconocido mostrando como prefijo a T 238 y un subfijo con un elemento algo erosionado.

Antes de comentar las implicaciones que pudieran surgir de esta interpretación voy a resumirla para recapitular.

La tablilla 1 tiene como texto una fecha de serie inicial, la única hallada hasta hoy en Comalcalco, que traducida al calendario gregoriano, nos da como resultado marzo 12 de 814 d.C.

La tablilla 2 indica que en un día 10 Zip y transcurridos 20 días del sexto periodo lunar una persona murió en una ciudad de la que desconocemos por ahora el nombre.

La tablilla 3 indica que en la fecha 12 Ik 10 Zip, transcurridos 20 días del sexto periodo lunar, murió una persona.

Si examinamos nuevamente las tablillas veremos que en la segunda aparece el nombre de la ciudad en que ocurre el evento en tanto que la tablilla 3 anota la fecha con mayor precisión pero, al parecer omite el lugar en el que ocurrió el evento. Si la tablilla 3 no existiera uno podría sospechar que la muerte del individuo ocurrió en la fecha señalada por la tablilla 1, ya que presentan la misma fecha del calendario civil.

Con el dato complementario de la tablilla 3 queda aclarado entonces que el evento registrado no ocurrió en el año 814 d.C.

Esto viene a plantearnos un nuevo problema de temporalidad. La fecha 12 Ik 10 Zip no puede ser traducida al calendario cristiano con seguridad sin la ayuda de otros datos.

Por ser una fecha abreviada de la que no se tiene registro de los días transcurridos a partir de la fecha de arranque del calendario maya, existen muchas fechas posibles. Sin embargo, podemos reducir la cantidad de posibilidades si tomamos en cuenta la cronología del sitio arqueológico.

De acuerdo con los estudios realizados por investigadores como Peniche Rivero (1973), Lourdes Guzmán (1973), y otros, se ha podido aclarar que en Comalcalco comenzó a construirse con ladrillos después del año 750 d.C. Igualmente, la cerámica perteneciente a la época de construcción con ladrillos se ubica alrededor del año 800 d.C.

Es importante señalar también que cualquier fecha dada combinando el calendario religioso y civil se repite únicamente cada 18 980 días, es decir, cada 52 años.

Hemos tomado entonces como base la fecha de la tablilla 1 para localizar las fechas más cercanas a ésta en que se combinen 12 Ik y 10 Zip.

La búsqueda dio como resultado la presencia de 12 Ik 10 Zip, diez años antes de la fecha indicada en la tablilla 1, es decir, en 9.18.13.11.2/12 Ik 10 Zip que en el calendario cristiano corresponde al 13 de marzo de 804 d.C.; y se repite después de la fecha de la tablilla en 10.1.6. 4.2/12 Ik 10 Zip, esto es, en enero 20 de 846 d.C.

Es necesario reconocer, que proponer estas fechas como las más probables para la muerte del personaje exhumado del templo I de Comalcalco puede ser una hipótesis aventurada; sin embargo, en virtud de la ausencia de otros documentos con referencias cronológicas de mayor precisión éstas pueden funcionar así, provisionalmente. La costumbre de inscribir una fecha inicial en un monumento o en un grupo de éstos, seguida de sumas o restas que nos remiten a otras fechas anteriores o posteriores a la inicial parece corroborar la factibilidad de aquéllas.

Queda por aclarar la relevancia que pudo tener el personaje al que se dedicaron esta serie de tablillas.

La evidencia en este sentido es algo ambigua. Por una parte se dedican a él piezas excepcionales con inscripciones jeroglíficas y se entierra en el templo más importante; por la otra, se le deposita en una modesta fosa.

Lamentablemente no existen informes detallados acerca de las condiciones en que se encontraron los restos ni la ofrenda asociada, tampoco hay un estudio de los huesos ni tuve acceso a ellos.

Cabe también la posibilidad de que las piezas hayan sido robadas de algún lugar, en la época prehispánica, y una de ellas haya sido depositada junto a un cadáver al que no fue dedicada originalmente. Si bien esto explicaría su aparente dispersión está lejos de poder comprobarse.

Con respecto de la identificación de la ciudad inscrita en el glifo emblema de la tablilla 2, es difícil emitir un juicio en vista de que es un elemento aislado. La identificación de éste como emblema de Comalcalco requiere de una cantidad mayor de ejemplares provenientes del mismo sitio.

Sólo provisionalmente podríamos sostenerlo en vista de que es un símbolo que no se ha hallado hasta hoy en otros lugares.

Finalmente, no es superfluo señalar que hacen falta más investigaciones en Comalcalco que incluyan la excavación de estructuras arquitectónicas monumentales donde puedan hallarse otros monumentos con inscripciones.

Agradecimientos

Agradezco a Joyce Marcus sus valiosos comentarios y sugerencias que enriquecieron el contenido y la estructura de este artículo.

Bibliografía

AYALA FALCÓN, MARICELA

1985 *El fonetismo en la escritura maya*, México, UNAM, Instituto de Investigaciones Filológicas, Centro de Estudios Mayas, Cuaderno núm. 17.

BERLIN, HEINRICH
1958 "El 'glifo emblema' en las inscripciones mayas", *Journal de la Société des Américanistes,* Nouvelle série, tome XLVII, pp. 111-119 Paris, Musée de l'Homme.

COE, MICHEL
1973 *The Maya Scribe and his World,* New York, Grolier Club.

GRAHAM, JAN
1975 *Corpus of Maya Hieroglyphic Inscriptions,* Massachusetts, Cambridge, Harvard University, Peabody Museum.

KELLEY, DAVID
1976 *Deciphering the Maya Script,* Austin, University of Texas.

MARCUS, JOYCE
1976 *Emblem and State in the Classic Maya Lowlands. An Epigraphic Approach to Territorial Organization,* Washington D.C., Dumbarton Oaks, Trustees for Harvard University.

MARTÍNEZ GUZMÁN, LOURDES
1973 *Poblamiento, arquitectura y ornamentación en Comalcalco, Tabasco,* Mérida, Universidad de Yucatán, Escuela de Ciencias Antropológicas (tesis).

PAVÓN ABREU, RAÚL
1943 *Cronología maya,* Campeche, Museo Arqueológico, Etnográfico e Histórico de Campeche.

PENICHE RIVERO, PIEDAD
1973 *Comalcalco, Tabasco. Su cerámica, artefactos y enterramientos,* Mérida, Universidad de Yucatán, Escuela de Ciencias Antropológicas (tesis).

ROMERO RIVERA, JOSÉ LUIS, LUIS FERNANDO ALVAREZ AGUILAR Y GUADALUPE LANDA
1988 *Los ladrillos de Comalcalco,* Tabasco, Villahermosa, Gobierno del estado de Tabasco, Instituto de Cultura de Tabasco.

SCHELE, LINDA
1972 *Maya Glyphs. The Verbs*, Texas, Austin-University of Texas.

SCHELE, LINDA Y PETER MATHEWS
1979 *The Bodega of Palenque, Chiapas, Mexico*, Washington D.C., Trustees for Harvard University, Dumbarton Oaks.

THOMPSON, J. ERIC S.
1962 *Maya Hieroglyphic Writing: an Introduction*, Norman, University of Oklahoma.

THOMPSON, J. ERIC S.
1962a *A Catalog of Maya Hieroglyphs*, Norman, University of Oklahoma.

Arqueología e historia de los maya-chontales de Tabasco

Arqueología e historia de los maya-chontales de Tabasco*

ERNESTO VARGAS PACHECO

Tabasco ha permanecido virtualmente inexplorado hasta hace poco tiempo y su territorio ha sido denominado comúnmente área chontal, desconociéndose hasta cierto punto sus principales características culturales. Por lo tanto, consideramos justificada la intención de presentar una síntesis de las principales áreas arqueológicas de Tabasco con el propósito de colocarlo dentro de la armazón de la cultura maya.

Sin embargo, aclararemos que la mayor parte del territorio tabasqueño sigue en espera de exploraciones, indispensables para precisar sus caracteres esenciales. En la actualidad se vislumbra el panorama arqueológico y se pueden definir algunas áreas culturales y zonas naturales.

Para los propósitos de este trabajo se tratará de utilizar las pruebas históricas referentes al territorio chontal, pero también se describirán los rasgos sobresalientes de los restos arqueológicos de esos grupos, acaso uno de los problemas más difíciles e interesantes de la arqueología.

Desde hace muchos años, entre otros, Gates, Mendizábal, Jiménez, Moreno, Ruz L., Thompson, Rands, Berlin, Ochoa, han tratado de definir, directa o indirectamente, el área chontal; unos al hacer estudios lingüísticos, otros al interesarse por los restos de la cultura material. Con los conocimientos aportados por ellos, hoy en día se puede definir en términos generales el

* Tomado de: *Olmecas y mayas en Tabasco. Cinco acercamientos*, Lorenzo Ochoa Coordinador, México, Gobierno del Estado de Tabasco, 1985.

territorio putún o chontal, que al parecer se extendía desde el río Copilco, cerca de Comalcalco, limitado por los grupos nahuas y mixe-zoques. Por la costa se extendía a través de los deltas del San Pedro y San Pablo hasta la laguna de Términos y de la cuenca del Candelaria a Champotón. Posiblemente hacia el interior el poderío chontal llegaba, por lo menos, hasta Tenosique y las estribaciones de la sierra en donde limitaba con los grupos chol, zoque y lacandón. Por el lado del río Candelaria limitaba con los grupos mayas yucatecos y cehaches.

E. Thompson sugiere además que los chontales dominaban no sólo la cuenca de los ríos Chixoy y Cancuén, en donde se localizan los sitios de Altar de Sacrificios, Seibal, Cancuén y otros, sino también los puertos de Naco, sobre el río Chamalecón en Honduras, y Nito en el golfo Dulce.

Desde esta perspectiva, la extensión de los chontales es impresionante pues el área se extendía por toda la costa y partes de los actuales estados de Tabasco, Chiapas, Campeche e interior de la zona maya (Figura 4.1).

Los chontales a la luz de la arqueología

Los sitios arqueológicos del área que nos ocupa presentan características definidas y en la mayoría de los casos se les puede agrupar por zonas naturales, aunque por falta de datos o por la interpolación de ciertos rasgos fuera de su zona natural, no siempre con límites precisos.

Las divisiones que se han realizado para el área se basan fundamentalmente en diferencias naturales, originadas por sus caracteres fisiográficos y climáticos, y resulta interesante que las zonas arqueológicas agrupadas según sus particularidades culturales, y a pesar de las alteraciones ocurridas, correspondan, en términos generales, a un tipo definido de cultura, por lo menos en cuanto a cerámica y sistemas de construcción se refiere.

Basándonos en los trabajos realizados en el área establecida por diferentes investigadores (Ruz L.; Rands; Culbert; Ochoa; Vargas P.) y de acuerdo con los datos recientes sobre la distribución actual de los recursos naturales, creemos que los sitios arqueológicos se pueden agrupar de la siguiente manera.

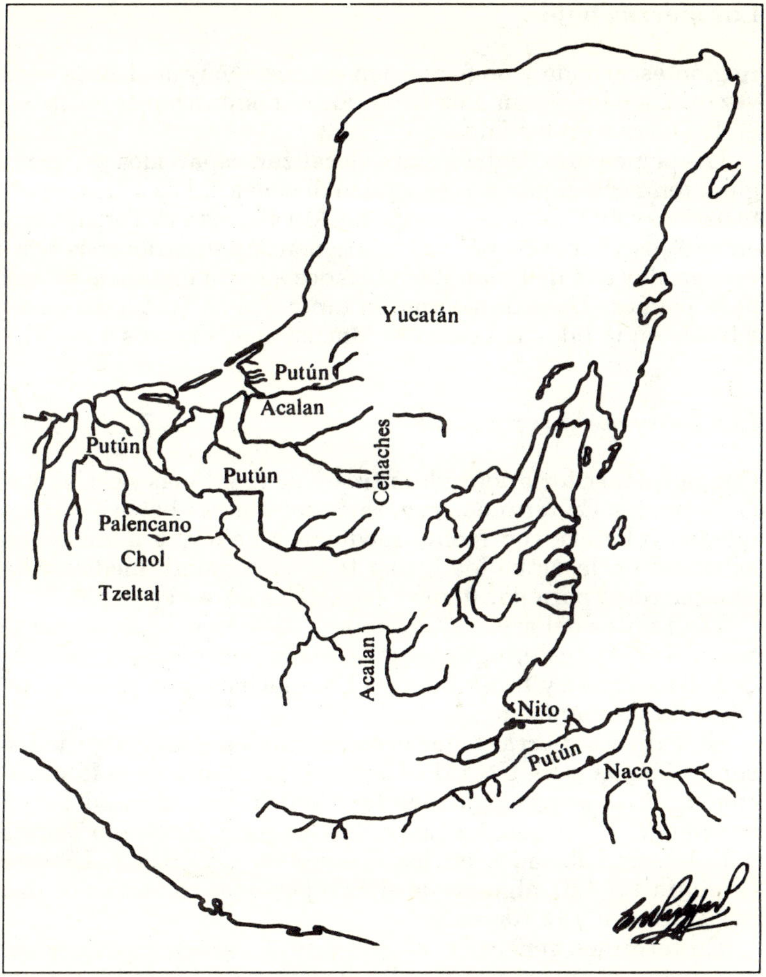

Figura 4.1. Mapa del área chontal, según E.J.S. Thompson, 1975.

Las sierras bajas

Región escarpada y de formación calcárea, cuyas alturas rara vez exceden los 800 m. Los sitios que se nombrarán se asientan en la sierra o en las faldas.

Los principales centros que se localizan esparcidos por la región, temporalmente corresponden al Clásico. Los sitios característicos son: Palenque, Chinikihá, Miraflores y El Tortuguero, entre otros. Chinikihá y Miraflores tienen una situación más o menos similar a la de Palenque, ubicados a corta distancia detrás de la primera línea de sierras, en tanto que El Tortuguero está situado en la falda del cerro de Macuspana (Figuras 4.2-4.4).

Las llanuras intermedias

Ocupan el territorio definido entre las sierras bajas y el Usumacinta medio. En términos generales son tierras bajas o con pequeñas colonias, con monte mediano y bajo que alterna con sabanas; en la actualidad, casi todo este monte mediano ha desaparecido para dar lugar a pastizales para el ganado.

Los límites del área no están bien definidos, especialmente hacia el este y oeste, aunque aproximadamente comprende desde Villahermosa y Teapa hasta el Usumacinta, y se conoce como "floresta y sabanas mezcladas".

El "Proyecto tierras bajas noroccidentales" del Centro de Estudios Mayas de la UNAM se abocó al problema de la localización de sitios arqueológicos en los municipios comprendidos en esa región: Palenque, La Libertad, Catazajá, Emiliano Zapata y Balancán, ubicados en los estados de Chiapas y Tabasco (Figuras 4.3-4.6), algunos de ellos reportados con anterioridad por H. Berlin y R. Rands.

En términos generales, estos sitios se caracterizan por ser relativamente pequeños si se les compara con los de las sierras bajas o los del Usumacinta medio; se puede inferir que albergaron una población bastante reducida, y que todos estuvieron relativamente cercanos entre sí, ubicados cerca de riachuelos y a veces sobre pequeñas colinas.

La cerámica que se obtuvo por pozos estratigráficos es muy parecida a la de Palenque y en las capas superiores aparece cerámica anaranjada fina. Esto nos hace suponer que algunos de los sitios fueron poblados durante el apogeo de Palenque y

Figura 4.2. Sierras bajas, llanuras intermedias y Usumacinta medio, según R. Rands, 1973.

Figura 4.3. Vista de El palacio de Palenque, Chiapas.

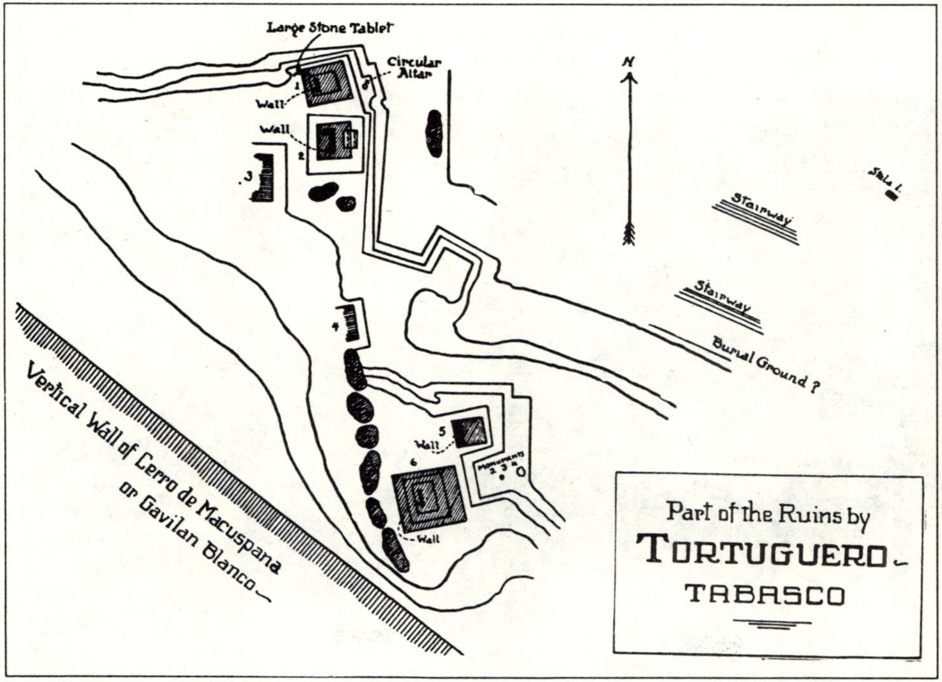

Figura 4.4. Plano de El Tortuguero, según F. Blom y O. La Farge, 1926, Macuspana, Tabasco.

Figura 4.5. Plaza y montículos principales del sitio parcela de Don Chema en las llanuras intermedias, Balancán, Tabasco.

Figura 4.6. Vista aérea de Nueva Esperanza en las llanuras intermedias, E. Zapata, Tabasco.

que además siguieron habitados aún después de la caída de dicho centro adquiriendo una autonomía mayor.

El Usumacinta medio

Esta zona comprende la parte central del Usumacinta, en donde existen numerosos meandros, y se extiende desde Boca del Cerro y sitios cercanos a Tenosique hasta las inmediaciones de Jonuta.

Tiene dos subáreas, la zona de Zapata-Usumacinta, en donde se localizan los sitios alineados a orillas del río sobre colinas, y la zona del San Pedro Mártir.

a) Los sitios ubicados en el Usumacinta medio se encuentran casi siempre alineados a las orillas del río y en algunos casos sus materiales vienen desde las fases preclásicas, con un desarrollo pobre durante el Clásico temprano, para llegar posteriormente al auge durante el Clásico tardío.

La ocupación postclásica, al parecer por los reconocimientos realizados, revela que en muchos casos no va más allá del Postclásico temprano, especialmente en los sitios mayores, aunque en otros su presencia se prolonga hasta el momento del contacto.

b) Los sitios de la subárea del San Pedro Mártir se localizan en la zona irrigada por él y los arroyos el Triunfo y el Pichi en parte de los estados de Tabasco y Campeche, colindando con Guatemala. Los sitios localizados se encuentran ubicados sobre una serie de colinas cuyas alturas varían entre los 45 y 70 m sobre el nivel del mar. Los más importantes entre otros son: El Tiradero, Revancha, Reforma y Santa Elena, en las márgenes del San Pedro Mártir. Parecen haber jugado un papel sobresaliente, ya que están distribuidos a lo largo de sus riberas y reflejan la importancia del mismo como ruta fluvial en la época prehispánica, pues el río fue el medio natural de comunicación con el Petén y el Usumacinta (Figuras 3.16-3.18 y 4.7).

Por los materiales obtenidos durante exploraciones preliminares se puede decir que existe una ocupación desde el preclásico hasta el Postclásico temprano. Durante el Clásico temprano, aumentan los sitios y generalmente se continúan hasta el Clásico tardío, como sucede en Reforma; otros, por el contrario, siguen habitados hasta principios del Postclásico, como sucede con la parcela de Don Chema, El Tiradero y el mismo Reforma.

Figura 4.7. Sitio arqueológico de El Ramonal en la subárea del río San Pedro Mártir, Balancán, Tabasco.

Bajo Usumacinta

Consiste en terrenos bajos, pantanosos, inundados gran parte del año y atravesados por los ríos Candelaria, Mamantel, Chumpan y Palizada que desembocan en la laguna de Términos; el San Pedro y San Pablo, Usumacinta y Grijalva, que llegan al litoral Atlántico. El bajo Usumacinta se inicia desde la región de Jonuta y, hasta la costa, posiblemente sea el área que presenta mayor homogeneidad ambiental y cultural.

Para su descripción, esta subárea ha sido dividida en dos partes: una llamada Jonuta-Chontalpa, que abarca desde el bajo Usumacinta, Jonuta y San Pedro y San Pablo hasta Comalcalco; y otra el sistema del río Candelaria, que ofrece una zona ideal para vivir y puede ser una importante vía de comunicación entre la región del Golfo y el centro de la península.

a) Los sitios que se distribuyen en la porción que se ha llamado Jonuta-Chontalpa, se encuentran desde la región de Jonuta hasta la desembocadura del San Pedro y San Pablo, en las orillas y sobre las partes elevadas del terreno. La distribución de los sitios es lineal, ubicados en lugares estratégicos y tratando de dominar una amplia parte del río. Hacia la desembocadura existe una mayor concentración de sitios y algunos tienen una ocupación casi ininterrumpida por varios kilómetros.

Entre el San Pedro y San Pablo y el Grijalva existen algunos asentamientos que participan de las características de estar construidos con ladrillos y concha de ostión; a veces combinan estos sistemas de construcción o se da solamente uno, como por ejemplo en el sitio Las Minas cuyas construcciones son de ladrillo únicamente.

Desde el Grijalva hacia Comalcalco, los sitios localizados comparten las características antes descritas: construcciones de ladrillo y cerámicas anaranjadas finas; allí se encuentran algunos de la importancia de Allende, El Pájaro y El Encanto (Figuras 3.17 y 3.18).

En la cuenca del San Pedro y San Pablo hubo gran actividad durante el Clásico terminal, cuya filiación lingüística pudo haber sido el chontal, y al parecer, por los reconocimientos, la ocupación de algunos de esos sitios estuvo restringida al Clásico tardío y terminal; sin embargo, en otros casos se prolonga al Postclásico temprano. A partir de entonces, será en el área de la costa, península de Xicalango, y cuenca del Candelaria, donde las actividades llegan a tener mayor auge, según consta en algunas fuentes históricas: Bernal Díaz del Castillo, Sahagún, Cortés, *Relaciones geográficas de Tabasco* y otras.

b) En la región atravesada por el Candelaria abundan los pantanos con tierras emergidas que guardan huellas de una antigua población muy densa; en las elevaciones son visibles aún innumerables montículos. Algunos de los sitios como Pozas de Ventura, Salto Grande, El Tigre, San Román y Santa Clara, entre otros, se localizan en el interior del Candelaria y están íntimamente relacionados con el factor geográfico; por lo general dominan gran parte del río o están colocados en lugares estratégicos.

Todas estas zonas arqueológicas permanecen prácticamente inexploradas, y aunque hace unos cuantos años el área estaba cubierta por una espesa jungla, en la actualidad en casi todos los sitios hay únicamente pastos, pudiéndose apreciar la extensión de los mismos.

Posiblemente El Tigre es uno de los sitios más grandes en las márgenes del Candelaria; Piña Chán y Pavón Abreu han pensado incluso en la posibilidad de identificar este sitio con Itzamkanac, capital de la provincia de Acalan.

La costa

Fue el asiento de pequeños pueblos de pescadores, de lugares para obtener sal y era, sobre todo, un corredor para quienes comerciaban entre la península de Yucatán y las grandes ciudades del Usumacinta, Chiapas e interior de la zona maya.

Una de las zonas naturales que destaca en la costa es la península de Xicalango, formada por riberas bajas y pantanosas; existen lugares que no se inundan durante la época de aguas. El mangle es la vegetación más característica y se forma habitualmente en los litorales tropicales bajos, donde el lodo se estanca, especialmente en bahías fangosas, deltas y lagunas. Hoy en día la palma de coco ocupa los lugares más secos y está presente en casi todos los sitios arqueológicos de la subárea.

La ubicación precisa del antiguo Xicalango ha sido un tema que ha preocupado a casi todos los que han trabajado esa región; algunos lo han identificado con El Aguacatal, sitio en donde se han realizado múltiples investigaciones; otros, por el contrario, han dicho que ese sitio se localiza en los Cerrillos, en la costa y aun en Santa Rita. Este último es un importante asentamiento a orillas del río Sierra o Santa Rita, que desemboca en la laguna de Atasta; su entrada más viable es por agua, atravesando las lagunas y viajando por el río Sierra, a cuyas márgenes existen sitios distribuidos estratégicamente que controlaban el acceso. También se podía alcanzar desde el San Pedro y San Pablo por una ruta que va a través de la zona de manglares, pasando sitios importantes hasta la costa. Esta vía fue construida con tierra apisonada y concha de ostión.

Para hacer sus edificaciones utilizaron la materia prima disponible, barro y concha de ostión; y tuvieron que ganar terreno a los manglares para hacer sus construcciones, lo que se puede afirmar por la acumulación de estos materiales y las superposiciones que se encontraron durante las excavaciones.

En la isla del Carmen se han localizado varios sitios que en parte guardan relación con los antes descritos; ahí el núcleo de las pirámides está construido con tierra en la que habían sido introducidas conchas y se utilizaron tabiques hechos de concha molida.

Los sitios de El Aguacatal, Guarixés y Tixchel tienen ocupaciones que van desde el Preclásico hasta el Postclásico, hecho confirmado posteriormente por Matheny en El Aguacatal.

Hemos pretendido reunir la información existente sobre esta área y complementarla con los últimos reconocimientos logrados a través del "Proyecto tierras bajas noroccidentales del área maya". Para ello también hemos utilizado algunas fuentes históricas que hablan de grandes núcleos de población en esa región, en especial las que tratan de la geografía y límites. Así, auxiliado por la arqueología, el estudio del medio geográfico y algunas fuentes históricas, ha surgido un panorama general de esa área tanto geográfico como arqueológico; me limitaré por lo tanto a referirme al Clásico terminal y al Postclásico.

A partir del Clásico terminal (800-900 d.C.), desde la cuenca del Palizada, bajo Usumacinta, San Pedro y San Pablo, hasta el área de Comalcalco, Tabasco, se inicia la fundación de numerosas poblaciones que reflejan una mayor actividad constructiva y la fabricación de un tipo de cerámica bastante bien conocida: el anaranjado fino. En forma paralela se ocupó también el área de las lagunas y pantanos cercanos a la costa y a la península de Xicalango. Para esa época, o un poco después probablemente, los chontales ocuparían la cuenca del Candelaria. Esto no indica de manera alguna que no hubiera habido ocupaciones anteriores en el área referida, pero creemos que el apogeo se da a partir del Clásico terminal.

Los sitios de la cuenca del San Pedro y San Pablo se caracterizan por presentar, en la mayor parte de los casos, un patrón de asentamiento lineal; algunos de ellos se prolongan, salvo pequeñas interrupciones, por más de 10 km sobre una angosta faja de tierra limitada por el río y los pantanos, característica que coadyuvó al desarrollo de ese tipo de asentamiento.

Por el contrario, tierra adentro los sitios tendieron a desarrollarse alrededor de un centro principal cuyos edificios, casi siempre, se caracterizan por el empleo del ladrillo en sustitución de la piedra como material de construcción. A pesar de ese cambio, se nota que prácticamente guardan casi todas las características de los centros clásicos: plazas, basamentos para templos, juegos de pelota, palacios, empleo del estuco y bóveda, entre otras. No obstante, también es notable la ausencia de ciertas particularidades como el uso de la crestería en los edificios o la escasa o nula importancia que parecen haber tenido las inscripciones, aunque no debemos olvidar las representaciones de glifos aislados en los ladrillos de Comalcalco o los que aparecen en vasijas de anaranjado fino; esto último nos muestra el gran cambio que se originó a raíz del derrumbe cultural de las tierras bajas centrales. Durante esta época probablemente la zona alcanza su máxima densidad de población. En cuanto a la cerámica se encuentra en gran abundancia, en especial la de los grupos de pasta fina: Altar, Tres Naciones, Balancán, etcétera.

Es importante señalar que ya desde el año 600 d.C. se inicia esa tradición de cerámica de pasta fina, tan abundante en épocas posteriores hacia la cuenca del San Pedro y San Pablo, la costa y la región de Comalcalco, y que más tarde abarcará la extensión completa de las tierras bajas y noroccidentales.

Fuera del área que nos ocupa, algunos tipos de anaranjado fino se han encontrado en diferentes sitios de Yucatán y de la costa oriental de Quintana Roo, todo lo cual nos muestra que hubo intercambios y relaciones internas y externas. Tales contactos se extienden hacia el alto Usumacinta y el río Pasión ya que se han encontrado materiales de cerámica anaranjado fino, negro y gris fino, además de figurillas en Yaxchilán, Altar de Sacrificios, Seibal y otros lugares.

Hacia el 800 d.C ya es posible caracterizar toda esa región de las tierras bajas noroccidentales como chontal, en función de rasgos tales como el uso de una determinada alfarería, dominio de rutas fluviales para comunicación e intercambios comerciales, uso del ladrillo para sus construcciones, etcétera. Estas son algunas de las consideraciones que investigadores del Centro de Estudios Mayas manejan en la actualidad para identificar arqueológicamente a los chontales.

En resumen, la gran actividad del Clásico terminal se inicia en la llanura costera con la llegada de un grupo étnico venido posiblemente del norte del área central, cuya filiación lingüística podría haber sido chontal. Hay sitios de esa región que corresponden a esa época; sin embargo, algunos de ellos tienen una ocupación mayor y otros se prolongan al Postclásico temprano. A partir de entonces será en el área de las lagunas y pantanos, así como en la península de Xicalango y en la cuenca del Candelaria, donde las actividades pasarán a ocupar un primer plano (Figuras 4.8 y 4.9).

Postclásico

Entre los años 800-900 d.C., los asentamientos chontales llegan a su apogeo; esto puede inferirse por los varios sitios localizados en el bajo y medio Usumacinta, la Chontalpa, el San Pedro y San Pablo y otros lugares. Sin embargo, a partir del 1100 d.C. y hasta la conquista, se ve una marcada disminución de los materiales cerámicos, lo cual probablemente indique una reducción de la población o un desplazamiento hacia otras regiones. Investigadores del Centro de Estudios Mayas han afirmado de una manera u otra que la mayoría de los centros mencionados fueron abandonados en el Postclásico tardío y habitados hasta el Postclásico temprano, pero de estos periodos tardíos no hemos encontrado construcciones.

En el "Proyecto tierras bajas noroccidentales del área maya" se han realizado fundamentalmente reconocimientos de superficie, localizando numerosos sitios a lo largo y ancho de esa área que ocupa parte de los estados de Tabasco, Chiapas y Campeche; también se han llevado a cabo excavaciones con objeto de entender mejor el desarrollo cultural de algunos sitios clave. De este modo se ha podido establecer que en la región del San Pedro Mártir el apogeo se da durante el Clásico, persistiendo muy pocos sitios durante el Postclásico temprano. En el bajo y medio Usumacinta las ocupaciones se remontan al Preclásico, pero

Figura 4.8. Panorámica de Santa Rita, tal vez el antiguo Xicalango que se menciona en las fuentes históricas del siglo XVI, El Carmen, Campeche.

Figura 4.9. Edificio de El Tigre, sobre el río Candelaria, identificado con Itzamkanac, capital de Acalan, El Carmen, Campeche.

sólo en Jonuta y Tierra Blanca se ha reportado una ocupación durante el Postclásico temprano.

En las llanuras intermedias también se han realizado pequeñas exploraciones y producto de esos trabajos fue el establecimiento de una secuencia cerámica, que arranca desde el Clásico temprano hasta posiblemente el Postclásico tardío, ya que se encontraron materiales cerámicos de esa época.

En la costa se han realizado trabajos en diferentes sitios; baste recordar Xicalango, Guarixés, Tixchel, Champotón, Jaina, Campeche y Atasta, entre otros. Al parecer, el Postclásico tardío no está muy bien representado; se puede apreciar una densa ocupación durante diferentes épocas; Clásico, tardío terminal y Postclásico temprano, pero la ocupación tardía es muy escasa. Posiblemente, como pensó Ruz L., todos esos lugares estaban deshabitados y no servían más que para escasas peregrinaciones; algunos otros como Xicalango, Tixchel y Champotón proseguían su vida sencilla, cada vez más elemental en cuanto al nivel de su desarrollo cultural y limitada casi exclusivamente a las actividades imprescindibles para el sostenimiento de la población: pesca, caza, agricultura y comercio.

Ante la ausencia tan marcada de restos arqueológicos del Postclásico, algunos investigadores se han planteado una serie de interrogantes al tratar de comprender las fuentes históricas de los siglos XVI y XVII que enfatizan el trascendente papel que desempeñaron en la historia las poblaciones asentadas en esas partes (Figura 4.10).

Colonia

Por las fuentes históricas sabemos que, durante el Postclásico, el apogeo se da en la costa en las provincias de Tabasco, Xicalango y Acalan; sin embargo, arqueológicamente estos sitios no presentan el auge durante el Postclásico, sino que algunos de ellos florecen durante el Clásico terminal y tienen una ocupación desde el Preclásico.

Actualmente, gracias a la arqueología y la historia se puede delimitar el área que ocuparon, el patrón de asentamiento, el material cerámico, el sistema de construcción de sus templos y palacios, las rutas de comunicación, puertos, etcétera. Conocemos algunos de los lugares más importantes de los chontales:

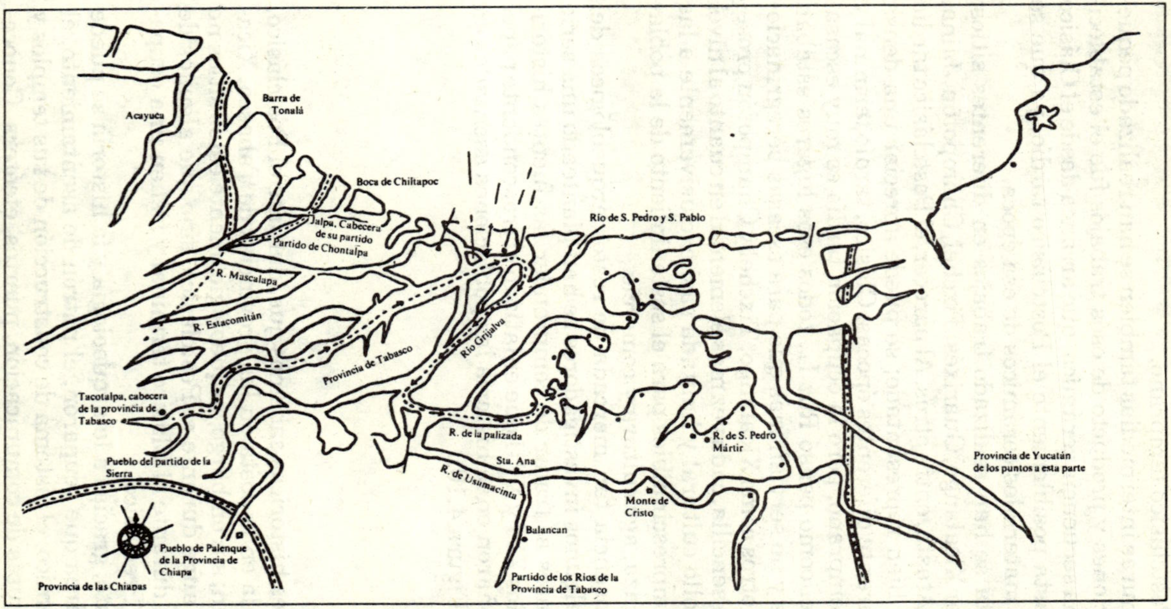

Figura 4.10. Fragmento de un mapa del siglo XVIII en el que se indican las principales provincias existentes en Tabasco (tomado de M.A. Eugenio, 1981).

Potonchan, Xicalango e Itzamkanac, además de otros pueblos como Tixchel, Jonuta, Centla, Tacotalpa, Teapa y Tamulté. Se piensa que los primeros corresponden a capitales de diferentes grupos chontales que posiblemente formaron en la antigüedad una especie de confederación.

La *Relación histórico-geográfica de la provincia de Tabasco,* respecto a los chontales nos dice lo siguiente:

> ...ay en esta provincia de tabasco tres lenguas ques la chontal del nombre potonchan antes referido que dize lengua chontal esta habla la mayor parte desta provincia es lengua amplia e abundosa de vocablos la otra es coque esta es la provincia de la sierra de esta villa...
>
> La otra es lengua mexicana la jente questa lengua hablaba y habla naturalmente es poca porque procede de dos fuerzas que en esta provincia tenía montecuma que eran cimatlan e gicalango.[1]

En cuanto a la población, la misma *Relación histórico-geográfica* subraya:

> Es de mui poca población y jente. Es toda ella tierra mui caliente y mui unida mui abundante de aguas de rrios grandes y pequeños, esteros, lagunas cienegas y tembladeras.

En la *Descripción universal de las Indias,* escrita por Juan López de Velasco, quien se auxilió de gran número de documentos muchos de los cuales han desaparecido, se hace la siguiente descripción de la provincia de Tabasco:

> Hay sólo un pueblo pequeño de españoles y como dos mil indios no más en esta provincia, la cual anda por cercanía con la gobernación y obispado de Yucatán desde el año de 50.
>
> La villa de Nuestra Señora de la Victoria, ochenta leguas de la Ciudad de Mérida, junto a unas lagunas grandes abundantes de pescado y cerca de la mar; hay en ella cincuenta vecinos españoles, los treinta y seis encomenderos y pobres porque el mayor repartimiento no pasa de trescientos indios, y los demás tratantes.[2]

Antonio de Ciudad Real, en el *Tratado curioso y docto* al hablar de Tabasco hace las siguientes consideraciones:

[1] *Relación histórico-geográfica,* p. 352.

[2] López de Velasco, pp. 131-132.

> Otras catorce leguas poco más, hacia el mesmo México está, en la mesma ribera de la mar, otro pueblo llamado Tixchel, de indios mejor agestados y un poco más polidos y curiosos que los de maya, los cuales hablan una lengua diferente llamada putunthan, y por otro nombre chontal, aunque en muchos vocablos se encuentra con la de Maya, y así, sabida la una, fácilmente se sabrá la otra.
>
> Cincuenta leguas adelante de Tixchel está otra villa de españoles llamada Tabasco, de poco vecindad, del mesmo obispado de Yucatán, en cuyo distrito está la Chontalpa, provincia muy rica de cacao y no menos poblada de mosquitos, no hay allí frailes nuestros, sino clérigos y es alcaldía que provee de España, y no está sujeta al gobernador de Yucatán, aunque es de aquel obispado.[3]

En este medio ambiente hostil e inhóspito floreció uno de los más grandes centros de intercambio, tal vez el más importante como ciudad comercial y puerta de entrada a la región maya. Muchos autores citan a Xicalango como el mayor puerto comercial para los aztecas en la parte occidental de la laguna de Términos, en el Golfo de México. Allí, dicen, llegaban en sus embarcaciones los comerciantes de la región maya. En Xicalango se obtenían productos provenientes de regiones tan apartadas como Yucatán, Honduras e islas del Caribe. El otro gran centro de comercio azteca estaba en cambio en la costa del Pacífico, en la rica zona del Soconusco de donde provenían el cacao, las plumas de quetzal, el jade y los metales preciosos.

Las fuentes históricas son abundantes y claras al hablar de la importancia de Xicalango e información al respecto se encuentra en Gómara, Herrera y Tordesilla, Landa, fray Bartolomé de las Casas, fray Diego de Cogolludo, Pedro Mártir de Anglería, Oviedo, *Relación histórico-geográfica,* Sahagún, Torquemada, Ximénez, Bernal Díaz del Castillo, Cortés y Ciudad Real entre otros.

Sahagún menciona la forma en que se comerciaba y se obtenían los productos de Xicalango. Los grandes comerciantes partían en determinadas fechas invocando la protección de sus dioses y acompañados de numerosos cargadores:

> Los que entraban a Xicalango
> llevaban mercancías
> del rey Ahuizotl
> para comerciar con ella,

[3] Ciudad Real, p. 357.

lo que ya se dijo:
Cuando llegaron los traficantes
a la costa de Xicalango
los señores de allí presentaban
grandes jades, redondos
muy verdes
de tamaño de tomates
luego jades acalanados
jades color de quetzal,
esmeraldas de aguas negras
escudos de turquesa
conchas de tortuga
plumaje de guacamaya,
de pájaro negro marino...
cueros rojos de tigre
cuando regresaban a México
presentaban esto ante el rey Ahuizotl
todo lo habían ido a traer los comerciantes
con esto prosperaba la ciudad
el pueblo azteca...

Xicalango fue muy importante como ciudad comercial y como puerta de entrada a la región. Muchas de las rutas de larga distancia venían a converger en Xicalango, que tal vez estuvo enclavado sobre las márgenes del río Santa Rita en la península del mismo nombre.

Por otra parte, aunque no hemos podido corroborarlo definitivamente, creemos que, como lo indican las fuentes, Santa María de la Victoria, o villa de Tabasco, fue fundada a una legua de la boca del Grijalva y sobre un brazo de éste, aparentemente en el lugar en donde se localizaba el puerto chontal de Potonchán, otra de las capitales importantes del grupo chontal.

Por último quedaría la tercera gran capital chontal, Itzamkanac, asignada al grupo Acalan. Todavía hoy en día es difícil asegurar su localización, pero se piensa que podría identificarse con el sitio arqueológico de El Tigre, localizado en la margen derecha del Candelaria.

Y en relación a la historia prehispánica de los chontales no sería desatinado recordar las ideas expresadas por F. Belmar:

> Lo que fue este grupo en la antigüedad, no puede saberse por los poquísimos elementos, e imperfectos datos históricos que de ella se conservan, pero sí puede asegurarse que en tiempos del des-

> cubrimiento y conquista del nuevo mundo, los chontales habían perdido ya su grandeza y poderío, y en medio de las civilizaciones de otras regiones apenas llamaban la atención de los cronistas de la época, ocupados en otros menesteres.

En la actualidad, la lengua chontal se conserva viva en Tabasco; en algunos poblados y rancherías los habitantes hablan únicamente este idioma, pero el castellano poco a poco ha ido reemplazándolo de manera tal que no es raro encontrar una fuerte población indígena bilingüe. Fue, hasta muy entrada la colonia, la lengua principal de esta región; hoy día, si bien ha ido perdiendo su influencia, aún sigue presente en giros, modismos, acento y modo de hablar del pueblo tabasqueño.

La visión geográfica de la Chontalpa en el siglo XVI

La visión geográfica de la Chontalpa en el siglo XVI*

ANA LUISA IZQUIERDO
GERARDO BUSTOS

...que esta tierra parece ser la mejor que el Sol alumbra...
Itinerario de la Armada

Introducción

A partir de la empresa colombina, la imagen de las tierras recién descubiertas se gesta paulatinamente en el pensamiento europeo con las noticias que les daban la pauta para imaginar su identidad.

La visión de una parte de esas tierras es la que ahora intentamos reconstruir a través de las fuentes escritas, es decir, cómo describieron la Chontalpa los españoles en el siglo XVI; particularmente los que la exploraron en el último momento de la época prehispánica y aquellos que la vivieron y cimentaron la nueva colonia. Asimismo, pretendemos realizar un cierto análisis de las maneras en que la imagen de esta región pasaba a formar parte de los conocimientos geográficos de la época, para así dar testimonio de su existencia. Por otra parte, el relacionar esta caracterización del territorio con la geografía nos permite determinar si distorsionaron o no la realidad condicionados por sus bases culturales y las circunstancias individuales de los observadores.

Además, este ensayo redundará en un conocimiento más objetivo del *habitat* en que vivieron los chontales para así poder precisar las particularidades del aspecto geográfico y en especial del medio físico ya que es un elemento dinámico, actuante como modelador de los pueblos junto con otros factores.

* Tomado de: *Estudios de Cultura Maya*, vol. XV, 1984, pp. 143-177.

La Chontalpa es una comarca que está en constante transformación; los ríos cambian de curso, las barras se azolvan, los bosques paulatinamente desaparecen por el desequilibrio ecológico y por la acción depredadora del hombre, que se inició desde que el territorio fue poblado y que continúa hasta nuestros días.

Se ha reunido la información acerca del medio ambiente con base en los testimonios de los descubridores y, de alguna manera, exploradores de la Chontalpa, entre los que es necesario destacar a Cortés quien la atravesó entre 1524 y 1525 en su difícil expedición a las Hibueras, narrada en la quinta de sus *Cartas de Relación.* Una visión más amplia de este mismo trayecto le ofrece la *Historia verdadera...* de Bernal Díaz del Castillo.

Otro viaje que amplió el conocimiento de la comarca fue el emprendido en 1544 por religiosos dominicos que, viniendo de Salamanca, España, llegaron a Campeche y de ahí se trasladaron a Tabasco desde donde se dirigieron a Ciudad Real, Chiapas, para que uno de ellos, fray Bartolomé de las Casas, ocupara su obispado. La descripción del viaje quedó en el Diario de fray Tomás de la Torre que se conoce sólo a través de la obra de fray Francisco de Ximénez, *Historia de la provincia de San Vicente de Chiapa y Guatemala.*

Durante la segunda mitad del siglo XVI, ya hechas algunas fundaciones se escriben dos relaciones: una de la Provincia de Tabasco y otra de la Villa de Santa María de la Victoria, a petición de Felipe II que quería conocer las características físicas, demográficas y culturales de las tierras conquistadas para un mejor aprovechamiento de las mismas.

Antecedentes

Colón, después de sus viajes, a pesar de haber mudado su pensamiento en diversas ocasiones, cree que ha cumplido con su objetivo de llegar a las Indias navegando hacia el Occidente.

La identificación de esta tierra como la masa continental asiática con sus islas adyacentes fue puesta en duda con las indicaciones y las pruebas que iban dando los progresos en los descubrimientos.

Con estos conocimientos, aunados a su propia experiencia de dos viajes a las tierras recién descubiertas, Américo Vespucio en

1502, después de una cuidadosa consideración de las peculiaridades del territorio, señaló su carácter singular. Así en una de sus epístolas, llamada *Mundus Novus,* que se imprimió y difundió rápidamente por Europa, afirma que:

> ...dichas regiones podemos ciertamente denominarlas Nuevo Mundo, porque no las conocieron nuestros mayores, siendo cosa enteramente novísima para quienes de ellas ahora oyen hablar.[1]

Parece que a Martín Waldseemüller se le debe la denominación de América a la masa continental que acababa de ser descubierta; cuando imprimió alrededor de 1505 un mapa del mundo, en el cual dibujó todas las tierras conocidas hasta ese momento.

Después de conquistadas y colonizadas las grandes Antillas, la ambición de los españoles residentes en ellas era ir en busca de tierras en donde pudieran hacerse de oro, esclavos y poder. Movidos por los intereses personales generados por la idea de un Nuevo Mundo, y sin tener ninguna curiosidad científica, parten las expediciones que exploran, conquistan y colonizan lo que hoy es México.

Como los primeros expedicionarios que vienen a estas tierras estaban empapados de todas las noticias de los descubridores, saben y conocen la existencia del continente americano y de sus islas adyacentes.

El primer contacto con las comarcas ocupadas por los mayas hablantes de chontal va a ser establecido por los españoles encabezados por Hernández de Córdoba, quienes después de recorrer la costa de Yucatán, buscando la forma de abastecerse de agua, desembarcaron en el pueblo que los indios llamaban Champotón.[2] La forma en que conceptuaron geográficamente las tierras recorridas llevó al piloto de expedición, Antón de Alaminos, a afirmar que habían descubierto una gran isla[3] sólo con el reconocimiento de una porción de la península de Yucatán, pero sin tener ninguna otra prueba de ello. A su llegada a Cuba se difunde entre sus habitantes la idea de Yucatán como una isla

[1] Diego Luis Molinari, *Descubrimiento y conquista de América, de Erik el Rojo a Hernán Cortés,* p. 120.

[2] Bernal Díaz del Castillo, *Historia verdadera de la conquista de la Nueva España,* vol. I, pp. 50-52.

[3] *Ibídem,* p. 47.

y con este concepto emprendieron las expediciones a las tierras recién conocidas.

Motivada por las noticias de las riquezas de estas comarcas, inmediatamente se organizó otra expedición que tuvo como objetivo primordial el rescate; es decir, el intercambio de objetos con los indios, de ser posible oro, y el intento de poblar las nuevas tierras. Encabezada por los capitanes, Grijalva, Dávila, Montejo y Alvarado, siguió el mismo derrotero de Hernández de Córdoba y fue conducida también por Antón de Alaminos; realizando el mismo recorrido que su antecesor entraron en tierras de los chontales en Champotón y siguieron más adelante hasta donde según Bernal Díaz llegaron:

> ...a una boca como de río muy grande y caudaloso y ancho, y no era río como pensamos, sino muy buen puerto, y porque está entre unas tierras y otras y parecía como estrecho, tan ancha boca tenía, decía el piloto Antón de Alaminos, que era isla y que partía términos con las tierras y a esta causa le pusimos nombre de Boca de Términos, así está en las cartas de marear.[4]

La opinión que el piloto tuvo desde su primer recorrido se comprueba al llegar a la laguna de Términos, donde supuestamente finalizaba Yucatán, y se podía pasar a tierra firme, sin embargo, no muy convencido de ello, exploran durante tres días la costa "sondeando la boca de aquella entrada y mirando bien arriba y abajo del ancón... y no hallamos ser isla, sino ancón y puerto".[5] Así, no encuentra el fin de la "isla de Yucatán", pero, al parecer en esos momentos no externó ninguna opinión, sino hasta años más tarde cuando al informarle a Pedro Mártir de Anglería le expresa su confusión, por lo que el cronista de Indias explica que:

> ...navegaron a otras tierras hasta llegar por occidente a una próxima a Yucatán, dudando si ésta es isla o no y piensan que está unida al continente. Allí hay un golfo que sospecha está rodeado por ambas tierras; nada hay cierto.[6]

Por otra parte, nos parece de interés destacar que durante esta expedición se nombra otra isla, la Isla Valor, que por la

[4] *Ibídem*, p. 64.
[5] *Ibídem*, p. 65.
[6] Pedro Mártir de Anglería, *Epítome de las islas recientemente descubiertas...*, p. 65.

forma de localizarla, nos hace suponer que es lo que actualmente se conoce como isla del Carmen, y al parecer son ellos los primeros en haberla visto.[7]

A pesar de todas estas dudas en torno al carácter de la tierra descubierta, el error acerca de Yucatán persiste. La traducción de Tozzer a la *Relación de las cosas de Yucatán* de fray Diego de Landa indica que "el primer mapa que muestra a Yucatán como parte del continente está fechado en 1527",[8] aunque la equivocación continuó hasta principios del siglo XVII.

Ahora bien, los miembros de la expedición de Grijalva continuaron costeando y recorren lo que hoy es Tabasco y Veracruz; como llegan hasta Pánuco sin haber conseguido ver el fin de aquella isla que pretendían encontrar, estamos seguros de su convencimiento acerca de que se hallaban en un nuevo continente; sin embargo, no lo hacen expreso por el momento.

Antón de Alaminos que había delimitado las tierras navegadas fue el piloto de la siguiente expedición, capitaneada por Cortés. Al iniciar esta aventura en 1518, la meta perseguida según las instrucciones era, fundamentalmente, la sujeción política de los habitantes y la conversión religiosa, y además justificaba la organización de esta empresa con la intención de buscar a Grijalva y rescatar a algunos españoles cautivos.

En la primera *Carta de Relación*, donde Cortés narra los inicios de su empresa, hace patente que va a buscar respuesta a una serie de interrogantes acerca de estas comarcas, como "la manera y riqueza"[9] de ellas. Sin embargo, en toda su obra sólo precisa las peculiaridades del territorio cuando éstas sirven para engrandecerla.

La única referencia que hace acerca del carácter de la región que nos ocupa es cuando, después de tocar Cozumel, pasa a Yucatán y la reconoce como isla, quizá más por costumbre que por un conocimiento empírico. Narra algo acerca de su navegación por las costas de lo que hoy es Tabasco y seguramente participa de la idea de que está en América, aunque no lo hace expreso. Esto lo debe haber comprobado cuando, después de fundar Veracruz, tiene noticias de la extensión y de las caracterís-

[7] Juan Díaz, "Itinerario de la Armada del Rey Católico a la Isla de Yucatán...", p. 12.

[8] Alfred Tozzer, *Landa's "Relacion de las cosas de Yucatan". A translation*, p. 3.

[9] Hernán Cortés, *Cartas de Relación*, p. 5.

ticas del territorio; así, en un momento determinado, nombró a las tierras reconocidas como Nueva España.

Localización (Mapa 1)

La región sobre la cual hablaremos fue la habitada por los chontales en el siglo XVI y corresponde a la porción de la llanura costera del Golfo comprendida entre los 90°40' y 43°30' de longitud oeste y entre los 17°30' y 19° de latitud norte aproximadamente. Su límite sur parece coincidir con la elevación del terreno hacia Chiapas, hacia el oeste se consideró en esta época, que su límite era el río Copilco, y hacia el este el río Champotón. Así, esta zona correspondió a lo que actualmente es el estado de Tabasco y parte del de Campeche.

Costas (Mapa 2)

En las descripciones de los primeros exploradores acerca de las características de la costa, en la parte comprendida entre Champotón y el río Copilco, van marcando las ensenadas, bahías, desembocaduras de los ríos y puertos naturales: de manera general sólo consignaban aquellos que por sus particularidades les llamaban la atención, así como los lugares donde podían anclar sus naves. Su descripción no siempre es válida porque los cronistas no tuvieron conceptos claros del significado exacto de cada uno de los elementos del litoral y por lo tanto frecuentemente los usaron indiscriminadamente.

Durante el reconocimiento de la costa realizado por Grijalva y mencionado por Díaz del Castillo, al llegar a Champotón la describen como una ensenada,[10] o sea una pequeña entrada de mar sobre la superficie del territorio, lo que corresponde a la Bahía de la Mala Pelea. Más adelante, al igual que Grijalva, Cortés encontró la bahía que Antón de Alaminos llamó de Términos, entró en ella por Paso Real y la bogó en parte, explorándola parcialmente, y también opinó que resultaba un buen puerto para anclar sus naves.

Bernal Díaz también describe la costa de Campeche, comarca ocupada por los chontales hasta el río Champotón, como zona

[10] Bernal Díaz del Castillo, *op. cit.*, p. 50.

Mapa 1. Localización aproximada de la Chontalpa en el siglo XVI.

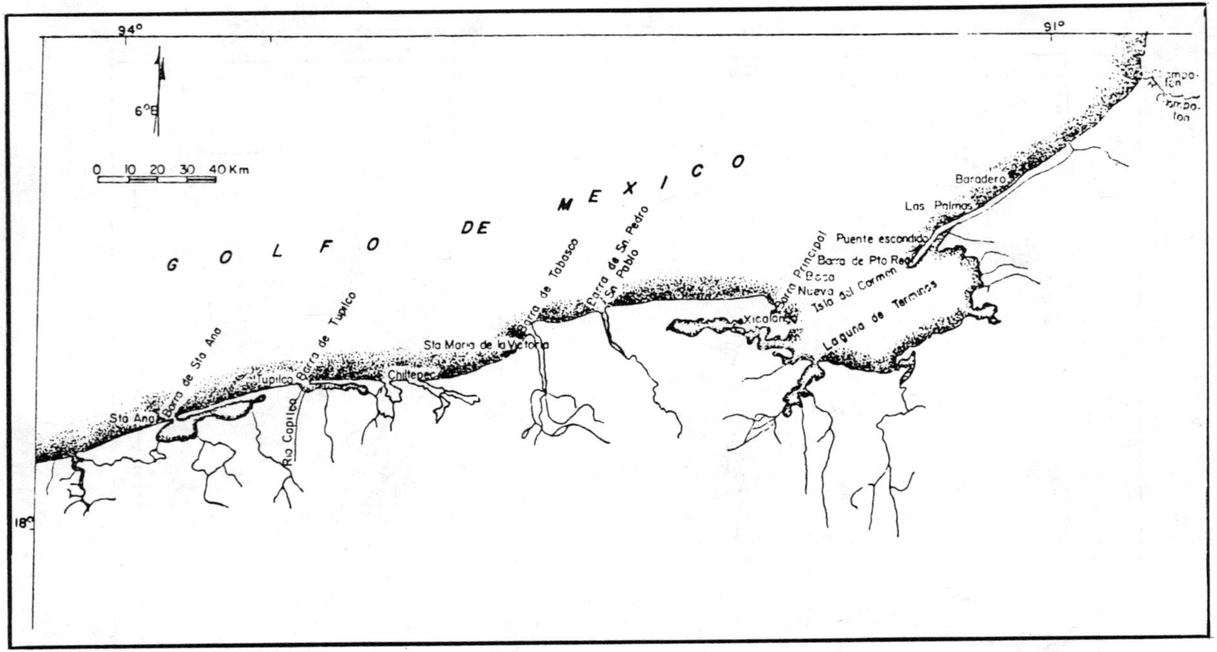

Mapa 2. Costas.

"de ancones y bahías donde mengua mucho la mar, y por esta causa, dejamos los navíos anclados más de una legua de tierra".[11] El problema que encontraron los españoles aquí fueron los bajos de Sabancuy, zona en que el mar es poco profundo y cuando baja la marea impide el paso de las embarcaciones.

En el diario de viaje que escribe fray Tomás de la Torre, en ocasión de la travesía que hacen los frailes de Salamanca, España a Ciudad Real, Chiapas, se describe una

> Isla que llaman Términos de siete leguas de largo y es que allí salen dos brazos de mar y muy anchos y entran mucho en tierra y cíñense allá arriba con unas grandes lagunas y hacen una Isleta que llama Términos de siete leguas de largo.[12]

Aquí el autor se refiere a la isla del Carmen y a los dos canales por donde se realizan los intercambios de aguas marinas llamados: el del este Paso Real y el del oeste Boca de Ciudad del Carmen.

Después de la laguna de Términos siguiendo la costa hacia el occidente, lo que más llamó la atención a los exploradores fue la desembocadura de un gran río al que se refieren como:

> una corriente de agua muy grande que salía de un río principal, el que arrojaba agua dulce cosa de seis millas mar adentro. Y con esta corriente no pudimos entrar por el dicho río, al que pusimos por nombre Río Grijalva.[13]

Cortés conoció la parte del curso inferior, que parece era llamada Tabasco por los indios, navegando por sus orillas y después de desembarcar en la margen izquierda, en Centla, tuvo que enfrentarse a los indios a los que venció no sin dificultad.

Más allá del Grijalva, siguieron reconociendo la costa del Golfo de México hasta salir del territorio habitado por los chontales, sin embargo, en las noticias de esta parte del recorrido no hay alusiones a los rasgos del litoral que iban recorriendo de cabotaje, sino hasta el pueblo de los ahualulcos, denominado por ellos la Rambla, habitado por hablantes de náhuatl.

En la segunda mitad del siglo XVI aparece una serie de

[11] *Ibídem*, p. 48.

[12] Fray Francisco de Ximénez, *Historia de la Provincia de San Vicente de Chiapa y Guatemala*, vol. I, p. 308.

[13] Juan Díaz, *op. cit.*, p. 12.

"Relaciones" que permitieron conocer a la Corona española los recursos con que contaban las tierras recién conquistadas; en algunos casos, y a petición del rey, estos documentos estaban acompañados de cartas geográficas que pretendían hacer más objetivas las descripciones. Una de ellas corresponde a la elaborada por Melchor de Alfaro Santa Cruz (Mapa 3) para la *Relación de la Provincia de Tabasco;* la realizó, según él, "como persona que ha andado la más parte de esta provincia".[14]

Al localizar en su mapa algunos accidentes de la costa, Alfaro confirma en algunos casos lo expuesto por los primeros exploradores y en otros profundiza lo ya conocido; así nos habla de la laguna de Términos, llamada de este modo desde la expedición de Hernández de Córdova, pero que según él son las "lagunas llamadas de Xicalango".[15] Este accidente, que en realidad es una bahía, penetra al oeste del territorio tabasqueño formando las lagunas del Pom, Atasta y el Corte, y la laguna del Este en donde desemboca el río Palizada. Al sur, la boca de Balchacah salida del río Chumpán y la laguna Panlau que recibe las aguas del río Candelaria y Mamantel. Al este de la laguna de Términos se encuentra la de Sabancuy.

Se describe como muy grande, siendo un lugar en donde hay intercambio de aguas saladas con dulces, procedentes de los caudales que se vierten en ella, incluso Alfaro hace notar que en tiempo de crecidas, el agua que le llega hace que éstas sean menos salobres.[16]

El límite entre la laguna y el Golfo de México estaba marcado en el siglo XVI por tres islas cercanas, dejando cuatro canales por donde había un intercambio de aguas. En el mapa no aparecen los nombres de las islas, pero sí el de los canales, que de oeste a este son: la Boca de Términos, Boca Nueva, Puerto Real y Puerto Escondido. El primero dividía el continente de la isla, pero además,

> ...sobre esta isla de Términos otro río y puerto hondable que se junta con el dicho río y lagunas de Términos; tiene la barra diez palmos de agua poco más o menos; éntrase en ella noroeste-

[14] *Relaciones histórico-geográficas de la Gobernación de Yucatán,* vol. II, p. 367. Por considerar que este mapa es de gran valor por las peculiaridades que presenta, al final hablaremos de otras características que se encuentran en él.

[15] *Mapa de Alfaro Santa Cruz.*

[16] *Ibídem.*

Mapa 3. Mapa de la provincia de Tabasco por Melchor de Alfaro Santa Cruz.

> sudeste; dícese Boca Nueva porque de veinte años a esta parte se ha abierto, aquí el término y jurisdicción de la villa de Tabasco.[17]

La Boca Nueva no pudo haber sido un río, sino un canal formado en un terreno más bajo que el resto de la isla de una época en que la marea y el nivel de la laguna subieron, pero con el tiempo se ha azolvado. En varios mapas del Archivo de Indias de Sevilla de los siglos XVII y XIX aparece consignado este canal por lo que debió cerrarse hasta este siglo.[18]

Puerto Real es el canal que limita al este la isla de Términos, hoy llamada del Carmen y la divide de isla Aguada, que si bien hoy está unida a tierra continental formando una península, en la época prehispánica estuvo separada y permaneció así posiblemente hasta el siglo XIX.[19]

Hidrografía (Mapa 4)

Como la Chontalpa forma parte de la llanura costera del Golfo de México que se caracteriza, entre otras cosas, por ser una zona donde la pendiente es casi nula y, en este caso, la precipitación pluvial muy abundante, su red hidrográfica es, por tanto, muy compleja, lo que ha propiciado la formación de depósitos aluviales a través del tiempo. Esta uniformidad del terreno es importante destacarla porque

> los ríos siguen trayectorias muy sinuosas, sufren desbordamientos, se subdividen en dos o más brazos, abandonan a veces cauces primitivos y abren otros nuevos, se intercomunican entre sí, etc..[20]

La hidrografía comenzó a ser conocida parcialmente por los españoles durante los viajes de exploración a las costas de lo que hoy es México a principios del siglo XVI. Dejaron noticias de las desembocaduras de los ríos y únicamente aluden a las corrientes que por sus dimensiones eran sobresalientes. El río ya mencio-

[17] *Relaciones...*, vol. II, p. 422.

[18] *Mapa geográfico de la laguna de Términos, sus islas, bocas y estrechos*, 1717, Archivo General de Indias, México, Leg. 108. *Mapa de la parte del Obispado de Yucatán*, 1806, Archivo General de Indias, México, Leg. 446.

[19] *Mapa de croquis de la provincia de Chiapa, Campeche, colindantes de la Provincia de Tabasco*, Archivo General de Indias, México, Leg. 510.

[20] *Boletín hidrológico*, núm. 38..!, vol. I, pp. I-07.

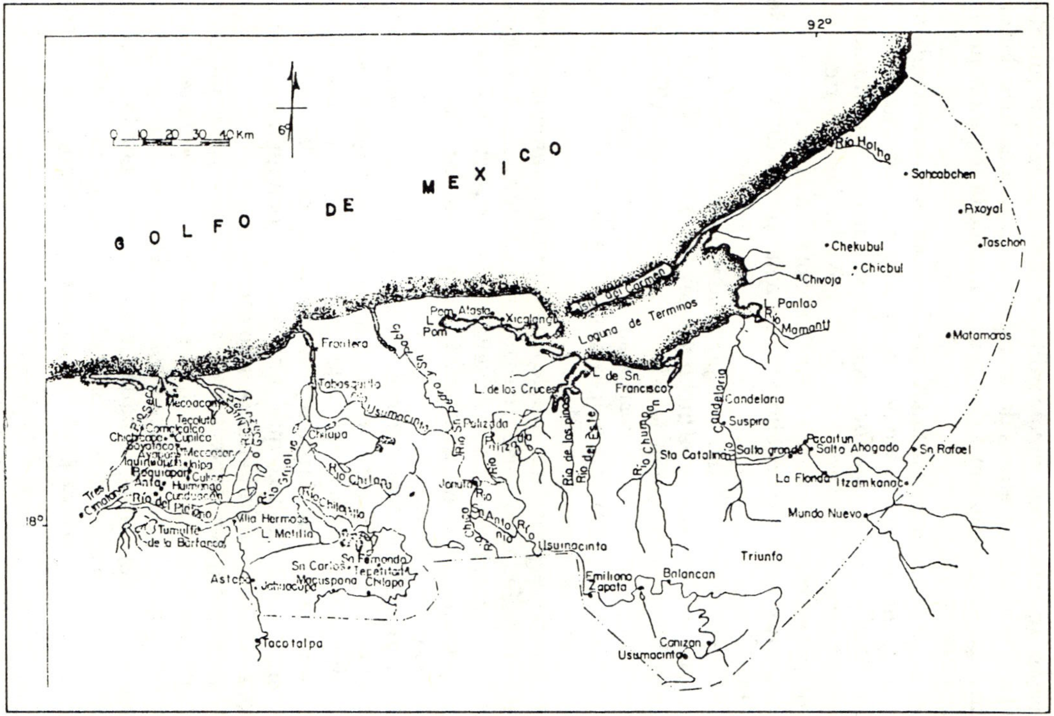

Mapa 4. Hidrografía.

nado, que ellos llamaron Grijalva, se describe como una corriente de gran caudal con lecho sumamente amplio que al desembocar entraba en el mar con tal ímpetu que hacía potables las aguas en un espacio de varias millas.[21] Esto parece ser que nos está indicando la presencia de un tipo de desembocadura donde se juntan agua salada con dulce y por densidad la segunda queda sobre la primera.

De su salida al mar explican que "era tan baja la entrada de aquel río, que ningún navío de los grandes pudo entrar en él",[22] ya que en ella se hizo una formación de arena que comúnmente se llama barra. Durante el viaje de Grijalva tuvieron noticias de que el origen de dicha corriente se encontraba en unas sierras lejanas muy altas,[23] con ello aluden a la sierra del norte de Chiapas.

La otra corriente de la que dejaron constancia fue un "río con dos bocas, del que salía agua dulce, y se le nombró San Bernabé".[24] Se trata de la continuación del Alto Grijalva llamado en Tabasco Mezcalapa y que, en parte, corría por lo que hoy se llama río Seco y se vertía en el Golfo de México en la barra de Dos Bocas, cerca de la laguna de Mecoacán.

Más tarde, el conocimiento de este territorio aumentó considerablemente cuando Cortés realizó la expedición a las Hibueras; el hecho de que la travesía se llevara a cabo, en parte, por tierra, lo hizo percatarse de las características de la hidrografía a la que tuvo que enfrentarse.

Cada uno de los ríos, ancones, esteros o ciénegas implicaba para su numerosa hueste un obstáculo que había que salvar de cualquier forma, ya sea pasando en canoa, a pie, a nado o, en última instancia, mediante un puente que ellos mismos tenían que construir. Esto hizo que cada paso lo consignara con cuidado, sobre todo cuando había sido difícil.

Al mencionar los depósitos de agua, Cortés y Bernal Díaz usan frecuentemente los términos ancón y estero, pareciendo estar aplicados, algunas veces, con un mismo sentido; es decir, se refieren a depósitos de agua que se forman por la falta de declive en el terreno, que impide el fácil drenaje de la corriente hacia el mar. Lo más probable es que la mayoría de los casos

[21] *Vid* nota 13.
[22] Hernán Cortés, *op. cit.*, p. 11.
[23] Juan Díaz, *op. cit.*, p. 13.
[24] *Ibídem*, p. 14.

se refieran a lagunas interiores ya que en esta zona son muy abundantes.

En el camino hacia Acalán, Cortés encontró un "estero o ancón" que mandó sondear y

> ...hallase en todo él cuatro brazos de hondura, e hize atar unas lanzas, para ver el suelo que tal era, y hallase que además de la hondura de agua había otros dos brazos de limo de cieno; así que eran seis brazas.[25]

La palabra estero también aparece escrita con el sentido de terreno bajo, en el cual desemboca un río y que con la pleamar se llena de agua salada teniendo pesca de mar y luego, cuando la marea baja, el río arroja libremente sus aguas quedando a un lado este terreno con aguas salobres, de lo que se puede deducir que se refiera a lagunas costeras. Posiblemente de esta manera fue usada la palabra cuando Cortés dice que de Tabasco a Xicalango le llevaron "los más bastimentos que pudiesen por un gran estero arriba".[26]

Otro significado con el que utilizaron el término fue como sinónimo de río, ya que al llegar a Itzamcanac expresa que es un pueblo "muy grande y de muchas mezquitas, y está en la ribera de un gran estero que atraviesa hasta el punto de Términos de Xicalango y Tabasco".[27]

Las características ya mencionadas de la zona permiten la formación de muchos pantanos, que en las crónicas generalmente se denominan ciénegas; así Bernal Díaz cuando refiere su paso rumbo a Acalán dice que ahí "dimos en las ciénegas, muy malas, por mi memoradas... que atollaban todo el cuerpo sumido en las grandes ciénegas".[28]

El conocimiento hidrográfico de la zona se amplió cuando Cortés, con su numeroso grupo (300 españoles aproximadamente y varios miles de indígenas) emprendió el viaje a las Hibueras; salió de la ciudad de México y llegó a la Villa del Espíritu Santo; ahí, por tierra, inicia su aventura. Comenzó atravesando nume-

[25] Hernán Cortés, *op. cit.*, p. 195.

[26] *Ibídem*, p. 191.

[27] *Ibídem*, p. 197. En este sentido Scholes y Roys en *The Maya-Chontal Indians...*, explican los diferentes usos del concepto estero; lo que nos permite en este caso considerar que se refiere a un río es la ubicación de los pueblos mencionados en el mapa, p. 411, mapa 3.

[28] Bernal Díaz del Castillo, *op. cit.*, vol. II, p. 203.

rosos puentes construidos por los indígenas sobre pantanos y ríos y cita como las corrientes más grandes el "Tomalán y el Agualulco".[29] Según Bernal Díaz el primero es el Tonalá[30] que sale al mar al este del Coatzacoalcos y el segundo parece ser el que ahora se llama Santa Anna porque en una de sus márgenes están los restos prehispánicos del sitio que lleva el nombre de Ahualulco, habitado por hablantes de náhuatl.

Según cuenta Bernal Díaz adelante pasaron "un estero que entra en el mar, y le hicieron un puente que había de largo cerca de medio cuarto de legua".[31] No vemos por qué tuvo que atravesar el estero, pudiendo seguir por tierra, sin embargo, por las características descritas parece tratarse de la barra de Tupilco.

Aquí dejó las tierras habitadas por los ahualulcos y se internó en la comarca de los chontales, en el lugar que los españoles llamaron provincia de Copilco. Cortés la describe como

> ...tierra firme muy baja y de muchas ciénegas; tanto, que en tiempo de invierno no se puede andar, ni se sirven sino en canoas; y con pasarla yo en tiempo de seca, desde la entrada hasta la salida de ella, que puede haber veinte leguas, se hicieron más de cincuenta puentes, que sin hacer fuera imposible para la gente.[32]

Posiblemente se refiere a los pantanos y manglares que se encuentran al sur de la laguna de Tupilco.

Aunque el conquistador no cita el trayecto a Nacajuca, Bernal Díaz refiere el paso de otros ríos. El primero llamado por los indígenas "Mazapa, que es el que viene de Chiapa, que los marineros llaman Río de Dos Bocas",[33] es la corriente que conocían Grijalva y Cortés y que, en aquel entonces, tenía un gran caudal.

Desde el pueblo de Iquinuapa cruzaron un río, que posiblemente es el Samaria, para lo cual tuvieron que construir un puente de madera, y atravesando Nacajuca, llegaron a Zahuatán teniendo que pasar entre lagunas y el río Guezalapa. Según Scholes y Roys esta corriente se puede identificar con la que forma la confluencia de los ríos Teapa y Tlacotalpa y que se une al Grijalva, donde debieron tomarla los expedicionarios para

[29] Hernán Cortés, *op. cit.*, p. 187.
[30] Bernal Díaz del Castillo, *op. cit.*, vol. II, p. 194.
[31] *Ibídem.*
[32] Hernán Cortés, *op. cit.*, p. 187.
[33] Bernal Díaz del Castillo, *op. cit.*, vol. II, p. 194.

remontarla hacia Zahuatán.[34] Cortés escribe que "por cualquier parte que salíamos alrededor del pueblo había tan grandes y espantosas ciénegas que parecía cosa imposible pasarlas";[35] suponemos que este pueblo debió de haber estado ubicado en la orilla derecha del río que en la actualidad corresponde a zona pantanosa.

Su siguiente objetivo era la provincia de Chilapan; la ruta se caracterizaba por tierra con vegetación de sabana y era algo menos húmeda que lo recorrido hasta el momento. Tal descripción concuerda con los rasgos de la zona comprendida entre el río Tacotalpa y Chilapa. Rodeado de huertas y milpas estaba asentado el pueblo en la ribera del último río mencionado y éste "pasó con mucho trabajo, porque era muy ancho y recio y no había aparejo de canoas, y se pasó todo en balsas".[36]

Para llegar a Tepetitán,

> ...se pasaron muchas y grandes ciénegas que de seis o siete leguas que había de camino hasta él no hubo una donde no se fuesen los caballos hasta encima de las rodillas, y muchas veces hasta las orejas; en especial se pasó una muy mala, donde se hizo un puente, donde estuvo muy cerca de ahogarse dos o tres españoles...[37]

Esto hace expresa la extensión y la hondura de los pantanos que, como ya mencionamos, se forman en el lugar por la alta precipitación pluvial unida a las características del terreno que impide el fácil drenaje de las aguas.

Durante el camino a la provincia de Chilapan y en este pueblo de Tepetitán, Cortés y sus nombres tuvieron noticias de la cordillera que limita la zona, porque estuvieron muy cerca de las primeras estribaciones de la sierra del norte de Chiapas.

De acuerdo con el itinerario que Cortés había hecho, según los códices que los indígenas le habían mostrado, debía seguir hasta un pueblo llamado Iztapan asentado a orillas de otro río que debió ser el Usumacinta. Pensamos que se trata de dicha corriente, porque, cuando Cortés llega a este pueblo, pudo enviar tres españoles río abajo con la finalidad de llegar a Tabasco y encontrarse con las naves que había hecho esperar ahí con instrucciones.

[34] Scholes y Roys, *The Maya-Chontal Indians...*, p. 97.

[35] Hernán Cortés, *op. cit.*, p. 189.

[36] *Ibídem.*

[37] *Ibídem.*

En este momento los españoles conocieron la trayectoria del cauce de esta corriente y la utilidad que prestaba a los indígenas como medio de comunicación, ya que "iba a dar en unos esteros donde había una poblazón que se dice Gueyatasta, y que junto con él estaba otro gran pueblo que dice Xicalango".[38]

Con un grupo caminó por la orilla y otros navegaron río arriba hasta Tatahuitalpan con bastante dificultad por "las corrientes y grandes vueltas que el río hace".[39] De acuerdo con las características actuales del Usumacinta, la descripción de Cortés es precisa, porque en esta zona, que actualmente corresponde al municipio de Emiliano Zapata, es donde el río presenta una serie de meandros. Saliendo de aquel pueblo rumbo a Cihuatecpan, el grueso de las huestes se encontró con extensos pantanos cubiertos de mucha vegetación y rodeados de un bosque tupido,[40] lo que no les permitió su orientación y fue la causa de que se perdieran hasta que Bernal Díaz encontró el camino por unas sabanas que abrían el paso a un pueblo.

Los habitantes de este pueblo, que se ha ubicado en la actual localidad de Canizan,[41] huyeron a una laguna cercana a la orilla del río Usumacinta, y que corresponde a la laguna del mismo nombre.

Comenzaron el viaje, para dirigirse a Acalán, cruzando el río, "con mucho aparejo de canoas que había, y por ser tan ancho y corriente se pasó con harto trabajo, y se ahogó un caballo y se perdieron algunas cosas del fardaje de los españoles".[42]

Es en este camino, donde Cortés y los suyos se internaron en el bosque tropical al que se refieren como "montañas harto espesas".[43] Se halló con un gran estero que llama también ancón, rodeado de extensos pantanos; para cruzarlo construyó un puente y las ciénegas las atravesaron nadando con mucha dificultad. Por la trayectoria que seguía Cortés de Canizan a Acalán, es posible que el puente fuera construido en algún recodo del río San Pedro Mártir, más o menos a la altura del sitio arqueológico de Tiradero.

Lo que era la provincia de Acalán también comparte las características hidrológicas del resto del territorio chontal, así

[38] Bernal Díaz del Castillo, *op. cit.*, vol. II, p. 199.
[39] Hernán Cortés, *op. cit.*, p. 192.
[40] *Atlas histórico de Tabasco*, pp. 204-205.
[41] Scholes y Roys, *op. cit.*, p. 105.
[42] Hernán Cortés, *op. cit.*, p. 194.
[43] *Ibídem.*

que, desde antes de entrar a Tizaltepetl, primer pueblo de la región, encontraron pantanos. Parece que más adelante dieron con el río San Pedro y siguieron su curso hasta Itzamcanac, situado, según la quinta *Carta de Relación,* a orillas de un gran estero,[44] que según Scholes y Roys se encontraba sobre el río Candelaria no lejos de la conjunción de sus dos mayores afluentes.[45]

De aquí, los españoles continuaron su marcha hacia el sureste en dirección de la provincia de Mazatlán o Cehache, dejando atrás el territorio habitado por los chontales.

Como hemos podido constatar, la expedición a las Hibueras realizada entre 1524 y 1525 fue la manera en que los españoles exploraron la región de nuestro interés, adquiriendo un parcial conocimiento de sus características naturales, pero especialmente de su complejo sistema hidrológico, al que tuvieron que enfrentarse.

Estos conocimientos fueron completados, en cierto sentido, por el famoso viaje de los dominicos a Ciudad Real, ya que mencionaron, entre otros, al río San Pedro y San Pablo,[46] que es una ramificación del río Usumacinta hacia el oriente antes de unirse con el río Grijalva, y con ello tenemos una imagen muy general y relativamente objetiva de la Chontalpa conocida en la primera mitad del siglo XVI.

Más tarde, ya consolidada la escasa colonización española de la región con la fundación de la Villa de Santa María de la Victoria, y hechos los repartos de encomiendas y mercedes reales, el conocimiento de las características hidrográficas de la zona aumentó considerablemente, de tal forma, que podemos decir que todo el territorio ocupado por los chontales en el momento de la conquista había sido ya reconocido con bastante cuidado a fines del siglo XVI y todos los datos obtenidos, registrados. De esto tenemos constancia como ya dijimos en las *Relaciones histórico-geográficas de Tabasco* levantadas a petición de Felipe II en 1579 y particularmente en la ya mencionada carta dibujada por Alfaro Santa Cruz (Mapa 3) en ese mismo año.

En lo que se refiere al sistema hidrológico podemos observar múltiples corrientes que se unen para formar ríos caudalosos de recorridos muy irregulares con tendencia a cambiar de curso, lo

[44] *Ibídem,* p. 197.
[45] Scholes y Roys, *op. cit.*, p. 461.
[46] Fray Francisco de Ximénez, *op. cit.*, vol. I, p. 319.

que origina varios brazos, o a extenderse por falta de declive del terreno formando amplias lagunas. Por otra parte, el autor señala las corrientes de mayor caudal, muy anchas, y las menos importantes, angostas.

Las corrientes más occidentales, citadas en la *Relación de la Villa de Santa María de la Victoria* y dibujadas en la carta, son los ríos Coatzacoalcos y Copilco; pero al que se le da mayor importancia por su caudal y su extensión, es el Dos Bocas. Se explica en el mapa que

> ...desciende de la provincia de Chiapa. Es muy caudaloso. Viene con gran furia y entra en el mar adentro dos o tres leguas de agua dulce. La fuente de este río está al pie de unas grandes sierras que es la provincia y distrito de Guatemala. Entran otros muchos ríos en él.[47]

Por el trayecto consignado para la corriente, concluimos que Alfaro Santa Cruz se refiere al mismo Grijalva que nace en los altos Cuchumatanes, continúa su curso por territorio chiapaneco con el nombre de río Grande de Chiapas, pasa por un desfiladero llamado del Sumidero y se vierte en la presa Netzahualcóyotl para salir como río Mezcalapa. De acuerdo con las descripciones apuntadas y el dibujo del mapa, en el siglo XVI el principal caudal de este río seguía por el lecho del hoy llamado Seco e iba a desembocar en la barra de Dos Bocas cerca de la laguna de Mecoacán. En la obra de William Dampier se indica que en el siglo XVII fue desviado el cauce hacia el este para que se uniera el Grijalva. Parece que esta diversificación de la corriente se debió al hecho de tratar de impedir que los piratas entraran a Tabasco remontando el río.[48] De ahí que la corriente consignada en el mapa como la de mayor significación, sólo exista en parte, ya que desde la población de Cárdenas Blasillo a la costa, el lecho queda sin agua.

La misma Relación cita tres afluentes con el nombre de esteros, refiriéndose a las corrientes secundarias que lo alimentan. Estas son el Ayacachapa

> ...que sale de dos bocas, atraviesa lo más de la tierra y viene a entrar en este río de Grijalva dieciocho leguas de esta villa, y otro

[47] *Mapa de Alfaro Santa Cruz.*
[48] R.C. West *et al.*, *Las tierras bajas de Tabasco en el sureste de México*, p. 183.

que se dice Chacalapa, que entra por los Cimatlanes [Cimatanes] y atraviesa por el medio de la Chontalpa y viene a dar a las lagunas de Taxagual [Taxaual] y río de Chiltepec; sale del otro estero obra de media legua de la boca y atraviesa al río de Chiltepec la vuelta del este, de manera que hace una isla que de boj y torno tiene cuatro leguas poco más o menos...[49]

Esta descripción ilustra la compleja red hidrográfica de la zona porque, en cierta medida, indica la dinámica de las aguas en donde las corrientes se interrelacionan, además tal parece que el autor señala la presencia de un meandro, aunque también se puede referir a una corriente muy anárquica sin un cauce fijo.

En el mapa, el curso inferior del Dos Bocas está representado con sus dos brazos en los que desagua, y hacia el este se dibujó una laguna que es la Chiltepec. Al oriente de ésta se apunta otra laguna que puede ser la de Mecoacán, en cuya ribera se encontraban localizados numerosos pueblos, que constantemente se veían amenazados por las inundaciones originadas al desbordarse los ríos cercanos.[50]

El territorio costeño comprendido entre el Chiltepec y el río Grijalva se describe como de grandes ciénegas, anegadizo e intransitable.[51]

El Grijalva aparece como un río de menor importancia, porque en la época prehispánica, tuvo menos caudal que hoy, a causa de que las aguas del Mezcalapa caían en el cauce del río Seco. En el mapa del siglo XVI se localiza su origen en las estribaciones del sistema montañoso chiapaneco, cerca de los pueblos de Oxolotán, Puxcatán y Tapijulapa próximos al río Tacotalpa, lo que nos sugiere que en este siglo se le consideró como el origen del Grijalva y sólo es uno de sus afluentes más importantes. Esta carta muestra que también recibe varios ríos de cierto caudal, así como otros menores, de los cuales consigna el Teapa, el Ixtacomitán y el Chilapa, del que dice:

...en medio del camino entra en este dicho río un río grande dividido en dos, de manera que hace una muy grande isla en medio, el cual río va a unos pueblos de esta provincia que se dicen:

[49] *Relaciones...*, vol. II, p. 424.
[50] *Mapa de Alfaro Santa Cruz.*
[51] *Ibídem.*

> Tepetitlán [Tepetitán], Chilapa, Macuixpana [Macuspana] y Tepitzintila [Tepecentila], y así se dice este río de Chilapa.[52]

Tal parece que al hablar de la isla se refiere a la tierra que queda entre los dos brazos formadores del río. También hay referencias a otra corriente que se derrama en él, y que, en la pintura, aparece identificada como Gran Usumacinta.

El río Grijalva, que como hemos apuntado fue conocido desde los primeros exploradores, para fines del siglo XVI había sido recorrido minuciosamente por lo menos en la parte que en esta época se consideraba como tal, ya que, junto con el Dos Bocas era usado para el tránsito de la costa hacia el sur y el sureste remontándolo, o río abajo como una vía de salida al mar. Esto reafirma la importancia, ya mencionada, del sistema hidrográfico de la Chontalpa, que utilizaban como medio de comunicación. Se le describe como

> ...caudaloso y de mucha hondura, entrando de la barra adentro, porque tiene ocho y más brazas de agua;... tiene de boca un cuarto de legua; tiene en el medio de ella unos bajos que tienen cuando bajamar cinco y menos palmos de agua; es todo él de arena; tiene dos barras por do se entra en el dicho río,... la otra barra, que es la principal, está a la parte del oeste,... pueden estar surtas en este río mucha cantidad de navíos.[53]

Toda la cuenca del río que se consideró Grijalva en el siglo XVI, resultó un obstáculo para la colonización, ya que hay pocos lugares secos; de ahí que el sitio escogido para fundar la Villa de Santa María de la Victoria, que ya mencionamos, fuera una loma en la margen oeste.

El río Usumacinta, según este mapa, surge de "unas grandes lagunas de Lacandón, donde hay un pueblo de infieles",[54] y está representado como una corriente de menor caudal y extensión que las anteriores. Sin embargo, éste no se origina en esos lagos, sino un poco más al oriente por la confluencia de los ríos Chixoy, Salinas y Lacantún entre otros. El mapa constata que en el siglo XVI se le llama Gran Usumacinta sólo al trayecto comprendido entre Tenosique y su enlace con el Grijalva, y al resto, río arriba, se le nombraba Tanochel.

[52] *Relaciones...*, vol. II, p. 418.
[53] *Ibídem*, p. 416.
[54] *Ibídem*, p. 381.

Siguiendo la costa hacia el este, a corta distancia del Grijalva, desemboca el río San Pedro y San Pablo, que fue nombrado así porque viniendo Cortés de Cuba llegó a él en la fecha de la conmemoración de estos apóstoles.

> Es río caudal, tiene una barra angosta con diez palmos de agua en tiempo de secas y bajamar, y mucha más viniendo crecido; éntrase en él norte sur y así prosigue el río arriba, el cual es muy hondable y pueden estar surtos en él, cantidad de navíos.[55]

En el mapa del siglo XVI analizado, aparecen dibujados los ríos que descargan sus aguas en la laguna de Términos, sin embargo, carecen de identidad, excepto el Zapotitlán, que según Scholes y Roys corresponde al Candelaria, río donde estaba localizada Itzamcanac, capital de la provincia de Acalán.[56]

Los cronistas se refieren a los ríos Grijalva y Usumacinta por separado y en ningún momento suponen que forman un solo sistema hidrológico como se les considera actualmente.

Clima

Además de las dificultades que ofrecía la zona para los expedicionarios, como hemos observado en el caso de la hidrografía, éstos tuvieron que resistir el clima tan peculiar y distinto al de su lugar de origen, por lo que nos parece inexplicable que ni las *Cartas de Relación* ni la *Historia verdadera...* hagan alusión al clima. A este respecto debemos recordar que más que al clima se podían hacer, en ese momento, comentarios a algunos de sus elementos. Suponemos, también, que en estas crónicas hay referencias tácitas a la precipitación, ya que dicen que en esta zona había mucha agua por lo que pensamos que relacionaban la precipitación con lo anegado del terreno. Además hemos de recordar que esta es una de las zonas más húmedas de lo que actualmente es la República mexicana.[57]

Hasta después de la colonización de las tierras se caracteriza al clima como cálido y húmedo. La temperatura media anual es

[55] *Ibídem*, p. 421.

[56] Scholes y Roys, *op. cit.*, p. 419.

[57] Enriqueta García y Zaida Falcón, *Nuevo Atlas Porrúa de la República Mexicana*, p. 82.

de 26° centígrados, aunque durante las épocas más calientes sube de 42° a 45° centígrados, lo que explica las palabras usadas por el padre fray Tomás de la Torre para referirse al clima de la cuenca del río Grijalva como "calidísimo", a lo que atribuye que ahí la gente no se "multiplicaba".[58] Esta opinión parece representar una antigua concepción que relaciona un elemento climático con el organismo humano, interpretado por fray Tomás de la Torre como inhibidor de la fertilidad; referencias de este tipo se encuentran, también, en las *Relaciones de Tabasco.*

En éstas encontramos una referencia que nos indica la cantidad de precipitación y el régimen pluviométrico de la zona, ya que se nos dice "...y ordinariamente haber en ella muchas aguas y lluvias, porque de doce meses del año acontece llover los nueve y los diez, y lo ordinario es los ocho meses".[59]

Las descripciones de los cronistas acerca de los vientos nos indican la importancia dada a este elemento del clima, porque en gran medida la locomoción de sus naves dependía de éstos y, además, por presentarse en la región nortes. Este fenómeno totalmente extraño a ellos, resultado de la circulación de los vientos motivó que la navegación los tomara en cuenta desde la expedición de Hernández de Córdoba, cuando tuvieron que resistirlos frente a las costas del Golfo de México.[60]

La *Relación de la Villa de Santa María de la Victoria* revela las acuciosas observaciones de sus autores ampliando las breves referencias que sobre este aspecto se consignaron en la primera mitad del siglo XVI.

Acerca de la influencia de estos fuertes vientos boreales como responsables de las lluvias de invierno, y acerca de la época en que soplan, escriben que

> ...reinan en esta costa, por ser travesía, los nortes y norestes y nordestes, son vientos peligrosos, especialmente los nortes para los navegantes, por ser como es la tierra baja y con los nortes humosa a causa de las espesuras de las arboledas y montañas de esta costa, y ser como es costa brava, reinan estos noroestes y nortes desde septiembre hasta todo marzo y otras veces más y menos tiempo. Hanse perdido y piérdense con estos vientos y tiempos muchos navíos y barcos...[61]

[58] Fray Francisco de Ximénez, *op. cit.*, vol. I, p. 322.
[59] *Relaciones...*, vol. II, p. 418.
[60] Bernal Díaz del Castillo, *op. cit.*, vol. I, p. 53.
[61] *Relaciones...*, vol. II, p. 418.

Los autores indican que estos vientos soplan en forma transversal a la costa por lo que utilizan la palabra travesía que en el siglo XVI tenía ese significado, además, parece que están conceptualizando también, a los ciclones tropicales y a los monzones porque indican que los vientos son muy fuertes y destructores. Consignan que lo que resta del año predominan

> ...estes y sudestes y algunos sures, los cuales vientos son enfermos y dan grandes dolores de cabeza en esta villa, a causa de su sequedad y venir como vienen por encima de muchos pantanos y ciénegas y lagunas que de aquella parte donde vienen hay...[62]

Probablemente esta referencia indique un retraso en la temporada de lluvias, lo que significa la presencia de estos vientos secos, y volvemos a insistir en que además se presenta la influencia de un elemento climático sobre el organismo.

Vegetación

Aunque no en forma directa, en los testimonios del siglo XVI hay pocas noticias acerca de la vegetación natural y sobre los cultivos de la zona. Para los fines que persigue este trabajo, sólo hablaremos de la vegetación natural, ya que ésta, como se verá más adelante, fue algo maravilloso a sus ojos, y también es claro que, para los cronistas y los exploradores en general, representó una fuente potencial de explotación económica. En las crónicas se distinguen tres zonas de acuerdo con las peculiaridades de las especies que presentan: las sabanas, los bosques llamados montes y las partes cubiertas de mangle.

Precisan que las sabanas son terrenos llanos, planos, con poca vegetación; localizadas entre los bosques tropicales que, desde que el hombre se aposentó en la comarca, han disminuido y esto ha hecho a las primeras más extensas.

Las fuentes citan algunos frutos de estas zonas, como aquellos con que se alimentaron los soldados de Cortés que "con cortar unos árboles muy altos, que parecen palmas, que tienen por frutas unas al parecer nueces muy encarceladas y aquellas asaban y quebraban y comían".[63] Esta descripción parece refe-

[62] *Ibídem*, p. 419.
[63] Bernal Díaz del Castillo, *op. cit.*, vol. II, p. 201.

rirse al coyol, fruta comestible de una palmera. También se mencionan las anonas,[64] o sea, las chirimoyas que se dan en este ambiente.

En el mapa de 1579 se localizan 20 leguas de sabanas en la región de los Cimatanes, recomendándolas para su uso como estancia de ganado porque el elemento propio de este tipo de bioma son los pastos. Es posible que se trate de las situadas al sur de Cárdenas en la cuenca del Grijalva. Asimismo, se apunta como territorio de sabanas, el comprendido entre el río Zapotitlan y la cuenca del Tanochel (Usumacinta), zona identificada como la provincia de Acalán, y la que se ubica al sur del río Chilapa. Es posible que la primera se trate de alguna parte de las tierras situadas entre el río Candelaria y el San Pedro y la segunda puede ser al este del Grijalva en la región limitada por Villahermosa y Tamulté. Ambas tierras corresponden a las comarcas que hoy en día se han clasificado como sabanas.[65] Las estancias ganaderas que el mismo mapa consigna, quizá hayan estado ubicadas en las tierras de estas características.

Un árbol que no es típico de las sabanas, sino que se encuentra en las tierras de vegetación de bosque subperennifolio, o sea, en las zonas de transición entre aquéllas y los bosques altos o montes, es la ceiba.[66] El *yaxche'*, como le llamaban los mayas, era su árbol sagrado, y los descubridores y exploradores lo usaron para dejar cruces labradas como testimonio de su paso.[67]

Algunas partes del litoral de la Chontalpa están pobladas de mangle, árbol que por necesitar nutrirse de agua con un alto grado de salinidad se desarrolla en las riberas de las lagunas inmediatas a la costa o en la desembocadura de los ríos. Por la caprichosa forma que adoptan, son descritos por fray Tomás de la Torre como

> ...unos árboles maravillosos, que a su principio tienen una raíz pequeña que en breve se pudre y antes que se acaben descienden muchas ramas de aquellos árboles que son lisos y no muy gordos, y arraigan en tierra y estribando en ellas el pesado tronco de su raíz desasido, sube arriba y así tiene ramas arriba y ramas muchas hacia abajo y el tronco grueso está en medio.[68]

[64] *Relaciones...*, vol. II.
[65] R.C. West *et al.*, *op. cit.*, p. 81.
[66] *Ibídem.*
[67] Bernal Díaz del Castillo, *op. cit.*, p. 206.
[68] Fray Francisco de Ximénez, *op. cit.*, vol. I, p. 315.

Por otra parte, una de las más antiguas descripciones del mango es la de Juan Díaz, que expresa que son "de la grandeza y sabor de melones".[69]

En la zona de manglares de la laguna de Términos, los frailes que viajaban rumbo a Ciudad Real hallaron "una frutilla silvestre llamada icacos, que aunque es como ciruelos, no tienen que comer como ruin cereza".[70]

En el siglo XVI, parte de lo que hoy es Tabasco y el suroeste de Campeche, estaba cubierto de exuberantes bosques tropicales. Los españoles transitaron por primera vez por estas difíciles zonas, en la expedición a las Hibueras, y Cortés, según Bernal, nos dice que aquellos montes eran

> ...muy altos en demasía y espesos, y a mala vez podíamos ver el cielo. Pues ya que quisiesen subir en alguno de los árboles para atalaya la tierra, no veían cosa ninguna, según eran muy cerradas todas las montañas.[71]

La idea de una montaña espesa en donde no hay casi luz nos remite a los conceptos modernos que caracterizan una formación vegetal de este tipo, cuyo factor limitante es la luz, lo que explica en gran medida la existencia de plantas epífitas. Por otra parte, la poca iluminación de los suelos no permite el desarrollo de vegetación baja, hecho del que seguramente se percataron los exploradores, aunque no se mencione en las crónicas.

La riqueza de estos bosques proveyó en tiempos prehispánicos a los indígenas, y en este momento a los españoles, de gran variedad de alimentos y de otros productos.

Los testimonios de esta época ubican la existencia de bosques altos en varios sitios; al occidente, entre Copilco y el río Grijalva, al sureste en los alrededores de Cihuatecpan, lugar donde se perdieron los españoles, y hacia el este la región comprendida entre la cuenca del Usumacinta y la provincia de Acalán. Actualmente en estas zonas todavía existen bosques tropicales, sin embargo, ahora hay muchos claros en donde hay una vegetación intermedia entre la sabana y el monte.

La *Relación de la Villa de Santa María de la Victoria* enlista como frutos comestibles los siguientes: zapote, chicozapote,

[69] Juan Díaz, *op. cit.*, p. 8.
[70] Fray Francisco de Ximénez, *op. cit.*, vol. I, p. 308.
[71] Bernal Díaz del Castillo, *op. cit.*, vol. II, p. 196.

plátano, anonas, camote o batata y yuca. Utilizaban la calabaza del jícaro para vasijas y las maderas de diversos árboles; entre las especies más comúnmente explotadas se encontraban los cedros y los de Brasil,[72] aun cuando hay gran variedad de árboles que los proveían de madera para sus casas, puentes, embarcaciones y varios instrumentos. Observamos que se habla de un mayor aprovechamiento de los recursos, lo que permitió a los españoles conocer de mejor manera las ventajas de la zona.

Fauna

La fauna que habita la región es aquella típica de lugares tropicales bajos. Cada una de las diversas especies que reconocieron los españoles está asociada a una determinada zona ecológica, es decir, que los animales, como siempre sucede, se ubican en el medio que les es más favorable. En este caso eran tres las zonas principales: los manglares y las partes de vegetación costera, la sabana y los montes.

La fauna de medios acuíferos, tanto acuática como subacuática, representó en los tiempos prehispánicos un importante medio de aprovisionarse de alimentos.

En lo que se refiere a los peces, distinguen diversas variedades y hacen expresa su abundancia en el litoral y, además, en las lagunas, ríos, esteros y pantanos. Era el platillo que más comúnmente ofrecían los indígenas a los españoles, ya que ellos lo consumían cotidianamente, siendo parte importante de su dieta, así en el diario mencionado se expresa que les daban "de comer pescado en gran abundancia porque no les cuesta nada".[73]

Hablan de los lagartos caracterizando con este término a los cocodrilos y caimanes; animales comunes en los medios acuáticos tropicales que, junto con la tortuga, eran generalmente cazados para alimentarse con su carne.

De los reptiles de Xicalango los frailes dominicos expresan que

> ...no tenían qué comer sino higuanas que los Españoles bautizaron por pescados y los Obispos juntos las confirmaron en aquel nombre, pero al parecer [todos]... son conejos muy buenos; tienen

[72] *Relaciones...*, vol. II, p. 419.
[73] Fray Francisco de Ximénez, *op. cit.*, vol. I, p. 317.

> parecer de lagartos ó de sierpes muy fieras: tienen el cuero pintado de verde y negro y tienen dientes con que hacer mal; tienen la cola de una vara en largo, la mitad verde y la mitad negra a pedasos: es cosa fiera pero muy sabrosa en perdiendo el asco de comerla.[74]

Las fuentes mencionan diversas aves relacionadas con este ambiente: tórtolas, patos, gansos, garzas "blancas que parecen de lejos rosales lleno de rosas".[75] A diferencia de los peces al mencionar las aves observamos que sí especifican cuáles son.

En los bosques tropicales y en los montes vivía gran número de animales, algunos de los cuales han sobrevivido a pesar de los cambios ecológicos y de la cacería constante.

Varias especies eran cazadas para comer desde la época prehispánica. Entre ellas destacan algunos mamíferos como los pecaríes, a los que consideraban como

> ...puercos jabalíes, aunque pequeños, porque son del tamaño de un lechón doméstico, siendo de seis meses. Hay conejos, venados, armados, monos, tepeiz quintes [tepeizcuintes], que son a manera de gamitos y así pintados; son del tamaño de un lechón de tres meses, tienen carne muy delicada y buena y gruesa, como de lechón [se trata de del perro mudo americano].[76]

Las aves mencionadas que se asocian a este tipo de vegetación son: faisanes, pavos, papagayos, codornices y palomas.

Había varios carnívoros feroces que vivían en estos bosques, especialmente felinos, como el jaguar y el "león de montaña", como le llamaron los españoles, y cuyo nombre científico es *Concolor mayensis*; así como serpientes venenosas que se encuentran diferenciadas en los testimonios y podemos citar la nauyaca, el coral, la boa y la víbora de dos cabezas que causó una gran impresión.

Respecto de otros animales que se mencionan en la *Relación de Tabasco* se nos dice:

> Es tierra de muchas sabandijas ponzoñosas así de... arañas, alacranes, chinches, cucarachas, avispas de dos o tres géneros,

[74] *Ibídem*, pp. 321-322.
[75] *Ibídem*, p. 319.
[76] *Relaciones...*, vol. II, p. 429.

hormigas en abundancia en muchas partes y muchas garrapatas en la tierra, de diferentes maneras.[77]

En las playas de Champotón, Bernal Díaz recuerda cómo durante la lucha que los miembros de la expedición de Hernández de Córdoba sostuvieron con los indígenas, "había ahí unos prados y en ellos muchas langostas de las chicas, que cuando peleábamos saltaban y venían volando".[78]

Tanto en las riberas de los medios acuáticos como en las zonas de monte unos insectos muy rememorados fueron los dípteras que a los frailes con los que venía fray Bartolomé de las Casas les molestaron mucho. Distinguen dos tipos de ellos, los de pequeñas dimensiones, que llaman mosquitos, y los zancudos de mayor tamaño. De los primeros se quejaban de que

> ...los comían de noche, á las veces dormian en tierra metidas las piernas en el agua y así á las veces con todo el calor que allí hace, dormían pegados á la lumbre con grandes humos que por otra parte no los dejaba dormir.[79]

Las sabanas eran habitadas por algunos animales que ya mencionamos, como las liebres, el venado y las zorras, sin embargo, a causa de que eran estos terrenos precisamente donde se establecían los pueblos y donde se cultivaba la tierra, los animales, como ahora, se refugiaban en el monte, es decir, en el bosque, huyendo del hombre.

En las estribaciones de la sierra de Chiapas fray Tomás de la Torre expresa que

> ...hay aquí en muchas partes de esta Provincia unas avecillas nocturnas que llaman Zinacan que son murciélagos ó como ellos; éstos muerden sutilmente á los hombres cuando duermen, tan mal se llevan el bocadillo que cojen y tan suavemente que pocas veces duele ni se siente, aunque sale mucha sangre y comúnmente muerden las yemas de los dedos de los pies, o de la mano, en el pico de la nariz o en la ternilla de las orejas, y si no pueden aquí, muerden donde pueden.[80]

Es muy posible que se refiera una especie de vampiro, común

[77] *Ibídem*, p. 367.
[78] Bernal Díaz del Castillo, *op. cit.*, vol. I, p. 64.
[79] Fray Francisco Ximénez, *op. cit.*, vol. I, p. 321.
[80] *Ibídem*, p. 325.

en el área maya, ya que su saliva funciona como anestésico que impide que se sienta la mordida.

Como observamos, la fauna sí fue para los primeros españoles algo importante, ya que en gran medida los proveyó de alimentación, y podemos pensar que muchas de estas especies, que probaban por primera vez, abrieron nuevas posibilidades para su dieta y fueron consumidas después.

Comentarios al mapa de Melchor de Alfaro Santa Cruz

El mapa presenta una imagen distorsionada de la realidad, porque en buena parte los datos son poco objetivos, como consecuencia de una experiencia personal con cálculos aproximados, con base en la distancia recorrida a pie en un cierto lapso, unido a que todo fue dispuesto para dibujarse en forma redonda. A pesar de todo lo anterior su valor radica en que es el más completo e importante documento geográfico del territorio y el único del siglo XVI. Su contenido es amplio y explicado detalladamente en la *Relación de la Provincia de Tabasco* para la que fue dibujado. Se ha pensado que la carta tuvo, como ejemplo, algún mapa autóctono o que colaboró en su elaboración algún indígena.[81] A este respecto nos parece importante considerar que la redondez de este mapa probablemente se deba a que el autor realizó sus observaciones sobre el horizonte, y la representación de éste es en una línea curva, como se ha visto en algunas fotografías tomadas con ángulo de 360°, lo que nos hace suponer que debió de haber seguido este procedimiento. Además hasta ahora no se conoce ningún códice que tenga una representación de este tipo de mapa.

Otra de las peculiaridades de este mapa es que está orientado hacia el este, lo que hace que varíen los puntos cardinales, y aunque la provincia de Tabasco está correctamente marcada al norte, parece que se encuentra en el oeste, si consideramos que tradicionalmente los mapas se orientan hacia el norte. La carta abarca la provincia de Tabasco, que en aquel entonces pertenecía a la Gobernación de Yucatán, y porciones de los territorios limítrofes adyacentes. Al oeste incluye hasta la sierra de San Martín Tuxtla, y se apunta en la *Relación de la Villa de Santa*

[81] Scholes y Roys, *op. cit.*, p. 16.

María de la Victoria que "dos leguas más adelante de este dicho río [Copilco] se parte y divide la jurisdicción entre esta villa y la de Guazacualco [Coatzacoalco]".[82] El texto apunta que el suroeste era Tehuantepec y Oaxaca, siendo representado el territorio con cadenas montañosas sin nombre alguno, que son las elevaciones del istmo. Las colindancias del sur no están contempladas en el mapa; es decir, el autor no dibujó las características del terreno que se encuentra al sur de los ríos Dos Bocas y Grijalva; dejó en blanco la zona que posiblemente no conocía y de la que no pudo obtener información y puso sólo una línea, límites en el vacío de la carta. Al distorsionar la realidad, a las estribaciones de la sierra de Chiapas, que sirven de límite sur al territorio chontal, las ubica, equivocadamente, hacia el este, y las extiende hacia el norte hasta cerca de la costa de lo que hoy es Campeche. Paralela al litoral de esta zona ubica una serranía que según consigna, se dirige a Bacalar y de ahí a Puerto de Caballos, erróneamente, porque hacia el este no hay accidentes topográficos.

La jurisdicción de Tabasco, según la misma Relación, llega hasta Boca Nueva, canal que atraviesa la isla de Términos, ya que "...hay adelante de este puerto otros dos, que son Puerto Real y Puerto Escondido de la jurisdicción de Campeche".[83]

El mapa incluye casi toda la zona chontal, abarcando todo el territorio hasta Tixchel en la costa campechana; y más allá, aun cuando está dibujado el litoral, hay un espacio en blanco.

El documento nos presenta el territorio con todas sus características propias; los litorales, sabanas, montes y sierras, pero destaca especialmente el sistema hidrológico de la región con sus ríos, desembocaduras, lagunas y pantanos. En el mismo mapa se incluyeron anotaciones que contienen un gran cúmulo de datos; extensiones, distancias entre dos puntos, cálculos de población y características de los ríos, lagunas o pantanos, datos sobre vegetación, fauna, agricultura, distribución del ganado y hasta las divisiones políticas. Incluso se consignan algunos datos culturales como la lengua hablada en la zona y hasta hechos históricos como el paso de Cortés por la comarca. Describe el territorio en general apuntando que:

[82] *Relaciones...*, vol. II, pp. 424-425.
[83] *Ibídem*, p. 422.

Tiene toda esta provincia en largo desde las sierras hasta la provincia de Guazacualco [Coatzacoalco], donde confina, cincuenta leguas en largo: Tendría en ancho treinta leguas tomándolas desde San Pedro y San Pablo, que es el río que está adelante cuatro leguas de la Villa de Tabasco, que está en la misma costa; estas leguas de esta provincia son pequeñas. En esta provincia llueve nueve meses del año, es invierno, y muy lodosa, es tierra húmeda toda ella.[84]

Consideraciones finales

En las descripciones de los primeros exploradores se nota que el medio natural de la Chontalpa fue un elemento hostil a las empresas del descubrimiento y la conquista; hacía más lentos sus movimientos, lo que implicaba mayor esfuerzo. Por otra parte, este medio sólo lo describen y en muy pocas ocasiones intentan explicar los fenómenos que observan en él; más que todo lo perciben como el escenario de sus acciones, que limita su obra. Además unas condiciones naturales de esta índole aumentaban el mérito de los hechos que protagonizaban.

En cambio, en las Relaciones elaboradas en la segunda mitad del siglo XVI, como responden a una serie de cuestiones de interés para la Corona española, se observa que, aunque en la mayoría de los casos sus interpretaciones y explicaciones no son las más adecuadas por carecer de conocimientos suficientes, las descripciones son mucho más amplias, profundas y sistemáticas para los fines que perseguían.

En algunos de los primeros textos que se refieren a esta zona hay un entendimiento tácito de que se encuentran en terrenos continentales, y uno de su errores fue el suponer que la península de Yucatán era una isla, hecho que no afectó a las expediciones pero que da la idea de las escasas reflexiones que hacían sobre lo que observaban.

Uno de los aspectos que describen con más detalle son las costas, porque al ser la navegación su medio de transporte, fundamental para realizar esta empresa, debían tener un conocimiento detallado de ellas para evitar los naufragios, como el sucedido a los dominicos que a través de esta zona se internaron en la Nueva España. Además, se nota que también les interesa-

[84] *Ibídem*, p. 380.

ba conocerlas porque había lugares estratégicos que podían ser útiles para el fácil establecimiento de puertos.

El rasgo del medio geográfico de la Chontalpa que más impresionó a los exploradores fue el hidrográfico, por las características peculiares que presentan las corrientes, y que eran de gran novedad para ellos porque procedían de un lugar seco de la Península ibérica; lo que probablemente esté relacionado con su forma de conceptuar la red hidrográfica, ya que muchas veces dejan entrever las dificultades que representaba porque se nota que el ingenio está presente más de una vez para vencer este obstáculo.

Más que definir al clima como tal, los cronistas caracterizan algunos de sus elementos, como la precipitación, la temperatura y los vientos, y son estos últimos a los que dedican mayor atención, hecho que se relaciona con su forma de transportarse, es decir, con la navegación. Sólo Alfaro Santa Cruz se acerca a una de las definiciones del tipo de clima de la zona según uno de los sistemas de clasificación climática modernos al decir que esta tierra es cálida y húmeda, hecho que muestra que el autor tuvo mayor agudeza en algunas de sus observaciones que los anteriores que se habían referido a dichos elementos.

Hasta la segunda mitad del siglo XVI la vegetación y la fauna no fueron tomadas muy en cuenta, ya que los primeros exploradores se refieren a ellas como algo de menor importancia, aunque al hablar de la primera encontramos en sus obras, de manera casi accidental, una división de tipos de vegetación, sobre la que hablan a un nivel descriptivo.

Posteriormente, y debido a la colonización, estos elementos del paisaje natural fueron descritos más concienzudamente, ya que representaban fuentes económicas potenciales, como la utilización de los pastos de las sabanas para la cría de ganado.

El mapa de Alfaro Santa Cruz, a pesar de todas las deformaciones que tiene, es importante porque presenta una visión muy completa de la zona, ya que incluye información tanto de geografía física como humana, incluyendo, aparte de los accidentes naturales, datos de población, aspectos culturales, políticos, etcétera. Esto nos da la pauta para ver cómo las autoridades españolas especialmente el Consejo de Indias, conocieron la zona como una unidad geográfica y cultural de características particulares a través de este documento.

Para finalizar, quisiéramos destacar que estas descripciones que intentan conceptualizar a esta zona del territorio conquistado por los españoles, no deforman las características propias de ella, excepto en algunos rasgos del mapa, pero sí notamos que son una vivencia inmediata donde lo subjetivo es de gran importancia. De cualquier manera, es la forma más directa de conocer las características de algunos rasgos físicos de la Chontalpa en el siglo XVI.

Bibliografía

ANGLERÍA, PEDRO MÁRTIR DE
1973 *Epítome de las tierras recientemente descubiertas bajo el reino de don Carlos y de las costumbres de sus habitantes,* Editorial Juan Pablos, México.

ATLAS HISTÓRICO DE TABASCO
1982 Int. de Raquel Guzmán Villanueva, Consejo Editorial del Gobierno del Estado de Tabasco, Tabasco.

BOLETÍN HIDROLÓGICO, núm. 38, *Regiones hidrológicas,* núm. 30,
1971 Grijalva-Usumacinta; núm. 31, Yucatán oeste; núm. 32, Yucatán norte; núm. 33, Yucatán este, tomos I y III, Secretaría de Recursos Hidráulicos, México.

CORTÉS, HERNÁN
1963 *Cartas de Relación,* Int. de Manuel Alcalá, 2a. ed., Editorial Porrúa, México, (Sepan cuántos..., 7).

DÍAZ, JUAN (atribuido a)
1963 "Itinerario de la Armada del Rey Católico a la Isla de Yucatán...", en *Crónicas de la conquista,* Int., selección y notas de Agustín Yáñez, 3a. ed., UNAM, México, pp. 1-23, Biblioteca del Estudiante Universitario, 2.

DÍAZ DEL CASTILLO, BERNAL
1968 *Historia verdadera de la conquista de la Nueva España,* Int. y notas de Joaquín Ramírez Cabañas, 6a. ed., 2 vols., Editorial Porrúa, Biblioteca Porrúa, 6, 7, México.

GARCÍA, ENRIQUETA Y ZAIDA FALCÓN
1974 *Nuevo Atlas Porrúa de la República Mexicana,* 2a. ed., Editorial Porrúa, México.

GURRÍA LACROIX, J.
1974 "Viaje a las Hibueras", en *Historia de México,* tomo 4, Salvat Editores de México, México, pp. 115-140.

MOLINARI, DIEGO LUIS
1971 *Descubrimiento y conquista de América, de Erik el Rojo a Hernán Cortés,* 2a. ed., Editorial Eudeba, Buenos Aires, Biblioteca de América, Manuales/Historia.

RELACIONES HISTÓRICO-GEOGRÁFICAS DE LA GOBERNACIÓN DE YUCATÁN (MÉRIDA, VALLADOLID, TABASCO)
1983 Edición preparada por Mercedes de la Garza, Ana Luisa Izquierdo, Ma. del Carmen León y Tolita Figueroa bajo la coordinación de Mercedes de la Garza, 2 vols., Centro de Estudios Mayas, México, Fuentes para el estudio de la cultura maya, 1.

RZEDOWSKY, JERZY
1978 *Vegetación de México,* Editorial Limusa, México.

SCHOLES, FRANCES V. Y RALPH L. ROYS
1968 *The Maya-Chontal Indians of Acalan-Tixchel. A Contribution to the History and Ethonography of the Yucatan Peninsula,* 2a. ed., University of Oklahoma Press, Norman, The American Indian Series.

TAMAYO, JORGE I.
1975 *Geografía moderna de México,* 8a. ed., 1a. reimpr., Editorial Trillas, México.

TOZZER, ALFRED M.
1966 *Landa's Relacion de las cosas de Yucatan. A translation,* edited with notes by..., Kraus Reprint Corporation, New York, Papers of the Peabody Museum American Archaeology and Ethnology, Harvard University, vol. XVIII.

VIVÓ A., JORGE
1949 *Geografía de México,* 2a. ed., Fondo de Cultura Económica, México.

WEST, R.C., *et al.*
1976 *Las tierras bajas de Tabasco en el sureste de Mé-*

xico, Gobierno del Estado de Tabasco, Villahermosa.

XIMÉNEZ, FRAY FRANCISCO
1929 *Historia de la provincia de San Vicente de Chiapa y Guatemala*, Pról. de Antonio Villacorta C., 3 vols., Tipográfica Nacional, Guatemala, Biblioteca "Geathemal" de la Sociedad de Geografía e Historia, vols. I-III.

Este libro se terminó el 30 de noviembre de 1992 en la Imprenta de Juan Pablos, S.A., Mexicali 39, Col. Condesa, México 06100, D.F.
La edición consta de 2000 ejemplares.